天津市市政工程预算基价

DBD 29-401-2020

天津市住房和城乡建设委员会
天津市建筑市场服务中心　主编

中国计划出版社

图书在版编目（CIP）数据

天津市市政工程预算基价 / 天津市建筑市场服务中心主编. -- 北京 : 中国计划出版社, 2021.6
ISBN 978-7-5182-1122-7

Ⅰ. ①天… Ⅱ. ①天… Ⅲ. ①市政工程－建筑预算定额－天津 Ⅳ. ①TU723.34

中国版本图书馆CIP数据核字(2020)第005148号

天津市市政工程预算基价
DBD 29-401-2020
天津市住房和城乡建设委员会
天津市建筑市场服务中心　主编

中国计划出版社出版发行
网址：www.jhpress.com
地址：北京市西城区木樨地北里甲 11 号国宏大厦 C 座 3 层
邮政编码：100038　电话：(010)63906433（发行部）
三河富华印刷包装有限公司印刷

850mm × 1168mm　横 1/16　42.5 印张　1271 千字
2021 年 6 月第 1 版　2021 年 6 月第 1 次印刷
印数 1—1500 册

ISBN 978-7-5182-1122-7
定价：280.00 元

天津市住房和城乡建设委员会

津住建建市函〔2020〕30 号

市住房城乡建设委关于发布2020《天津市建设工程计价办法》和天津市各专业工程预算基价的通知

各区住建委，各有关单位：

根据《天津市建筑市场管理条例》和《建设工程工程量清单计价规范》，在有关部门的配合和支持下，我委组织编制了 2020《天津市建设工程计价办法》和《天津市建筑工程预算基价》、《天津市装饰装修工程预算基价》、《天津市安装工程预算基价》、《天津市市政工程预算基价》、《天津市仿古建筑及园林工程预算基价》、《天津市房屋修缮工程预算基价》、《天津市人防工程预算基价》、《天津市给水及燃气管道工程预算基价》、《天津市地铁及隧道工程预算基价》以及与其配套的各专业工程量清单计价指引和计价软件，现予以发布，自 2020 年 4 月 1 日起施行。2016《天津市建设工程计价办法》和天津市各专业工程预算基价同时废止。

特此通知。

2020 年 3 月 10 日

主编部门：天津市建筑市场服务中心

批准部门：天津市住房和城乡建设委员会

专 家 组：杨树海　宁培雄　兰明秀　李庆河　陈友林　袁守恒　马培祥　沈　萍　王海娜　潘　昕　程春爱　焦　进
杨连仓　周志良　张宇明　施水明　李春林　邵玉霞　柳向辉　张小红　聂　帆　徐　敏　李文同

综 合 组：高　迎　赵　斌　袁永生　姜学立　顾雪峰　陈召忠　沙佩泉　张绪明　杨　军　邢玉军　戴全才

编制人员：王　健　沙佩泉　张　艺　冯　皓　周中琨　周一兵　卜英义　刘晓鹏　肖永凯　于会逢　杨　军　于　堃
穆彩丽

费 用 组：邢玉军　张绪明　关　彬　于会逢　崔文琴　张依琛　许宝林　苗　旺

电 算 组：张绪明　于　堃　张　桐　苗　旺

审　　定：杨瑞凡　华晓蕾　翟国利　黄　斌

发　　行：倪效聃　贾　羽

目　　录

第一册　通 用 工 程

第一章　砌 石 工 程

第二章　打拔桩工程

第三章　拆 除 工 程

第四章　施工排水、降水工程

第五章　临 时 工 程

第六章　其 他 工 程

第二册　道 路 工 程

第一章　路 基 工 程

第二章　路 面 工 程

第三章　照明器具安装工程

第四章 附属工程

第五章 其他工程

第三册 桥涵工程

第一章 钻孔灌注桩工程

第二章 钢筋工程

第三章 混凝土工程

第四章　箱涵顶进工程

第五章　预应力钢筋工程

第六章　构件安装工程

第七章　脚手架与模板工程

第八章　装 饰 工 程

第九章　钢结构工程

第十章　其他工程

第四册　排水管道工程

第一章　沟槽土方

第二章　管道铺设

第三章　砌　井

第四章　顶　管

第五章　其　　他

第五册　排水构筑物及机电设备安装工程

第一章　土 方 工 程

第二章　混凝土工程

第三章　混凝土模板和支撑及脚手架工程

第四章　钢筋及金属结构工程

第五章　砌筑及抹灰工程

第六章　折板、壁板制作及安装工程

第七章　滤料铺设工程

第八章　防水、沉降缝等工程

第九章　设备安装工程

附　　录

总 说 明

一、天津市市政工程预算基价(以下简称“本基价”)是根据国家和本市有关法律、法规、标准、规范等相关依据,按正常的施工工期和生产条件,考虑常规的施工工艺、合理的施工组织设计,结合本市实际编制的。本基价是完成单位合格产品所需人工、材料、机械台班和其相应费用的基本标准,反映了社会平均水平。

二、本基价适用于天津行政区域内新建、改建和扩建的市政工程。

三、市政工程范围划分:

1.市政工程与建筑工程的划分:

(1)市政排水管道与建筑工程管道的划分:以建筑工程的化粪井的第一个连接井为界限,井外部分执行市政工程预算基价。

(2)市政工程与建筑工程室外道路工程的划分:居住小区(或企事业单位)围墙以内采用沥青混凝土制作的甬路、道路、停车场未采用市政规范和标准的属于建筑工程范围;居住小区(或企事业单位)围墙以外的道路、停车场采用沥青混凝土(或水泥混凝土)制作或按照市政规范和标准设计、施工的甬路、道路、停车场属于市政工程范围。

2.属于建设项目随同建筑工程设计的室外排水管道工程,竣工后需移交或委托市政及其他管理部门维修管理的工程,执行市政工程预算基价。

四、本基价是编制估算指标、概算定额和初步设计概算、施工图预算、竣工结算、招标控制价的基础,是建设项目投标报价的参考。

五、本基价各子目中的预算基价由人工费、材料费和机械费组成。基价中的工作内容为主要施工工序,次要施工工序虽未做说明,但基价中已考虑。

六、本基价适用于采用一般计税方法计取增值税的市政工程,各子目中材料和机械台班的单价为不含税的基期价格。

七、本基价包括通用工程、道路工程、桥涵工程、排水管道工程、排水构筑物及机电设备安装工程共5册。

八、本基价人工费的规定和说明:

1.人工消耗量以现行《市政工程劳动定额》《市政工程消耗量定额》为基础,结合本市实际确定,包括施工操作的基本用工、辅助用工、材料在施工现场超运距用工及人工幅度差。人工效率按8小时工作制考虑。

2.人工单价根据《中华人民共和国劳动法》的有关规定,参照编制期天津市建筑市场劳动力价格水平综合测算的,按技术含量分为三类:一类工每工日153元;二类工每工日135元;三类工每工日113元。

3.人工费是支付给从事建筑工程施工的生产工人和附属生产单位工人的各项费用以及生产工具用具使用费,其中包括按照国家和本市有关规定,职工个人缴纳的养老保险、失业保险、医疗保险及住房公积金。

九、本基价材料费的规定和说明:

1.材料包括主要材料、次要材料和零星材料,主要材料和次要材料为构成工程实体且能够计量的材料、成品、半成品,按品种、规格列出消耗量;零星材料为不构成工程实体且用量较小的材料,以“元”为单位列出。

2.材料费包括主要材料费、次要材料费和零星材料费。

3.材料消耗量均按合格的标准规格产品编制,包括正常施工消耗和材料从工地仓库、现场集中堆放或加工地点运至施工操作、安装地点的堆放和运输损耗及不可避免的施工操作损耗。

4.当设计要求采用的材料、成品或半成品的品种、规格型号与基价中不同时,可按各章规定调整。

5.材料价格按本基价编制期建筑市场材料价格综合取定,包括由材料供应地点运至工地仓库或施工现场堆放地点的费用和材料的采购及保管费。材料采购及保管费包括施工单位在组织采购、供应和保管材料过程中所需各项费用和工地仓库的储存损耗。

6.工程建设中部分材料由建设单位供料,结算时退还建设单位所购材料的材料款(包括材料采购及保管费),材料单价以施工合同中约定的材料价格为准,材料数量按实际领用量确定。

7.周转材料按摊销量编制,且已包括回库维修等相关费用。

8.本基价部分材料或成品、半成品的消耗量带有括号,并列于无括号材料消耗量之前,表示该材料未计价,基价总价未包括其价值,计价时应以括号中的消耗量乘以其价格,计入本基价的材料费和总价中;列于无括号材料消耗量之后,表示基价总价和材料费中已经包括了该材料的价值,括号内的材料不再计价。

9.材料消耗量带有"×"号的,"×"号前为材料消耗量,"×"号后为该材料的单价。数字后带有"()"号的,"()"号内为规格型号。

十、本基价机械费的规定和说明:

1.机械台班消耗量是按照正常的施工程序、合理的机械配置确定的。

2.机械台班单价按照《建设工程施工机械台班费用编制规则》及《天津市施工机械台班参考基价》确定。

3.凡单位价值2000元以内,使用年限在一年以内不构成固定资产的施工机械,不列入机械台班消耗量,作为工具用具在企业管理费中考虑,其消耗的燃料动力等已列入材料内。

十一、本基价允许换算的项目除在各专业、章分别注明外,以下各项允许按下列规定进行调整:

1.施工企业的施工机械不足使用,经建设单位同意租用外单位机械时,应按出租单位计费办法计算,基建系统内施工机械应按规定的机械台班价格计算。

2.特殊情况需租用钢板桩、钢模板时,允许按出租单位计价办法计算。

十二、市政工程施工现场以外所需的运输道路、水、电源接通至现场均属三通一平范围,应由建设单位负责,如委托施工单位施工时,应与施工单位另签合同,以单独报价形式编制预结算。

十三、凡纳入重大风险源风险范围的分部分项工程均应按专家论证的专项方案另行计算相关费用。

十四、施工用水、电已包括在本基价材料费和机械费中,不另计算。施工现场应由建设单位安装水、电表,交施工单位保管和使用,施工单位按表计量,按相应单价计算后退还建设单位。

十五、本基价凡注明"××以内"或"××以下"者,均包括××本身,注明"××以外"或"××以上"者,均不包括××本身。

十六、本基价材料、机械和构件的规格,用数值表示而未说明单位的,其计量单位为"mm";工程量计算规则中,凡未说明计量单位的,按长度计算的以"m"为计量单位,按面积计算的以"m^2"为计量单位,按体积计算的以"m^3"为计量单位,按质量计算的以"t"为计量单位。

第一册 通用工程

册　说　明

一、本册基价包括通用工程和组织措施费两部分内容。市政各专业工程均可适用。

二、通用工程包括砌石工程，打拔桩工程，拆除工程，施工排水、降水工程，临时工程，其他工程6章，共57节258条基价子目。

三、组织措施费包括安全文明施工措施费（含环境保护、文明施工、安全施工、临时设施）、冬雨季施工增加费、夜间施工增加费、二次搬运措施费、竣工验收存档资料编制费、半幅施工措施费6项内容。

通用工程说明

一、砌石工程包括干砌、浆砌片(块)石,浆砌料石、台阶及勾缝等内容。

1.砌石基价适用于砌筑高度在8m以内的桥涵、河道或护坡等的砌筑工程。

2.预算项目中调制砂浆,均按砂浆拌和机拌和;如采用人工拌制时,预算基价不予调整。

二、打拔桩工程包括大型机械安拆费,打、拔桩(各种材质),接桩、送桩及搭拆桩基础支架平台等内容。

1.大型机械安拆费是指机械、设备在施工现场进行安装、拆卸所需的人工费、材料费、机械费、试运转费和安装所需的辅助设施费用,轨道式打桩机安拆费中已包括轨道的安拆费用。

2.土壤的类别在基价中均采用综合土质。

3.陆地或支架上打桩,不包括脚手架费用,如需搭设脚手架可套用各分册相关脚手架基价项目。

4.各打桩项目均按垂直桩考虑,若打斜桩(包括俯打、仰打),斜率在1∶6以内时,人工工日乘以系数1.33,机械费乘以系数1.43;各打桩项目均按一般正常施工考虑,如遇障碍或其他特殊要求,所增费用另行计算。

5.陆上打桩采用履带式柴油打桩机时,不计陆上工作平台费用,可计20cm碎石垫层(已有道路除外),面积按陆上工作平台面积计算。

6.船上打桩按两艘船只拼搭、捆绑考虑。

7.打板桩预算基价中均已包括打、拔导向桩内容,不得重复计算。

8.陆上、支架上、船上打混凝土桩预算基价中均未包括运桩。运桩可套用混凝土中构件运输相应项目。

9.送桩深度按4m考虑,如实际超过4m时,按相应预算基价乘以下列调整系数:

(1)送桩深度4～5m,乘以系数1.20。

(2)送桩深度5～6m,乘以系数1.50。

(3)送桩深度6～7m,乘以系数2.00。

(4)送桩深度7m以外,按已调整后7m为基础,每超过1m递增系数0.75。

10.本基价的支架平台适用于陆上、支架上打桩及钻孔灌注桩。

11.搭、拆水上工作平台预算基价中,已综合考虑了组装、拆卸船排及组装、拆卸打拔桩架工作内容,不得重复计算。

12.打、拔钢管桩项目的钢管桩材料的消耗数量均按搭设栈桥考虑,如搭设水中钢桥下的工作平台时,钢管桩消耗量可按钢管桩用量的50%另计其费用。

三、拆除工程包括破除路面面层、破除旧路、拆除人行道、拆除侧缘石、拆除砖及混凝土结构、拆除各种材质管等内容。

1.机械拆除项目中包括人工配合作业。

2.拆除工程项目中未考虑地下水因素,发生时应另行计算。

3.拆除后的旧料应整理干净就近堆放整齐。如需运至指定地点,应另行计算运费。

4.空压机破除沥青混凝土路面结构项目适用于局部或小面积旧路面结构的破除，其他机械破除沥青混凝土路面项目适用于整段道路或连续大面积旧路面的破除。

5.铣刨沥青混凝土路面面层厚度是按3cm计列的，铣刨厚度最大为5cm，厚度超过5cm时，则套用2步铣刨3cm子目，仍不满足所需厚度时，则套用每增减1cm子目进行调整；铣刨沥青混凝土路面结构厚度是按8cm计列的，铣刨厚度等于或超过1.5倍基本厚度时，则套用2步铣刨8cm子目，再选用铣刨厚度每增减1cm子目进行调整。

6.机械破除或锉刨机锉刨旧路结构均适用于路面和结构层部分。

7.管道拆除要求拆除后的旧管保持基本完好，破坏性拆除不得套用本基价项目。

(1)拆除混凝土管道未包括拆除基础及垫层用工。基础及垫层拆除按拆除工程相应项目执行。

(2)拆除铸铁管要求管口完整、管身不损坏的管材、管件不得少于60%，阀门不得损坏。

四、施工排水、降水工程包括打拔井点、大口井、工程排水和挖还水窝子等内容。施工排水降水费是指为确保工程在正常条件下施工所采取的各种排水、降水措施所发生的费用。

1.施工排水、降水费用不包括排水管道沟槽排水基价项目。

2.水窝子在预算里为一个整体计算，单项表示。

3.挖深小于4m或槽(坑)底标高在大沽水平零以上时，一律采用水窝子方法降水；挖深超过4m或标高在大沽水平零以下者，可采用井点或大口井方法配合降水。

4.井点组装拆除、机具迁移、设备安装所需费用均已纳入打拔井点基价内，不另行计算。

5.井点滤管，管径为50cm，组装长度为2m，总长分9m以内和9m以外两种，井点间距为1m。

6.井点抽水机组的设施按顶管工作坑考虑，每个工作坑安设一部机组。

五、临时工程包括修筑临时路、便桥，施工围栏，架设临时动力线和铺设临时供水、排水管道等内容。

1.进入施工现场如无可供载重汽车运输的道路时，可修筑临时便道，一般应尽量利用原有土路，加固使用。如无适当土路，可修筑临时道路。

2.临时便桥应按实际需要架设。汽车临时便桥按荷载4t计列。临时木便桥基价的桥宽按下列数据考虑：行人2m，行车4m。临时钢板便桥基价不分管道槽宽度，均用同一基价，基价中已考虑每次施工前后铺拆钢板的用工和机械。同一地点铺的钢板，不论实际铺拆次数，均按一次计算。

3.临时供水管道措施费系指改建给水管道时停水给用户供水的临时配水管道所发生的费用。基价中不但包括刨槽、安装、拆除、回填、维修的全部工料机费用，并且包括了管件、阀门、闸井、支线水管、水嘴等的费用。编制预算时，除按干线长度套基价列项外，其他项目不得列项计算。

4.临时排水管道措施费系指必须排水而现场附近又无可供排水的下水道、河道、水坑，必须铺设的临时排水管道所发生的费用。基价中已包括刨槽、安装、拆除、回填、检查井、出水口以及加固、维修的工料机费用。

六、其他工程包括场地平整、围堰、软体坝、地下设施加固处理、砂石垫层、还土、买土、水泥粉煤灰碎石桩、水泥搅拌桩、水泥旋喷桩、挖淤泥、运土、大型机械及构件场外运费和混凝土蒸汽养护等内容。

1.围堰基价未包括施工期内发生潮汛冲刷后所需的养护工料。潮汛养护工料可根据实际情况另行计算。

2.筑坝围堰基价内列入50t木驳船台班参考数量，施工时若使用木驳船可按现价计入，围堰施工中若未使用木驳船而是搭设了栈桥，则应套用相应的脚手架项目。

3.还土或还石灰土基价中未列黄土费用,按就地取土考虑;如需改换土壤,或现场内土量不满足使用时,可增加买土费用。

4.大型机械设备进出场措施费是指机械整体或分体自停放地点运至施工现场或由一个施工地点运至另一个施工地点所发生的机械进出场的运输及转移费用。

5.大型机械场外包干运费:

(1)包干运费按"台•次"计算,运费中已包括往返运费。

(2)包干运费只适用于外环线以内的工程。

(3)包干运费中包括了臂杆、铲斗及附件、道木、道轨的运费。

(4)10t以内汽车式起重机,不计取场外开行费;10t以外汽车式起重机,每次场外开行费按其台班单价的25%计算。

(5)机械运输路途中的台班费不另计取。

6.大型机械场外包干运费适用于外环线以内的工程,其运费按"台•次"计算,包括进退场费用(平均按1.6次计算)。在编制工程计价文件时,应根据机械类别只计算一次运输费用。

7.混凝土构件场外运费是指施工单位在混凝土加工厂预制构件运至施工现场的运输费用,凡需增加此项运输费用,应根据基价项目中的构件重量、长度及相应的运输里程计列。

8.现场浇筑或预制的混凝土构件,因工程或工期需要进行蒸汽养护时,可套用相应的蒸汽养护基价。

9.架设临时动力线,适用于变压器降低后的线路(通称二次线),延伸至100m以外的延长部分,包括干线和支线,在管道中的支管线路视为支线,不包括接向动力的引线。此基价项目采用分期摊销方法,按各型变压器考虑。其使用期限是:

(1)变压器容量在100kV•A以内时,其动力线使用期为4个月。

(2)变压器容量在180kV•A以内时,其动力线使用期为7个月。

(3)变压器容量在320kV•A以内时,其动力线使用期为10个月。

组织措施费说明

一、安全文明施工措施费(含环境保护、文明施工、安全施工、临时设施)是指现场文明施工、安全施工所需要的各项费用和为达到环保部门要求所需要的环境保护费用以及施工企业为进行建筑安装工程施工所必须搭设的生活和生产用的临时建筑物、构筑物和其他临时设施等费用。

二、冬雨季施工增加费是指在冬期或雨期施工需增加的临时设施、防滑、排除雨雪,人工及施工机械效率降低等费用。

三、夜间施工增加费是指因夜间施工所发生的夜班补助费、夜间施工降效、夜间施工照明设备摊销及照明用电等费用。

四、二次搬运措施费是指因施工场地条件限制而发生的材料、构配件、半成品等一次运输不能到达堆放地点,必须进行二次或多次搬运所发生的费用。

五、竣工验收存档资料编制费是指按城建档案管理规定,在竣工验收后,应提交的档案资料所发生的编制费用。

六、半幅施工措施费是指:

1.道路工程施工时不断行需半幅施工所增加的费用。

2.排水管道单项工程有三个以上路口需分段施工所增加的费用。

七、天津市市政工程施工扬尘污染治理应依据大气污染防治法的规定,及《城市道路施工扬尘治理操作规程》的相关要求,依法依规严格执行;所发生的费用依据本基价,结合工程实际情况及方案,单独增列费用,列入工程造价中。

通用工程工程量计算规则

一、砌石工程：

1.砌石工程量按设计砌体尺寸以体积计算，勾缝以面积计算。

2.嵌入砌体中的钢管、沉降缝、伸缩缝以及0.3m^3以内的预留孔所占体积不予扣除。

3.挡墙、护坡的砌体工程：

(1)干砌、浆砌块石护坡以不同平面厚度以体积计算。

(2)浆砌块石、料石、预制块的体积按设计断面以体积计算。

(3)浆砌台阶以设计断面的实砌体积计算。

二、打拔桩工程：

1.机械设备安拆费按施工组织设计或施工方案规定的次数计算。

2.钢筋混凝土方桩、板桩按桩长度(包括桩尖长度)乘以桩横断面面积计算。

3.钢筋混凝土管桩按桩长度(包括桩尖长度)乘以桩横断面面积，减去空心部分体积计算。

4.钢管桩按成品桩考虑，以质量计算。

5.焊接桩型钢用量可按实调整。

6.陆上打桩，以原地面平均标高增加1m为界线，界线以下至设计桩顶标高之间的打桩实体积为送桩工程量。

7.支架上打桩，以当地施工期间的最高潮水位增加0.5m为界线，界线以下至设计桩顶标高之间的打桩实体积为送桩工程量。

8.船上打桩，以当地施工期间的平均水位增加1m为界线，界线以下至设计桩顶标高之间的打桩实体积为送桩工程量。

9.改造旧护岸，需拔除钢板桩时，其人工工日、机械费均乘以系数1.50。

10.各种型钢桩(不含钢管桩)的打桩工程，其钢桩场外运费已含在打桩项目内，不得再单独计列。

11.搭拆打桩工作平台面积计算：

(1)桥梁打桩：　$F = N_1 F_1 + N_2 F_2$

每座桥台(桥墩)：　$F_1 = (5.5 + A + 2.5) \times (6.5 + D)$

每条通道：　$F_2 = 6.5 \times [L - (6.5 + D)]$

(2)钻孔灌注桩：　$F = N_1 F_1 + N_2 F_2$

每座桥台(桥墩)：　$F_1 = (A + 6.5) \times (6.5 + D)$

每条通道：　$F_2 = 6.5 \times [L - (6.5 + D)]$

式中：F ——工作平台总面积；

F_1 ——每座桥台(桥墩)工作平台面积；

F_2 ——桥台至桥墩间或桥墩至桥墩间通道工作平台面积；

N_1 ——桥台和桥墩总数量；

N_2 ——通道总数量；

D ——两排桩之间的距离（m）；

L ——桥梁跨径或护岸的第一根桩中心至最后一根桩中心之间的距离（m）；

A ——桥台（桥墩）每排桩的第一根桩中心至最后一根桩中心之间的距离（m）。

三、拆除工程：

1.拆除旧路及人行道按实际拆除面积或体积计算。

2.拆除侧缘石及各类管道按长度计算。

3.拆除构筑物及障碍物按体积计算。

4.伐树、挖树兜按实挖数以“棵”计算。

5.铸铁管拆除按拆除的管道的水平投影长度计算。

四、施工排水、降水工程：

1.水窝子依管道长度每50m敷设1个，不足50m按1个水窝子计算。

2.基坑排水周期依照施工组织设计或施工方案规定，按台班计算。

3.顶管工作坑及井点排水的排水台班按下列规定计算：ϕ1000～ϕ1500管以40m为单位计算，周期40d；ϕ1650～ϕ1960管以34m为单位计算，周期45d；每昼夜3个台班。

4.管道及泵站工程采用井点排水时，每机组按35根考虑。

五、临时工程：

1.施工便道：按施工便道的长度和宽度的乘积以面积计算。

2.现场施工围栏以施工路段长度按路单侧延长米计算。

3.临时便桥：

（1）沟槽施工用木桥以管道槽的上口宽增加2m乘以管道长度以面积计算。

（2）临时汽车便桥以桥宽乘以桥长以面积计算。

（3）临时钢板便桥以桥宽（即行车宽度）计算。

4.架设临时动力线工程量是以变压器降低后的线路（通称二次线），延伸至100m以外的延长部分，包括干线和支线，不包括接向动力的引线。

5.临时供水管道及临时排水管道，各种临时性工程均应按实际需要在施工组织设计中明确规定其等级（或管径）和数量（或长度、宽度）。在编制预算时，应符合以下规定：

（1）临时供水管道：施工用的供水管道以引水地点到水压试验进水口（或现场施工用水水嘴）的距离作为工程量（分管径）。改建给水管道时为用户供水的临时管道，按实际发生计算。

(2)临时排水管道按现场排水口到排水管道出水口管道中心线的长度计算。

六、其他工程：

1.套箱围堰的工程量为套箱金属结构的质量。套箱整体下沉时，悬吊平台的钢结构及套箱内支撑的钢结构均已综合在基价中，不得作为套箱工程量进行计算。

2.地下设施加固处理按施工组织设计或图示尺寸以“处”计算。

3.大型机械设备进出场包干运费，按批准的施工组织设计或施工方案定的大型机械设备进出场次数及使用台数按“台·次”计算。

4.大型机械场外包干运费：

(1)自行式压路机的场外运费按实际场外开行台班计算。

(2)外环线以内的工程或由专业运输单位承运者，场外运费按实际发生费用计取。

5.预算基价中，开挖土方按自然方计算，购买土方按松方计算，弃运土方按松方计算，回填土方按压实方计算。

组织措施费计算规则

一、安全文明施工措施费(含环境保护、文明施工、安全施工、临时设施)按分部分项工程费合计乘以相应费率计算,其中人工费占16%。安全文明施工措施费费率见下表。

安全文明施工措施费费率表

工程类别	计算基数	费率	
		一般计税	简易计税
道路工程	分部分项工程费合计	1.85%	1.89%
桥涵工程		2.43%	2.48%
排水管道工程		2.81%	2.87%
排水构筑物及机电设备安装工程		2.81%	2.87%

二、冬雨季施工增加费、夜间施工增加费、竣工验收存档资料编制费按分部分项工程费及可计量措施项目费中的人工费、机械费合计乘以相应费率计算。措施项目费率见下表。

措施项目费率表

序号	项目名称	计算基数	费率		人工费占比
			一般计税	简易计税	
1	冬雨季施工增加费	人工费+机械费 (分部分项工程项目+可计量的措施项目)	2.68%	2.77%	60%
2	夜间施工增加费		0.26%	0.26%	70%
3	竣工验收存档资料编制费		0.20%	0.22%	

三、二次搬运措施费：

二次搬运措施费按分部分项工程费中的材料费及可以计量的措施项目费中的材料费合计乘以相应费率计算。二次搬运措施费费率见下表。

二次搬运措施费费率表

序号	工程类别	计算基数	费率	
			一般计税	简易计税
1	道路工程	材料费 （分部分项工程项目＋可计量的措施项目）	2.45%	2.40%
2	桥涵工程		1.22%	1.19%
3	排水管道工程		1.75%	1.71%
4	排水构筑物及机电设备安装工程		0.92%	0.90%

四、半幅施工措施费：

半幅施工措施费按分部分项工程费中的人工费、机械费及可以计量的措施项目费中的人工费、机械费合计乘以相应费率计算。半幅施工措施费费率见下表。

半幅施工措施费费率表

序号	工程类别	计算基数	费率	
			一般计税	简易计税
1	道路工程	人工费＋机械费 （分部分项工程项目＋可计量的措施项目）	2.96%	3.03%
2	排水管道工程		0.70%	0.71%

第一章　砌 石 工 程

1.干 砌 片 石

工作内容： 放样、土基清底、零星石料加工、搭拆脚手架、干砌片(块)石、清理、材料场内运输。

编号	项目		单位	预算基价			人工	材料	
				总价	人工费	材料费	综合工	片石	零星材料费
				元	元	元	工日	t	元
							135.00	89.21	
1-1	干砌片石	护底	10m³	**3320.23**	1340.55	1979.68	9.93	21.650	48.28
1-2	干砌片石	护岸	10m³	**3714.43**	1734.75	1979.68	12.85	21.650	48.28

2.干砌块石

工作内容：放样、土基清底、零星石料加工、搭拆脚手架、干砌片(块)石、清理、材料场内运输。

编号	项目		单位	预算基价			人工	材料
				总价	人工费	材料费	综合工	块石
				元	元	元	工日	t
							135.00	86.89
1-3	干砌块石护坡	厚度 20cm 以内	10m³	**3500.57**	1879.20	1621.37	13.92	18.660
1-4	干砌块石护坡	厚度 30cm 以内	10m³	**3203.57**	1582.20	1621.37	11.72	18.660
1-5	干砌块石护坡	厚度 40cm 以内	10m³	**3006.47**	1385.10	1621.37	10.26	18.660
1-6	干砌块石	锥形坡	10m³	**4153.97**	2532.60	1621.37	18.76	18.660

3.浆 砌 片 石

工作内容：放样、土基清理、配拌砂浆、搭拆脚手架、砌石、养护、材料场内运输。

编号	项目		单位	预算基价				人工	材料						机械	
				总价	人工费	材料费	机械费	综合工	片石	水泥 32.5级	粗砂	草袋 840×760	水	水泥砂浆 M10	机动翻斗车 1t	混凝土搅拌机 500L
				元	元	元	元	工日	t	t	t	条	m^3	m^3	台班	台班
								135.00	89.21	357.47	86.63	2.13	7.62		207.17	273.53
1-7	浆砌片石	护底	$10m^3$	**4522.80**	1668.60	2729.22	124.98	12.36	19.390	1.112	5.454	40.00	5.807	(3.670)	0.26	0.26
1-8	浆砌片石	基础	$10m^3$	**4458.90**	1668.60	2665.32	124.98	12.36	19.390	1.112	5.454	10.00	5.807	(3.670)	0.26	0.26
1-9	浆砌片石	石墙	$10m^3$	**4958.79**	2212.65	2621.16	124.98	16.39	19.390	1.112	5.454		2.807	(3.670)	0.26	0.26
1-10	浆砌片石	护岸	$10m^3$	**5002.05**	2147.85	2729.22	124.98	15.91	19.390	1.112	5.454	40.00	5.807	(3.670)	0.26	0.26
1-11	零星砌片石		m^3	**715.79**	387.45	313.92	14.42	2.87	1.940	0.111	0.545		7.081	(0.367)	0.03	0.03

4.浆 砌 块 石

工作内容：放样、土基清理、配拌砂浆、搭拆脚手架、砌石、养护、材料场内运输。

编号	项目		单位	预算基价				人工	材料					机械	
				总价	人工费	材料费	机械费	综合工	块石	水泥 32.5级	粗砂	水	水泥砂浆 M10	灰浆搅拌机 200L	汽车式起重机 8t
				元	元	元	元	工日	t	t	t	m^3	m^3	台班	台班
								135.00	86.89	357.47	86.63	7.62		208.76	767.15
1-12	浆砌块石	墩台身	$10m^3$	**5249.73**	2097.90	2501.94	649.89	15.54	18.448	1.112	5.454	3.807	(3.218)	0.21	0.79
1-13	浆砌块石	拱圈	$10m^3$	**5328.34**	2207.25	2509.56	611.53	16.35	18.448	1.112	5.454	4.807	(3.218)	0.21	0.74
1-14	浆砌块石	挡土墙	$10m^3$	**4337.97**	1755.00	2507.82	75.15	13.00	18.656	1.112	5.454	2.207	(3.218)	0.36	
1-15	浆砌块石	锥形坡	$10m^3$	**4529.12**	1961.55	2492.42	75.15	14.53	18.448	1.112	5.454	2.557	(3.218)	0.36	
1-16	浆砌块石护坡	厚度 20cm 以内	$10m^3$	**4485.83**	1908.90	2514.30	62.63	14.14	18.656	1.112	5.454	3.057	(3.218)	0.30	
1-17	浆砌块石护坡	厚度 30cm 以内	$10m^3$	**4343.34**	1757.70	2510.49	75.15	13.02	18.656	1.112	5.454	2.557	(3.218)	0.36	
1-18	浆砌块石护坡	厚度 40cm 以内	$10m^3$	**4240.19**	1656.45	2508.59	75.15	12.27	18.656	1.112	5.454	2.307	(3.218)	0.36	

5.浆 砌 料 石

工作内容： 放样、土基清理、配拌砂浆、搭拆脚手架、砌石、养护、材料场内运输。

编号	项目		单位	预算基价				人工	材料					机械	
				总价	人工费	材料费	机械费	综合工	细料石	水泥 32.5级	粗砂	水	水泥砂浆 M10	灰浆搅拌机 200L	汽车式起重机 8t
				元	元	元	元	工日	t	t	t	m^3	m^3	台班	台班
								135.00	135.08	357.47	86.63	7.62		208.76	767.15
1-19	浆砌料石	墩台	$10m^3$	**6080.13**	1819.80	3462.54	797.79	13.48	23.894	0.279	1.367	2.202	(0.920)	0.11	1.01
1-20	浆砌料石	挡墙、侧墙	$10m^3$	**6320.13**	2006.10	3462.54	851.49	14.86	23.894	0.279	1.367	2.202	(0.920)	0.11	1.08
1-21	浆砌料石	栏杆	$10m^3$	**8561.98**	5084.10	3454.92	22.96	37.66	23.894	0.279	1.367	1.202	(0.920)	0.11	
1-22	浆砌料石	帽石	$10m^3$	**6914.89**	3414.15	3477.78	22.96	25.29	23.894	0.279	1.367	4.202	(0.920)	0.11	
1-23	浆砌料石	缘石	$10m^3$	**6644.80**	3121.20	3500.64	22.96	23.12	23.894	0.279	1.367	7.202	(0.920)	0.11	
1-24	浆砌料石	压顶	$10m^3$	**3805.34**	3310.20	436.69	58.45	24.52		0.503	2.467	5.665	(1.660)	0.28	
1-25	浆砌料石	拱圈	$10m^3$	**6933.84**	2612.25	3477.78	843.81	19.35	23.894	0.279	1.367	4.202	(0.920)	0.11	1.07

6.浆 砌 台 阶

工作内容：放样、土基清理、配拌砂浆、搭拆脚手架、砌石、养护、材料场内运输。

编号	项目		单位	预算基价			人工	材料					
				总价	人工费	材料费	综合工	混凝土预制块	块石	水泥32.5级	粗砂	水	水泥砂浆M10
				元	元	元	工日	m^3	t	t	t	m^3	m^3
							135.00		86.89	357.47	86.63	7.62	
1-26	台阶	浆砌块石	$10m^3$	**5488.91**	2982.15	2506.76	22.09		18.656	1.112	5.454	2.067	(3.670)
1-27	台阶	浆砌料石	$10m^3$	**6234.76**	3758.40	2476.36	27.84		23.582	0.530	2.601	1.645	(1.750)
1-28	台阶	浆砌预制块	$10m^3$	**3086.82**	2659.50	427.32	19.70	(9.070)		0.530	2.601	1.645	(1.750)

7.浆砌预制块

工作内容：放样、土基清理、配拌砂浆、砌筑、养护、材料场内运输。

编号	项目		单位	预算基价			人工	材料				
				总价	人工费	材料费	综合工	混凝土预制块	水泥 32.5级	粗砂	水	水泥砂浆 M10
				元	元	元	工日	m^3	t	t	m^3	m^3
							135.00		357.47	86.63	7.62	
1-29	浆砌预制块护坡	无底浆	$10m^3$	**2959.49**	2841.75	117.74	21.05	(9.670)	0.133	0.654	1.777	(0.440)
1-30	浆砌预制块护坡	有底浆	$10m^3$	**3833.58**	3391.20	442.38	25.12	(9.670)	0.545	2.675	2.076	(1.800)

8.勾　缝

工作内容：配拌砂浆、勾缝、清理石面、养护、材料场内运输。

编号	项目		单位	预算基价 总价	人工费	材料费	人工 综合工	材料 水泥 32.5级	粗砂	草袋 840×760	水	水泥砂浆 M10
				元	元	元	工日	t	t	条	m^3	m^3
							135.00	357.47	86.63	2.13	7.62	
1-31	勾平缝	干砌片(块)石面	$100m^2$	**1199.91**	926.10	273.81	6.86	0.158	0.773	49.150	5.994	(0.52)
1-32	勾平缝	浆砌片(块)石面	$100m^2$	**1127.01**	853.20	273.81	6.32	0.158	0.773	49.150	5.994	(0.52)
1-33	勾平缝	浆砌片(料)石面	$100m^2$	**1090.38**	847.80	242.58	6.28	0.118	0.580	49.150	5.966	(0.39)
1-34	勾凸缝	干砌片(块)石面	$100m^2$	**2139.77**	1765.80	373.97	13.08	0.285	1.397	49.150	6.087	(0.94)

第二章　打拔桩工程

9.大型机械安拆费

工作内容：1.设备的安装、组立及拆除、材料场内运输。2.混凝土搅拌站装运、组立及拆除。

编号	项目		单位	预算基价				人工	材料				机械								
				总价	人工费	材料费	机械费	综合工	方木	螺栓 M10×60	镀锌钢丝 2.8~4.0	零星材料费	汽车式起重机 8t	汽车式起重机 20t	柴油打桩机 2.5t	静力压桩机(液压) 1600kN	振动沉拔桩机 400kN	电动卷扬机 30kN	电动卷扬机 50kN	混凝土搅拌站 45m³/h	载重汽车 4t
			位	元	元	元	元	工日	m³	100个	kg	元	台班	台班	台班	台•次	台班	台班	台班	台班	台班
								135.00	3266.74	91.77	7.08		767.15	1043.80	1036.40	1894.59	1108.34	205.84	211.29	2379.94	417.41
2-1	2.5t柴油打桩机安拆费	陆地	台•次	8394.73	4047.30	241.27	4106.16	29.98	0.048	0.50	5.00	3.18	2.50	1.60	0.50						
2-2	5.0t柴油打桩机安拆费	陆地	台•次	10548.52	5400.00	241.27	4907.25	40.00	0.048	0.50	5.00	3.18	3.00	2.00	0.50						
2-3	静力压桩机安拆费	锤重1600kN	台•次	12369.65	6480.00		5889.65	48.00					1.00	4.00		0.50					
2-4	振动沉拔桩机安拆费	陆地	台•次	3406.33	1687.50	3.31	1715.52	12.50	0.001			0.04					1.30		1.30		
2-5	振动沉拔桩机安拆费	船上	台•次	4557.98	2700.00	6.61	1851.37	20.00	0.002			0.08					1.30	0.66	1.30		
2-6	混凝土搅拌站安拆费		台•次	19602.22	12150.00		7452.22	90.00						4.00						0.50	5.00

10.搭拆桩基础支架平台

工作内容：装拆桩架、制桩、打桩、装钉支柱、盖木、斜撑、搁梁及铺板，拆除脚手板及拔桩、材料搬运整理及堆放、组装拆卸船排(水上)。

编号	项目				单位	预算基价				人工	材料		
						总价	人工费	材料费	机械费	综合工	方木	原木	型钢
						元	元	元	元	工日	m^3	m^3	kg
										135.00	3266.74	1686.44	3.70
2-7	工作平台搭拆	陆上支架	锤重(kg)	600	$100m^2$	**5691.92**	4391.55	1300.37		32.53	0.390		
2-8				1200		**6553.62**	5158.35	1395.27		38.21	0.418		
2-9				1800		**6782.72**	5294.70	1488.02		39.22	0.445		
2-10				2500		**7931.86**	6231.60	1700.26		46.16	0.508		
2-11				4000		**10559.26**	8591.40	1967.86		63.64	0.587		
2-12		水上支架		600		**23249.94**	11907.00	4859.61	6483.33	88.20	0.832	1.008	56.00
2-13				1200		**26660.96**	13683.60	5662.64	7314.72	101.36	0.901	1.302	64.00
2-14				1800		**33574.40**	17658.00	6573.84	9342.56	130.80	0.993	1.571	75.00
2-15				2500		**42349.02**	22091.40	8795.91	11461.71	163.64	1.124	2.493	89.00
2-16				4000		**61848.41**	32879.25	12067.04	16902.12	243.55	1.316	3.827	111.00

续前

编号	项目				单位	材料					机械			
						铁件(含制作费)	带帽螺栓	圆钉	扒钉	镀锌钢丝 2.8~4.0	柴油打桩机 0.6t	电动卷扬机 50kN	汽车式起重机 8t	木驳船 30t
						kg	kg	kg	kg	kg	台班	台班	台班	台日
						9.49	7.96	6.68	8.58	7.08	405.67	292.19	767.15	76.32
2-7	工作平台搭拆	陆上支架	锤重(kg)	600	100m²				3.07					
2-8				1200					3.47					
2-9				1800					4.00					
2-10				2500					4.75					
2-11				4000					5.86					
2-12		水上支架		600		17.40	8.50	0.01		0.24	1.54	2.34	3.960	28.00
2-13				1200		20.83	10.97	0.01		0.24	1.93	2.92	3.960	34.60
2-14				1800		28.69	16.21	0.01		0.24	2.52	3.83	4.930	44.80
2-15				2500		40.95	25.14	0.01		0.24	3.51	5.32	4.930	61.60
2-16				4000		62.63	38.59	0.01		0.24	5.30	8.00	7.040	91.90

11.打永久性原木桩

工作内容：校正架位、移动桩架、运桩、打入等全部工序，材料场内运输。

编号	项目				单位	预算基价				人工	材料				机械
						总价	人工费	材料费	机械费	综合工	原木	垫木	草纸	白棕绳 $\phi40$	柴油打桩机 0.6t
						元	元	元	元	工日	m^3	m^3	kg	kg	台班
										135.00	1686.44	1049.18	2.16	19.73	405.67
2-17	原木桩	永久性	0.6t柴油打桩机	陆上	$10m^3$	**21159.37**	2691.90	17725.09	742.38	19.94	10.500	0.010	2.50	0.08	1.83
2-18	原木桩	永久性	0.6t柴油打桩机	支架上	$10m^3$	**22384.34**	3600.45	17725.09	1058.80	26.67	10.500	0.010	2.50	0.08	2.61

12. 打临时性原木桩

工作内容：校正架位、移动桩架、运桩、打入、用后拆除等全部工序，材料场内运输。

编号	项目				单位	预算基价				人工	材料				机械	
						总价	人工费	材料费	机械费	综合工	原木	垫木	草纸	白棕绳 $\phi40$	柴油打桩机 0.6t	木驳船 30t
						元	元	元	元	工日	m^3	m^3	kg	kg	台班	台日
										135.00	1686.44	1049.18	2.16	19.73	405.67	76.32
2-19	原木桩	临时性	0.6t 柴油打桩机	陆上	10m³	**4639.00**	2691.90	1204.72	742.38	19.94	0.704	0.010	2.50	0.08	1.83	
2-20	原木桩	临时性	0.6t 柴油打桩机	支架上	10m³	**5863.97**	3600.45	1204.72	1058.80	26.67	0.704	0.010	2.50	0.08	2.61	
2-21	原木桩	临时性	0.6t 柴油打桩机	船上	10m³	**6658.04**	3939.30	1204.72	1514.02	29.18	0.704	0.010	2.50	0.08	2.91	4.37

13.打钢筋混凝土板桩

工作内容：安拆铁道，校正架平立，移动机架，吊装就位，安装夹板、替打木、锁头箍、桩箍，打桩等，材料场内运输。

编号	项目		单位	预算基价				人工	材料	
				总价	人工费	材料费	机械费	综合工	钢筋混凝土板桩	垫木
				元	元	元	元	工日	m^3	m^3
								135.00		1049.18
2-22	打钢筋混凝土板桩	陆上	$10m^3$	**2838.65**	1534.95	165.52	1138.18	11.37	(10.100)	0.100
2-23	打钢筋混凝土板桩	支架上	$10m^3$	**3291.12**	1776.60	166.35	1348.17	13.16	(10.100)	0.100
2-24	打钢筋混凝土板桩	船上	$10m^3$	**4059.38**	2566.35	167.17	1325.86	19.01	(10.100)	0.100

续前

编号	项目		单位	材料				机械		
				送桩帽	白棕绳 $\phi40$	草纸	零星材料费	汽车式起重机 12t	柴油打桩机 1.8t	木驳船 80t
				kg	kg	kg	元	台班	台班	台日
				5.18	19.73	2.16		864.36	777.65	203.50
2-22	打钢筋混凝土板桩	陆上	10m³	7.07	0.90	2.50	0.82	0.705	0.68	
2-23	打钢筋混凝土板桩	支架上	10m³	7.07	0.90	2.50	1.65	0.813	0.83	
2-24	打钢筋混凝土板桩	船上	10m³	7.07	0.90	2.50	2.47		1.09	2.35

14. 打钢筋混凝土方桩

工作内容： 安拆铁道，校正架平立，移动机架，吊装就位，安装夹板、替打木、锁头箍、桩箍，打桩等，材料场内运输。

编号	项目		单位	预算基价				人工	材料					机械		
				总价	人工费	材料费	机械费	综合工	钢筋混凝土方桩	垫木	送桩帽	白棕绳 $\phi40$	草纸	柴油打桩机 2.5t	汽车式起重机 16t	木驳船 80t
				元	元	元	元	工日	m^3	m^3	kg	kg	kg	台班	台班	台日
								135.00		1049.18	5.18	19.73	2.16	888.97	971.12	203.50
2-25	打钢筋混凝土方桩	陆上	10m³	**2923.88**	1584.90	58.05	1280.93	11.74	(10.100)	0.010	4.71	0.90	2.50	0.91	0.486	
2-26	打钢筋混凝土方桩	支架上	10m³	**3274.08**	1846.80	58.05	1369.23	13.68	(10.100)	0.010	4.71	0.90	2.50	0.97	0.522	
2-27	打钢筋混凝土方桩	船上	10m³	**4886.70**	2531.25	58.05	2297.40	18.75	(10.100)	0.010	4.71	0.90	2.50	2.17		1.81

15.压入钢筋混凝土方桩

工作内容：准备机具、移动压桩机、喂桩、吊装就位、校正、截桩割吊环、压送桩,材料场内运输。

编号	项目	单位	预算基价				人工	材料				机械		
			总价	人工费	材料费	机械费	综合工	钢筋混凝土方桩	热轧等边角钢 (63~70)×(4~10)	铁件 (含制作费)	电焊条	静力压桩机(液压) 1600kN	汽车式起重机 20t	电焊机 30kV•A
			元	元	元	元	工日	m^3	t	kg	kg	台•次	台班	台班
							135.00		3669.17	9.49	7.59	1894.59	1043.80	87.97
2-28	静力压桩机压钢筋混凝土方桩	$10m^3$	**2554.97**	683.10	127.85	1744.02	5.06	(10.000)	0.024	0.61	4.48	0.56	0.56	1.12

16.打型钢桩

工作内容： 安拆铁道，校正架平立，移动机架，吊装就位，安装夹板、替打木、锁头箍、桩箍，打桩等，材料场内运输。

编号	项目			单位	预算基价				人工	材料				
					总价	人工费	材料费	机械费	综合工	钢板桩	板材	方木	替打钢材	热轧工字钢 25#～36#
					元	元	元	元	工日	t	m³	m³	t	t
									135.00	4084.49	2302.20	3266.74	3202.86	3616.33
2-29	柴油打桩机打桩	钢板桩		10t	**8953.34**	2362.50	2934.88	3655.96	17.500	0.521	0.067	0.115	0.067	
2-30		25#～36# 工字钢	桩长 10m以内		**7233.63**	2497.50	2886.86	1849.27	18.500		0.190	0.160		0.521
2-31		37#～40# 工字钢			**7459.38**	2227.50	2874.77	2357.11	16.500		0.190	0.160		
2-32		25#～36# 槽钢			**7541.05**	2632.50	2895.08	2013.47	19.500		0.190	0.160		
2-33	铁木架打桩机打桩	型钢桩	25#～36# 工字钢	t	**953.50**	526.50	301.59	125.41	3.900		0.019	0.020		0.052
2-34			25#～36# 槽钢		**966.99**	526.50	302.40	138.09	3.900		0.019	0.020		

续前

编号	项目			单位	材料				机械					
					热轧工字钢 37#～40#	热轧槽钢 25#～36#	铁件（含制作费）	零星材料费	柴油打桩机 1.8t	柴油打桩机 2.5t	汽车式起重机 12t	汽车式起重机 20t	电动卷扬机 50kN	运费
					t	t	kg	元	台班	台班	台班	台班	台班	元
					3593.46	3631.86	9.49		777.65	1036.40	864.36	1043.80	211.29	
2-29	柴油打桩机打桩	钢板桩		10t			2.00	43.37		1.50		1.50		535.66
2-30	柴油打桩机打桩	25#～36#工字钢	桩长10m以内	10t				42.66	0.80		0.80			535.66
2-31	柴油打桩机打桩	37#～40#工字钢	桩长10m以内	10t	0.521			42.48	1.00			1.00		535.66
2-32	柴油打桩机打桩	25#～36#槽钢	桩长10m以内	10t		0.521		42.78	0.90		0.90			535.66
2-33	铁木架打桩机打桩	型钢桩	25#～36#工字钢	t				4.46					0.34	53.57
2-34	铁木架打桩机打桩	型钢桩	25#～36#槽钢	t		0.052		4.47					0.40	53.57

17.打钢板桩(拉森桩)

工作内容：校正架平立,移动桩架船只,吊装就位,安装夹板、替打木,打桩等,材料场内运输。

编号	项目		单位	预算基价				人工	材料	
				总价	人工费	材料费	机械费	综合工	钢板桩	替打钢材
				元	元	元	元	工日	t	t
								135.00	4084.49	3202.86
2-35	振动沉拔桩机打钢板桩(拉森桩)	陆地桩长10m以内	10t	**9166.16**	2740.50	2470.93	3954.73	20.30	0.521	0.067
2-36	振动沉拔桩机打钢板桩(拉森桩)	船上桩长18m以内	10t	**10230.34**	2442.15	2470.93	5317.26	18.09	0.521	0.067

续前

编号	项目		单位	材料			机械				
				铁件（含制作费）	方木	零星材料费	振动沉拔桩机400kN	汽车式起重机20t	电动卷扬机30kN	电动卷扬机50kN	运费
				kg	m^3	元	台班	台班	台班	台班	元
				9.49	3266.74		1108.34	1043.80	205.84	211.29	
2-35	振动沉拔桩机打钢板桩（拉森桩）	陆地桩长10m以内	10t	2.10	0.022	36.52	1.45	1.45	1.45		535.66
2-36	振动沉拔桩机打钢板桩（拉森桩）	船上桩长18m以内	10t	2.10	0.022	36.52	1.83	0.65		9.820	535.66

18.拔　　桩

工作内容：拔桩、填砂、码垛、材料场内运输。

编号	项目		单位	预算基价				人工	材料						机械				
				总价	人工费	材料费	机械费	综合工	板材	方木	粗砂	原木	杉篙	零星材料费	振动沉拔桩机300kN	振动沉拔桩机400kN	汽车式起重机20t	电动卷扬机30kN	电动卷扬机50kN
				元	元	元	元	工日	m^3	m^3	t	m^3	m^3	元	台班	台班	台班	台班	台班
								113.00	2302.20	3266.74	86.63	1686.44	984.48		944.61	1108.34	1043.80	205.84	211.29
2-37	振动沉拔桩机拔桩	钢板桩(拉森桩) 10m 以内	10t	**5629.99**	2429.50	79.89	3120.60	21.50	0.020	0.010				1.18		1.45	1.45		
2-38	振动沉拔桩机拔桩	钢板桩(拉森桩) 18m 以内	10t	**7065.67**	2779.80	79.89	4205.98	24.60	0.020	0.010				1.18		1.95	0.80	2.90	2.90
2-39	振动沉拔桩机拔桩	25# ～ 36# 工字钢、槽钢	10t	**6149.35**	2418.20	1345.06	2386.09	21.40	0.030	0.130	2.200	0.380		19.88	1.20		1.20		
2-40	振动沉拔桩机拔桩	37# ～ 40# 工字钢、槽钢	10t	**6348.19**	2418.20	1345.06	2584.93	21.40	0.030	0.130	2.200	0.380		19.88	1.30		1.30		
2-41	木扒杆拔桩	钢板桩	10t	**5485.07**	4135.80	482.98	866.29	36.60	0.010	0.020	2.200		0.200	7.14					4.10
2-42	木扒杆拔桩	型钢桩(陆地)	10t	**5453.83**	4135.80	705.29	612.74	36.60	0.020	0.080	2.200		0.200	10.42					2.90

19.打钢筋混凝土管桩

工作内容：准备工作，安拆桩帽，捆桩、吊桩就位、打桩、校正，移动桩架，安置或更换衬垫，添加润滑油、燃料，测量记录等。

编号	项目				单位	总价	人工费	材料费	机械费	综合工	钢筋混凝土管桩	垫木	送桩帽	白棕绳 φ40	草纸	汽车式起重机 16t	柴油打桩机 2.5t	柴油打桩机 4t	木驳船 80t
						预算基价				人工	材料					机械			
						元	元	元	元	工日	m^3	m^3	kg	kg	kg	台班	台班	台班	台日
										135.00		1049.18	5.18	19.73	2.16	971.12	1036.40	1486.81	203.50
2-43	打钢筋混凝土管桩	φ400	L≤24m	陆上	10m³	**2597.50**	895.05	141.73	1560.72	6.63	(10.10)	0.020	18.84	0.90	2.50	0.70	0.85		
2-44	打钢筋混凝土管桩	φ400	L≤24m	支架上	10m³	**3153.22**	1120.50	141.73	1890.99	8.30	(10.10)	0.020	18.84	0.90	2.50	0.88	1.00		
2-45	打钢筋混凝土管桩	φ400	L≤24m	船上	10m³	**3561.41**	1593.00	141.73	1826.68	11.80	(10.10)	0.020	18.84	0.90	2.50		1.36		2.05
2-46	打钢筋混凝土管桩	φ550	L≤24m	陆上	10m³	**2345.51**	688.50	166.18	1490.83	5.10	(10.10)	0.020	23.56	0.90	2.50	0.54		0.65	
2-47	打钢筋混凝土管桩	φ550	L≤24m	支架上	10m³	**3081.43**	947.70	166.18	1967.55	7.02	(10.10)	0.020	23.56	0.90	2.50	0.74		0.84	
2-48	打钢筋混凝土管桩	φ550	L≤24m	船上	10m³	**3569.97**	1341.90	166.18	2061.89	9.94	(10.10)	0.020	23.56	0.90	2.50			1.15	1.73

20.打拔钢管桩

工作内容：桩架场地平整、堆放、配合打桩、拔桩。

编号	项目		单位	预算基价				人工	材料			
				总价	人工费	材料费	机械费	综合工	钢管桩	垫木	送桩帽	电焊条
				元	元	元	元	工日	t	m^3	kg	kg
								135.00	4827.13	1049.18	5.18	7.59
2-49	打拔钢管桩	ϕ406.4	10t	**14536.60**	3510.00	2629.94	8396.66	26.00	0.500	0.020	5.56	19.04
2-50	打拔钢管桩	ϕ609.6	10t	**17461.63**	3375.00	2678.82	11407.81	25.00	0.500	0.046	9.73	19.04

续前

编号	项目		单位	材料		机械						
				白棕绳 ϕ40	草纸	汽车式起重机 20t	汽车式起重机 40t	振动锤 600kN	振动锤 700kN	铁浮箱浮吊 300t	风割机	电焊机 30kV•A
				kg	kg	台班	台班	台班	台班	台日	台班	台班
				19.73	2.16	1043.80	1547.56	118.76	1358.24	2829.65	118.15	87.97
2-49	打拔钢管桩	ϕ406.4	10t	0.90	2.00	2.00		2.00		2.00	2.00	2.00
2-50	打拔钢管桩	ϕ609.6	10t	0.90	2.00		1.92		1.92	1.92	1.92	1.92

21.钢管桩内切割

工作内容：准备机具、测定标高、钢管桩内排水、内切割钢管、截除钢管、就地安放。

编号	项目		单位	预算基价				人工	材料		机械	
				总价	人工费	材料费	机械费	综合工	氧气 6m³	乙炔气 5.5～6.5kg	内切割机	履带式起重机 40t
				元	元	元	元	工日	m³	m³	台班	台班
								135.00	2.88	16.13	82.92	1302.22
2-51	钢管桩内切割	ϕ406.4	根	**277.47**	140.40	26.26	110.81	1.04	3.18	1.06	0.08	0.08
2-52	钢管桩内切割	ϕ609.6	根	**314.79**	163.35	26.78	124.66	1.21	3.25	1.08	0.09	0.09

22.钢管桩精割盖帽

工作内容：准备机具，测定标高标线、整圆，精割，清泥，除锈，安放及焊接盖帽。

编号	项目		单位	预算基价				人工	材料			机械		
				总价	人工费	材料费	机械费	综合工	钢帽	焊丝 D3.2	零星材料费	履带式起重机 15t	半自动电焊机	风割机
				元	元	元	元	工日	个	kg	元	台班	台班	台班
								135.00		6.92		759.77	88.45	118.15
2-53	钢管桩精割盖帽	ϕ406.4	个	**293.03**	216.00	13.44	63.59	1.60	(1.00)(ϕ400)	1.72	1.54	0.06	0.07	0.10
2-54	钢管桩精割盖帽	ϕ609.6	个	**366.14**	257.85	19.25	89.04	1.91	(1.00)(ϕ600)	2.59	1.33	0.09	0.10	0.10

23.钢管桩桩内取土、填芯

工作内容：1.准备钻孔机具、钻机就位、钻孔取土、土方现场运输。2.冲洗管桩内芯、排水、混凝土填芯。

编号	项目	单位	预算基价				人工
			总价	人工费	材料费	机械费	综合工
			元	元	元	元	工日
							135.00
2-55	管内钻孔取土	$10m^3$	**2977.58**	1441.80		1535.78	10.68
2-56	钢管桩填芯（混凝土）	$10m^3$	**5776.05**	976.05	4797.96	2.04	7.23

续前

编号	项目	单位	材料		机械			
			预拌混凝土 AC30	水	柴油打桩机 2.5t	螺旋钻机 600mm	自卸汽车 4t	潜水泵 100mm
			m^3	m^3	台班	台班	台班	台班
			472.89	7.62	888.97	698.71	491.57	29.10
2-55	管内钻孔取土	$10m^3$			0.71	0.76	0.76	
2-56	钢管桩填芯（混凝土）	$10m^3$	10.100	2.857				0.07

24.接　　桩

工作内容： 1.浆锚接桩：接桩、校正、安装夹箍及拆除、熬制及灌注硫黄胶泥。2.焊接桩：对接、校正、垫铁片、安装角铁、焊接。3.法兰接桩：上下对接、校正、垫铁片、上螺栓、拧紧、焊接。4.钢管桩电焊接桩：准备工具、磨焊接头、上下节桩对接、焊接。

编号	项目		单位	预算基价				人工	材料						
				总价	人工费	材料费	机械费	综合工	方木	硫黄胶泥	型钢	电焊条	木柴	氧气 6m³	乙炔气 5.5～6.5kg
				元	元	元	元	工日	m³	kg	kg	kg	kg	m³	m³
								135.00	3266.74	2.20	3.70	7.59	1.03	2.88	16.13
2-57	浆锚接桩		个	**148.85**	63.45	36.84	48.56	0.47	0.002	12.85			0.50		
2-58	焊接桩		个	**413.64**	136.35	229.65	47.64	1.01			48.00	6.76		0.09	0.03
2-59	法兰接桩		个	**241.22**	113.40	121.66	6.16	0.84				1.04			
2-60	钢管桩电焊接桩	ϕ400	个	**174.58**	89.10	19.75	65.73	0.66						0.46	0.16
2-61	钢管桩电焊接桩	ϕ600	个	**247.23**	95.85	27.91	123.47	0.71						0.52	0.19

编号	项目		单位	材料							机械					
				导电嘴	导电杆	砂轮片	带帽螺栓	石油沥青30#	焊丝 *D*3.2	零星材料费	汽车式起重机16t	交流弧焊机32kV·A	半自动电焊机	风割机	柴油打桩机2.5t	柴油打桩机5t
				套	只	片	kg	kg	kg	元	台班	台班	台班	台班	台班	台班
				2.80	4.50	5.80	7.96	6.00	6.92		971.12	87.97	88.45	118.15	888.97	1851.16
2-57	浆锚接桩									1.52	0.05					
2-58	焊接桩										0.04	0.10				
2-59	法兰接桩		个				3.74	14.00				0.07				
2-60	钢管桩电焊接桩	ϕ400		0.365	0.004	0.500			1.72				0.06	0.06	0.060	
2-61	钢管桩电焊接桩	ϕ600		0.371	0.007	0.750			2.59				0.06	0.06		0.060

25.送　　桩

工作内容：准备工作，安拆送桩帽、送桩杆，打送桩，安置或更换衬垫，添加润滑油、燃料，测量记录，移动桩架等。

编号	项目		单位	预算基价				人工	材料			机械		
				总价	人工费	材料费	机械费	综合工	垫木	送桩帽	草纸	柴油打桩机 2.5t	汽车式起重机 16t	木驳船 80t
				元	元	元	元	工日	m^3	kg	kg	台班	台班	台日
								135.00	1049.18	5.18	2.16	1036.40	971.12	203.50
2-62	送桩	陆上	10m³	**6332.92**	2527.20	114.17	3691.55	18.72	0.010	17.93	5.00	2.40	1.24	
2-63	送桩	支架上	10m³	**7249.82**	2971.35	114.17	4164.30	22.01	0.010	17.93	5.00	2.65	1.46	
2-64	送桩	船上	10m³	**8867.07**	4025.70	114.17	4727.20	29.82	0.010	17.93	5.00	3.44		5.71

第三章　拆 除 工 程

26.破除路面面层

工作内容： 破除或铣刨路面，清除料底，刨齐路边、井边，场内运输，旧料清理成堆，指定地点存放。

编号	项目		单位	预算基价				人工	材料		机械			
				总价	人工费	材料费	机械费	综合工	风镐尖	零星材料费	内燃空气压缩机 $9m^3/min$	铣刨机	自卸汽车 8t	轮胎式装载机 $1m^3$
				元	元	元	元	工日	个	元	台班	台班	台班	台班
								135.00	12.98		450.35	622.35	637.11	569.56
3-1	空压机破除水泥混凝土路面	无筋	$10m^3$	**2310.44**	1440.45	5.32	864.67	10.67	0.40	0.13	1.92			
3-2	空压机破除水泥混凝土路面	有筋	$10m^3$	**3327.14**	2239.65	6.65	1080.84	16.59	0.50	0.16	2.40			
3-3	铣刨机铣刨沥青混凝土路面	厚度 3cm	$100m^2$	**565.40**	121.50		443.90	0.90				0.18	0.36	0.18
3-4	铣刨机铣刨沥青混凝土路面	每增减 1cm	$100m^2$	**30.06**	5.40		24.66	0.04				0.01	0.02	0.01

27.破 除 旧 路

工作内容：破除或铣刨旧路，清除料底，刨齐路边、井边，场内运输，旧料清理成堆，指定地点存放。

编号	项目		单位	预算基价				人工	材料		机械						
				总价	人工费	材料费	机械费	综合工	风镐尖	零星材料费	铣刨机 LX1200	自卸汽车 8t	轮胎式装载机 $1m^3$	内燃空气压缩机 $9m^3/min$	振动破碎机（综合）	履带式推土机 75kW	履带式推土机 135kW
				元	元	元	元	工日	个	元	台班	台班	台班	台班	台班	台班	台班
								135.00	12.98		1021.55	637.11	569.56	450.35	1583.43	904.54	1192.57
3-5	人工破除多合土结构层	无骨料	$10m^3$	**1051.65**	1051.65			7.79									
3-6		有骨料		**1193.40**	1193.40			8.84									
3-7	人工破除面层或基层	砖基		**432.00**	432.00			3.20									
3-8	铣刨沥青混凝土路面结构	厚度 8cm	$100m^2$	**934.99**	202.50		732.49	1.50			0.17	0.60	0.31				
3-9		每增减 1cm		**238.81**	10.80		228.01	0.08				0.34	0.02				
3-10	空压机破除	沥青混凝土路面结构	$100m^3$	**11838.44**	7290.00	130.51	4417.93	54.00	9.81	3.18				9.81			
3-11	液压镐破除			**3212.45**	441.45		2771.00	3.27							1.75		
3-12	推土机破除			**2024.64**	346.95		1677.69	2.57								0.80	0.80

28.拆除人行道

工作内容：拆除,清除料底,刨齐路边、井边,场内运输,旧料清理成堆,指定地点存放。

编号	项目		单位	预算基价				人工	材料	机械
				总价	人工费	材料费	机械费	综合工	风镐尖	内燃空气压缩机 $3m^3/min$
				元	元	元	元	工日	个	台班
								135.00	12.98	227.44
3-13	拆除混凝土面层人行道	厚度 10cm 以内	$100m^2$	**2131.53**	1729.35	51.92	350.26	12.81	4.00	1.54
3-14		每增减 1cm		**212.11**	172.80	5.19	34.12	1.28	0.40	0.15
3-15	拆除混凝土砖人行道			**383.40**	383.40			2.84		

29.拆除侧缘石

工作内容：刨出、刮净、运输、旧料清理成堆、指定地点存放。

<table>
<tr><th rowspan="3">编号</th><th rowspan="3" colspan="2">项目</th><th rowspan="3">单位</th><th colspan="2">预算基价</th><th>人工</th></tr>
<tr><th>总价</th><th>人工费</th><th>综合工</th></tr>
<tr><th>元</th><th>元</th><th>工日
135.00</th></tr>
<tr><td>3-16</td><td rowspan="2">拆除侧石</td><td>混凝土</td><td rowspan="7">100m</td><td>468.45</td><td>468.45</td><td>3.47</td></tr>
<tr><td>3-17</td><td>石质</td><td>611.55</td><td>611.55</td><td>4.53</td></tr>
<tr><td>3-18</td><td rowspan="2">拆除可越侧石</td><td>混凝土</td><td>565.65</td><td>565.65</td><td>4.19</td></tr>
<tr><td>3-19</td><td>石质</td><td>735.75</td><td>735.75</td><td>5.45</td></tr>
<tr><td>3-20</td><td rowspan="2">拆除缘石</td><td>混凝土</td><td>311.85</td><td>311.85</td><td>2.31</td></tr>
<tr><td>3-21</td><td>石质</td><td>413.10</td><td>413.10</td><td>3.06</td></tr>
<tr><td>3-22</td><td colspan="2">拆除混凝土侧缘石
(L形)</td><td>469.80</td><td>469.80</td><td>3.48</td></tr>
</table>

30.拆除混凝土管道

工作内容：平整场地、清理工作坑、剔口、吊管、清理管腔污泥、旧料就近堆放。

编号	项目			单位	预算基价			人工	机械		
					总价	人工费	机械费	综合工	汽车式起重机 8t	汽车式起重机 12t	汽车式起重机 16t
					元	元	元	工日	台班	台班	台班
								135.00	767.15	864.36	971.12
3-23	拆除混凝土管	管径（mm）	φ300 以内	100m	**3852.90**	3852.90		28.54			
3-24			φ450 以内		**5205.60**	5205.60		38.56			
3-25			φ600 以内		**4873.31**	2211.30	2662.01	16.38	3.47		
3-26			φ1000 以内		**7010.95**	3175.20	3835.75	23.52	5.00		
3-27			φ1500 以内		**9846.30**	4167.45	5678.85	30.87		6.57	
3-28			φ2000 以内		**13429.38**	5514.75	7914.63	40.85			8.15

31.拆除铸铁管

工作内容：平整场地，挖还耳子，切管，剔口，拆管件、附件、阀门，排水，清理管腔淤泥，运至指定地点堆放，但不包括挖还管道槽。

编号	项目		单位	预算基价				人工	材料		机械		
				总价	人工费	材料费	机械费	综合工	原木	板材	电动单级离心清水泵100mm	汽车式起重机10t	长材运输车8t
				元	元	元	元	工日	m^3	m^3	台班	台班	台班
								135.00	1686.44	2302.20	34.80	838.68	667.41
3-29	拆除铸铁管	*DN*75	10m	**354.65**	298.35	45.86	10.44	2.21	0.019	0.006	0.3		
3-30	拆除铸铁管	*DN*100	10m	**354.65**	298.35	45.86	10.44	2.21	0.019	0.006	0.3		
3-31	拆除铸铁管	*DN*150	10m	**405.59**	338.85	45.86	20.88	2.51	0.019	0.006	0.6		
3-32	拆除铸铁管	*DN*200	10m	**505.49**	438.75	45.86	20.88	3.25	0.019	0.006	0.6		
3-33	拆除铸铁管	*DN*250	10m	**524.39**	457.65	45.86	20.88	3.39	0.019	0.006	0.6		
3-34	拆除铸铁管	*DN*300	10m	**522.12**	376.65	45.86	99.61	2.79	0.019	0.006	0.6	0.07	0.03
3-35	拆除铸铁管	*DN*350	10m	**601.77**	456.30	45.86	99.61	3.38	0.019	0.006	0.6	0.07	0.03
3-36	拆除铸铁管	*DN*400	10m	**689.92**	491.40	65.02	133.50	3.64	0.029	0.007	0.9	0.09	0.04

工作内容：平整场地，挖还耳子，切管，剔口，拆管件、附件、阀门，排水，清理管腔淤泥，运至指定地点堆放，但不包括挖还管道槽。

编号	项目		单位	预算基价				人工	材料			机械		
				总价	人工费	材料费	机械费	综合工	原木	板材	方木	汽车式起重机 10t	电动单级离心清水泵 100mm	长材运输车 8t
				元	元	元	元	工日	m^3	m^3	m^3	台班	台班	台班
								135.00	1686.44	2302.20	3266.74	838.68	34.80	667.41
3-37	拆除铸铁管	*DN*450	10m	**778.94**	573.75	65.02	140.17	4.25	0.029	0.007		0.09	0.90	0.05
3-38		*DN*500		**857.82**	635.85	65.02	156.95	4.71	0.029	0.007		0.11	0.90	0.05
3-39		*DN*600		**978.33**	719.55	68.29	190.49	5.33	0.029	0.007	0.001	0.15	0.90	0.05
3-40		*DN*700		**1251.03**	992.25	68.29	190.49	7.35	0.029	0.007	0.001	0.15	0.90	0.05
3-41		*DN*800		**1309.00**	996.30	90.37	222.33	7.38	0.038	0.010	0.001	0.18	0.90	0.06
3-42		*DN*900		**1619.14**	1296.00	90.37	232.77	9.60	0.038	0.010	0.001	0.18	1.20	0.06
3-43		*DN*1000		**1727.08**	1300.05	90.37	336.66	9.63	0.038	0.010	0.001	0.28	1.20	0.09
3-44		*DN*1200		**2027.74**	1598.40	92.68	336.66	11.84	0.038	0.011	0.001	0.28	1.20	0.09

32.拆除砖石结构及混凝土构筑物

工作内容：1.检查井:拆除井体、管口,旧料清理成堆。2.构筑物:拆除、旧料清理成堆。

编号	项目			单位	预算基价				人工	材料				机械	
					总价	人工费	材料费	机械费	综合工	风镐尖	乙炔气 5.5～6.5kg	氧气 6m³	零星材料费	内燃空气压缩机 9m³/min	气焊设备 3m³
					元	元	元	元	工日	个	m³	m³	元	台班	台班
									135.00	12.98	16.13	2.88		450.35	14.92
3-45	拆除砖石结构	砖砌检查井		10m³	**2106.00**	2106.00			15.60						
3-46	拆除砖石结构	砖砌其他构筑物		10m³	**1780.52**	1264.95	65.22	450.35	9.37	5.00			0.32	1.00	
3-47	拆除混凝土结构	机械拆除	有筋	10m³	**5127.22**	2883.60	235.47	2008.15	21.36	0.30	9.18	27.00	5.74	4.31	4.50
3-48	拆除混凝土结构	机械拆除	无筋	10m³	**3247.28**	1938.60	2.66	1306.02	14.36	0.20			0.06	2.90	

33.伐树、伐树根(挖树兜)

工作内容：锯倒、砍枝、截断、刨挖、清理异物、就近堆放整齐。

编号	项目			单位	预算基价		人工
					总价	人工费	综合工
					元	元	工日
							135.00
3-49	伐树	离地面20cm处树干直径(cm)	30以内	10棵	**411.75**	411.75	3.05
3-50			40以内		**824.85**	824.85	6.11
3-51			50以内		**1224.45**	1224.45	9.07
3-52			50以外		**2744.55**	2744.55	20.33
3-53	伐树根(挖树兜)		30以内		**747.90**	747.90	5.54
3-54			40以内		**1482.30**	1482.30	10.98
3-55			50以内		**2126.25**	2126.25	15.75
3-56			50以外		**2964.60**	2964.60	21.96

第四章　施工排水、降水工程

工作内容：设备安拆、井点组装、运输打拔、连接、挖填沉淀池。

编号	项目		单位	预算基价				人工	材		
				总价	人工费	材料费	机械费	综合工	粗砂	花管 φ50	横管 φ100
				元	元	元	元	工日	t	m	m
								135.00	86.63	77.59	53.42
4-1	打拔井点	9m 以内	10根	**6883.10**	5044.95	807.95	1030.20	37.37	5.960	0.67	0.33
4-2	打拔井点	9m 以外	10根	**8442.40**	6003.45	824.43	1614.52	44.47	5.960	0.67	0.33

井点

				料				机		械
立管 φ50	高压胶管	树棕	镀锌钢丝 0.7～1.2	镀锌钢丝 2.8～4.0	综合螺栓 M20×(35～100)	窗纱	零星材料费	井点钻机 汽车式	电动卷扬机 50kN	电动单级离心清水泵 50mm
m	m	kg	kg	kg	个	m	元	台班	台班	台班
24.36	26.43	19.28	7.34	7.08	3.12	7.46		444.30	211.29	28.19
2.00	0.33	4.30	2.00	0.87	0.03	5.50	19.71	1.76	0.94	1.76
2.66	0.33	4.30	2.00	0.87	0.03	5.50	20.11	2.63	1.76	2.63

工作内容： 放线定位、装拆钻机、移动机位钻孔、疏通泥浆沟、清淤泥、安设滤水管、填充砂石料、材料场内运输。

编号	项目		单位	预算基价				人工		
				总价	人工费	材料费	机械费	综合工	无砂管	粗砂
				元	元	元	元	工日	m	t
								135.00		86.63
4-3	大口井	D400	10m	**3615.59**	1863.00	1186.38	566.21	13.80	10.50×66.21	1.020
4-4	大口井	D600	10m	**4572.02**	2295.00	1643.18	633.84	17.00	10.50×83.50	2.220

口　井

材				料				机			械
黏　土	油　毡	石油沥青 10#	板　材	铁　件 (含制作费)	镀锌钢丝 2.8～4.0	水	零星材料费	工程钻机 *D*800	电动单级离心清水泵 100mm	泥浆泵 100mm	汽车式起重机 8t
m^3	m^2	kg	m^3	kg	kg	m^3	元	台班	台班	台班	台班
53.37	3.83	4.04	2302.20	9.49	7.08	7.62		472.23	34.80	204.13	767.15
1.260	10.40	7.60	0.020	3.10	3.10	18.20	28.94	0.60	0.20	0.60	0.20
2.830	14.50	10.60	0.020	3.50	3.50	23.70	40.08	0.70	0.20	0.70	0.20

36.工 程 排 水

工作内容：排水、降低地下水配合施工。

编号	项目			单位	预算基价 总价	预算基价 机械费	机械 射流井点泵 9.50m	机械 电动单级离心清水泵 100mm	机械 电动单级离心清水泵 150mm	机械 电动单级离心清水泵 200mm
					元	元	台班	台班	台班	台班
							61.90	34.80	57.91	88.54
4-5	井点排水射流泵			台日	**185.70**	185.70	3.00			
4-6	工程排水	电动清水泵	ϕ100 以内	台班	**34.80**	34.80		1.00		
4-7	工程排水	电动清水泵	ϕ150 以内	台班	**57.91**	57.91			1.00	
4-8	工程排水	电动清水泵	ϕ200 以内	台班	**88.54**	88.54				1.00

37.挖还水窝子

工作内容：1.挖：挖土、支撑、码砌井、下沉。2.回填：拆撑、回填、分层夯实、材料现场倒运。

编号	项目		单位	预算基价			人工	材料			
				总价	人工费	材料费	综合工	机砖	井盘	草袋 840×760	零星材料费
				元	元	元	工日	千块	m^3	条	元
							135.00	441.10	884.31	2.13	
4-9	挖还水窝子	人工做水窝子	座	**948.03**	843.75	104.28	6.25	0.150	0.033	3.00	2.54
4-10	挖还水窝子	回填水窝子	座	**843.75**	843.75		6.25				

第五章　临 时 工 程

38.修筑临

工作内容： 1.清除杂物、拌和材料、整平、碾压等修筑简易路的全部工序。2.临时木便桥包括绑拆架子、排水、铺拆板子、材料场内运输。3.临时钢板便桥

编号	项目	单位	预算基价				人工	材							
			总价	人工费	材料费	机械费	综合工	路基黄土	碴石 0.2～8	板材	原木	方木	杉篙	铁件（含制作费）	钢板(中厚)
			元	元	元	元	工日	m^3	t	m^3	m^3	m^3	m^3	kg	t
							135.00		85.20	2302.20	1686.44	3266.74	984.48	9.49	3876.58
5-1	临时疏导路	100m²	**4805.66**	3375.00	1222.62	208.04	25.00		14.000						
5-2	临时疏导木便桥	100m²	**13355.14**	10413.90	2941.24		77.14			0.167			0.118		
5-3	临时疏导汽车便桥	100m²	**38374.17**	30352.05	5584.82	2437.30	224.83			0.277	0.227	0.251	0.007	375.00	
5-4	临时疏导钢板便桥	10m	**3040.06**	513.00	992.76	1534.30	3.80								0.157
5-5	临时路	100m²	**6266.07**	324.00	5446.20	495.87	2.40	(9.040)							

时路、便桥

包括铺拆钢板。4.临时汽车便桥包括节点铁件连接、打拔桩、铺拆桥面及护栏等，材料现场运输。5.清除杂物、拌和、摊铺、整平、碾压等。

料								机									械	
圆钉	镀锌钢丝 2.8~4.0	中粒式沥青混凝土	生石灰	粉煤灰	水	周转材料运费	零星材料费	履带式推土机 60kW	履带式推土机 75kW	汽车式起重机 8t	电动卷扬机 30kN	电动卷扬机 50kN	平地机 150kW	光轮压路机（内燃）8t	光轮压路机（内燃）12t	光轮压路机（内燃）15t	振动压路机 15t	轮胎压路机 16t
kg	kg	t	t	t	m^3	元	元	台班	台班	台班	台班	台班	台班	台班	台班	台班	台班	台班
6.68	7.08	367.99	309.26	97.03	7.62			687.76	904.54	767.15	205.84	211.29	1188.23	411.25	527.82	623.12	1045.67	690.16
							29.82		0.23									
3.80	331.00						71.74											
	6.00						136.22				7.16	4.56						
						359.93	24.21			2.00								
		9.494	2.770	9.720	2.610		132.83	0.349					0.057	0.071	0.135	0.023	0.049	0.032

39.施 工 围 栏

工作内容：安装、拆除及材料现场运输。

编号	项目		单位	预算基价				人工	材料					机械	
				总价	人工费	材料费	机械费	综合工	预制混凝土支墩C25	海蓝色V板	脚手钢管	纤维布	零星材料费	载重汽车5t	小型机具
				元	元	元	元	工日	m^3	m^2	kg	m	元	台班	元
								135.00		20.77	3.92	1.30		443.55	
5-6	纤维布施工护栏	高 2.5m	100m	**354.17**	118.80	124.48	110.89	0.88	(0.09)		3.54	83.20	2.44	0.25	
5-7	钢板施工护栏	高 1.8m 以内	100m	**1324.09**	303.75	996.34	24.00	2.25		46.80			24.30		24.00
5-8	钢板施工护栏	高 2.4m 以内	100m	**1763.45**	405.00	1328.45	30.00	3.00		62.40			32.40		30.00

40.架设临时动力线

工作内容：架线、竣工后拆除，现场200m内拆除。

编号	项目		单位	预算基价			人工	材料	
				总价	人工费	材料费	综合工	原木	橡皮铝线
				元	元	元	工日	m^3	m
							135.00	1686.44	
5-9	架设临时动力线	变压器 100kV•A 以内	100m	**2058.89**	1687.50	371.39	12.50	0.010	12.36×2.88(25mm²)
5-10		变压器 180kV•A 以内		**2588.40**	1772.55	815.85	13.13	0.010	21.64×4.13(35mm²)
5-11		变压器 320kV•A 以内		**3248.34**	1856.25	1392.09	13.75	0.010	30.90×4.13(35mm²)
5-12		变压器 100kV•A 以内(单干带横栏)		**4634.91**	2362.50	2272.41	17.50	0.010	31.80×4.13(35mm²)

续前

编号	项目		单位	材						料
				橡皮铝线	方木	镀锌钢丝 2.8～4.0	瓷瓶子 2#	拉线瓷瓶 2# 红白带眼	周转材料运费	零星材料费
				m	m^3	kg	个	个	元	元
					3266.74	7.08	1.92	1.65		
5-9	架设临时动力线	变压器 100kV•A 以内	100m	37.08×6.49(50mm²)		7.14	8.00	1.00	3.08	7.64
5-10		变压器 180kV•A 以内		64.92×9.15(70mm²)		11.22	8.00	1.00	3.08	16.07
5-11		变压器 320kV•A 以内		92.70×12.07(95mm²)		11.22	8.00	1.00	3.08	29.19
5-12		变压器 100kV•A 以内(单干带横栏)		158.40×12.07(95mm²)	0.020	11.22	8.00	1.00	3.08	47.46

41.铺设临时供水、排水管道

工作内容：埋管起管的挖还土,管材、管件、阀门、水嘴等的安拆,施工期间的维修,完工后的清理现场。

编号	项目		单位	预算基价				人工	材料		
				总价	人工费	材料费	机械费	综合工	铸铁管	铸铁管	钢管
				元	元	元	元	工日	m	m	m
								135.00			
5-13	临时供水管道	*DN*75	10m	**2082.93**	1881.90	186.58	14.45	13.94	1×92.64		
5-14		*DN*100		**2227.23**	2008.80	200.25	18.18	14.88	1×98.66		
5-15		*DN*150		**2739.18**	2320.65	385.38	33.15	17.19	1×124.42		
5-16	临时排水钢管	*DN*200		**1633.96**	1206.90	134.10	292.96	8.94			0.5×84.59
5-17		*DN*300		**2456.05**	1790.10	210.65	455.30	13.26			0.5×121.62
5-18		*DN*400		**2917.50**	2031.75	302.02	583.73	15.05			0.5×173.53
5-19	临时排水铸铁管	*DN*200		**1595.48**	1302.75	214.80	77.93	9.65		0.67×171.83	
5-20		*DN*300		**2501.43**	1984.50	386.83	130.10	14.70		0.67×316.01	
5-21		*DN*400		**2859.33**	2173.50	517.13	168.70	16.10		0.67×395.86	

续前

编号	项目		单位	材料						机械		
				电焊条	氧气 $6m^3$	乙炔气 5.5～6.5kg	接口材料费	周转材料运费	零星材料费	汽车式起重机 10t	电焊机 30kV•A	综合机械费
				kg	m^3	m^3	元	元	元	台班	台班	元
				7.59	2.88	16.13				838.68	87.97	
5-13	临时供水管道	*DN*75	10m				7.10	4.67	82.17			14.45
5-14	临时供水管道	*DN*100	10m				9.06	6.07	86.46			18.18
5-15	临时供水管道	*DN*150	10m				9.15	9.05	242.76			33.15
5-16	临时排水钢管	*DN*200	10m	0.84	0.24	0.12		7.88	74.92	0.12	1.43	66.52
5-17	临时排水钢管	*DN*300	10m	1.63	0.39	0.20		19.98	113.14	0.18	2.14	116.08
5-18	临时排水钢管	*DN*400	10m	2.66	0.57	0.29		32.96	155.79	0.22	2.89	144.99
5-19	临时排水铸铁管	*DN*200	10m				11.77	12.98	74.92	0.07		19.22
5-20	临时排水铸铁管	*DN*300	10m				19.22	42.74	113.14	0.10		46.23
5-21	临时排水铸铁管	*DN*400	10m				20.76	75.35	155.79	0.13		59.67

工作内容：埋管起管的挖还土，管材、管件、阀门、水嘴等的安拆，施工期间的维修，完工后的清理现场。

编号	项目		单位	预算基价			人工	材料		
				总价	人工费	材料费	综合工	承插口水泥管 $d300\times4$m	氯丁橡胶圈 $DN300$	零星材料费
				元	元	元	工日	m	个	元
							135.00	82.52	9.29	
5-22	临时排水水泥泄水管	$d300$	100m	**4386.40**	3948.75	437.65	29.25	5.00	2.00	6.47

第六章　其 他 工 程

42.场 地 平 整

工作内容： 放样、场地内清除杂物、标高在±30cm以内挖填找平。铺筑、整平、浇水、碾压。

编号	项目	单位	预算基价				人工	材料		机械
			总价	人工费	材料费	机械费	综合工	炉渣	零星材料费	履带式推土机 75kW
			元	元	元	元	工日	t	元	台班
							135.00	135.37		904.54
6-1	场地平整	100m^2	**394.89**	168.75		226.14	1.25			0.25
6-2	土路加固	100m^2	**1264.84**	135.00	1003.20	126.64	1.00	7.230	24.47	0.14

43.土 草 围 堰

工作内容： 清理基底，50m 范围的取、装、运土，草袋装土，封包运输，堆筑，填土夯实，拆除，清理。固定木桩、安装挡土篱笆、50m 内取土、夯填、拆除整理。填土、打拔木桩、安拆顺水木、封苇席、竣工后拆除清理、100m 场内运输。

编号	项目		单位	预算基价				人工	材料							
				总价	人工费	材料费	机械费	综合工	黏土	草袋 840×760	麻绳	杉篙	钢筋 D10以外	镀锌钢丝 0.7~1.2	镀锌钢丝 2.8~4.0	原木
				元	元	元	元	工日	m^3	条	kg	m^3	t	kg	kg	m^3
								135.00		2.13	9.28	984.48	3799.94	7.34	7.08	1686.44
6-3	土草围堰	筑土围堰	$100m^3$	**12368.42**	12305.25		63.17	91.15	(121.00)							
6-4	土草围堰	草袋围堰	$100m^3$	**23905.41**	19645.20	4197.04	63.17	145.52	(93.00)	1926.00	10.20					
6-5	筑拆木桩竹笆坝		m^3	**824.40**	526.50	124.76	173.14	3.90	(1.30)			0.029	0.024	0.20	0.50	
6-6	软体坝		$10m^2$	**5856.88**	3052.35	2176.56	627.97	22.61								0.240

续前

编号	项目		单位	材料						机械						
				圆钢	粗砂	竹笆	苇席	防水布	钢丝绳	电动夯实机 20～62N·m	电动卷扬机 20kN	电动卷扬机 50kN	柴油打桩机 0.6t	汽车式起重机 20t	木驳船 30t	木驳船 50t
				t	t	片	席	m^2	kg	台班	台班	台班	台班	台班	台日	台日
				3906.62	86.63	19.85	17.59	7.96	6.67	27.11	225.43	211.29	405.67	1043.80	76.32	
6-3	土草围堰	筑土围堰	$100m^3$							2.33						(25.13)
6-4	土草围堰	草袋围堰	$100m^3$							2.33						(25.13)
6-5	筑拆木桩竹笆坝		m^3								0.44	0.35				(25.13)
6-6	软体坝		$10m^2$	0.003	2.000	6.640	11.070	22.500	162.100				0.350	0.440	0.350	

44.套 箱 围 堰

工作内容：底部金属结构制作、安装，侧面及内部万能杆件、支撑架拼装、拆除，悬吊系统及侧板制作、安装、拆除，套箱整体悬吊定位、下沉。

编号	项目		单位	预算基价				人工	材料								
				总价	人工费	材料费	机械费	综合工	钢套箱	碴石 0.2～8	原木	型钢	钢板(中厚)	螺纹钢 锰D14～32	圆钢	热轧一般无缝钢管	钢丝绳
				元	元	元	元	工日	t	t	m^3	t	t	t	t	kg	kg
								135.00	3713.18	85.20	1686.44	3699.72	3876.58	3719.82	3906.62	4.57	6.67
6-7	钢套箱围堰	无底模	10t	**48322.77**	31684.50	11294.63	5343.64	234.70	1.817	7.420	0.054	0.071	0.012				3.00
6-8	钢套箱围堰	有底模	10t	**69688.52**	38124.00	24627.19	6937.33	282.40	4.547		0.060	0.014	0.193	0.060	0.008	36.00	2.00

续前

编号	项目		单位	材料				机械								
				电焊条	铁件（含制作费）	零星材料费	设备摊销费	汽车式起重机 12t	电动卷扬机 30kN	电动卷扬机 50kN	电焊机 30kV·A	内燃拖轮 ≤45kW	铁驳船 100t	潜水设备	电动多级离心清水泵 100mm/扬程120m以下	小型机具
				kg	kg	元	元	台班	台班	台班	台班	台班	吨日	台班	台班	元
				7.59	9.49			864.36	243.50	211.29	87.97	427.97	254.37	88.94	159.61	
6-7	钢套箱围堰	无底模	10t	2.00	0.50	141.30	3334.10	0.58	13.24	3.31	0.22	0.49	1.46	2.96		55.30
6-8	钢套箱围堰	有底模	10t	6.90	7.80	322.40	5961.10	2.40	12.29	3.07	0.77	0.80	2.40	1.20	0.09	79.90

45.地下设施加固处理

工作内容：选料、按要求加固、完工后拆除、清理、材料场内运输。

编号	项目		单位	预算基价			人工	材料				料
				总价	人工费	材料费	综合工	板材	方木	原木	镀锌钢丝 2.8～4.0	零星材料费
				元	元	元	工日	m^3	m^3	m^3	kg	元
							135.00	2302.20	3266.74	1686.44	7.08	
6-9	地下设施加固处理	线缆加固	处	**616.78**	337.50	279.28	2.50	0.050	0.033		7.00	6.81
6-10	地下设施加固处理	管道加固	处	**830.74**	506.25	324.49	3.75	0.050	0.040		10.00	7.91
6-11	地下设施加固处理	电杆加固	处	**802.90**	675.00	127.90	5.00			0.053	5.00	3.12

46.砂石垫层

工作内容：放样、铺料、找平、夯实、材料场内运输。

编号	项目	单位	预算基价				人工	材料					机械
			总价	人工费	材料费	机械费	综合工	粗砂	碴石 2～4	碴石 0.2～8	片石	零星材料费	机动翻斗车 1t
			元	元	元	元	工日	t	t	t	t	元	台班
							135.00	86.63	85.12	85.20	89.21		207.17
6-12	砂垫层	m^3	**245.21**	32.40	177.59	35.22	0.24	2.000				4.33	0.17
6-13	碎石垫层	m^3	**239.42**	29.70	174.50	35.22	0.22		2.000			4.26	0.17
6-14	级配碎石垫层	m^3	**265.03**	29.70	200.11	35.22	0.22	0.680		1.600		4.88	0.17
6-15	片石垫层	m^3	**287.03**	63.45	188.36	35.22	0.47				2.060	4.59	0.17

47.还填石灰土

工作内容：放样、焖筛石灰和土、拌和、分层摊铺灰土、找平、夯实、养护、材料场内运输。

编号	项目	单位	预算基价				人工	材料		机械
			总价	人工费	材料费	机械费	综合工	生石灰	零星材料费	电动夯实机 20～62N•m
			元	元	元	元	工日	t	元	台班
							113.00	309.26		27.11
6-16	2∶8 灰土人工夯实	10m³	**1718.70**	1171.81	511.65	35.24	10.37	1.630	7.56	1.30
6-17	3∶7 灰土人工夯实	10m³	**2005.23**	1226.05	743.94	35.24	10.85	2.370	10.99	1.30

48.还 填 土 方

工作内容：放样、分层还填土、找平、养护、夯实、材料场内运输。

编号	项目	单位	预算基价			人工	机械	
			总价	人工费	机械费	综合工	电动夯实机 20～62N•m	履带式推土机 50kW
			元	元	元	工日	台班	台班
						113.00	27.11	630.16
6-18	人工还土夯实	10m³	**284.97**	249.73	35.24	2.21	1.30	
6-19	人机还土夯实	10m³	**204.53**	169.50	35.03	1.50	0.13	0.05

49.买　　土

工作内容：买土。

编号	项目	单位	预算基价		材料
			总价	材料费	路基黄土
			元	元	m^3
					77.65
6-20	买土	$100m^3$	**7765.00**	7765.00	100.00

50.水泥粉煤灰碎石桩

工作内容：机具准备、移动桩机钻孔、固壁、浇筑水泥粉煤灰碎石料、材料场内运输。

编号	项目			单位	预算基价				人工	材料			机械		
					总价	人工费	材料费	机械费	综合工	水泥粉煤灰碎石混凝土	水	弹簧钢板	工程钻机 D500	电动单级离心清水泵 100mm	泥浆泵 100mm
					元	元	元	元	工日	m^3	m^3	kg	台班	台班	台班
									135.00		7.62	3.58	377.84	34.80	204.13
6-21	水泥粉煤灰碎石桩	φ600	C20 混凝土	10m	**3899.72**	2050.65	1471.33	377.74	15.19	3.534×384.56	14.375	0.77	0.70	0.38	0.49
6-22	水泥粉煤灰碎石桩	φ600	C15 混凝土	10m	**3859.75**	2050.65	1431.36	377.74	15.19	3.534×373.25	14.375	0.77	0.70	0.38	0.49
6-23	水泥粉煤灰碎石桩	φ600	C10 混凝土	10m	**3819.78**	2050.65	1391.39	377.74	15.19	3.534×361.94	14.375	0.77	0.70	0.38	0.49
6-24	水泥粉煤灰碎石桩	φ400	C20 混凝土	10m	**1743.56**	918.00	653.83	171.73	6.80	1.571×384.56	6.356	0.35	0.32	0.17	0.22
6-25	水泥粉煤灰碎石桩	φ400	C15 混凝土	10m	**1725.79**	918.00	636.06	171.73	6.80	1.571×373.25	6.356	0.35	0.32	0.17	0.22
6-26	水泥粉煤灰碎石桩	φ400	C10 混凝土	10m	**1708.02**	918.00	618.29	171.73	6.80	1.571×361.94	6.356	0.35	0.32	0.17	0.22

51.水泥搅拌桩

工作内容：准备机具、移动桩机、钻孔、搅拌、注入水泥浆。

编号	项目		单位	预算基价				人工	材料			机械			
				总价	人工费	材料费	机械费	综合工	水泥 32.5级	石膏	零星材料费	工程钻机 $D500$	灰浆搅拌机 200L	挤压式灰浆输送泵 $3m^3/h$	电动单级离心清水泵 100mm
				元	元	元	元	工日	t	kg	元	台班	台班	台班	台班
								135.00	357.47	1.30		377.84	208.76	222.95	34.80
6-27	水泥搅拌桩	水泥掺入量12%	$10m^3$	**2159.89**	810.00	927.71	422.18	6.00	2.360	47.27	22.63	0.50	0.50	0.50	0.50
6-28	水泥搅拌桩	水泥掺入量每增减1%	$10m^3$	**78.54**		78.54			0.200	3.94	1.92				
6-29	水泥搅拌桩	钻进空搅	$10m^3$	**691.14**	540.00		151.14	4.00				0.40			

52.旋 喷 桩

工作内容：钻孔、插管、喷浆、冲洗喷管、移动设备。

编号	项目		单位	预算基价				人工	材料		机械				
				总价	人工费	材料费	机械费	综合工	水泥 32.5级	零星材料费	工程钻机 *D*800	灰浆搅拌机 400L	电动多级离心清水泵 100mm/扬程120m以下	泥浆泵 100mm	内燃空气压缩机 $9m^3/min$
				元	元	元	元	工日	t	元	台班	台班	台班	台班	台班
								135.00	357.47		472.23	215.11	159.61	204.13	450.35
6-30	旋喷桩	ϕ600	10m	**1390.56**	243.00	787.22	360.34	1.80	2.200	0.79	0.24	0.24	0.24	0.24	0.24
6-31	旋喷桩	ϕ600 (空钻)	10m	**73.53**	2.70		70.83	0.02			0.15				

53.挖 淤 泥

工作内容：1.人工机械挖淤泥，堆放一边。2.空压机吸泥，包括装拆吸管、空压机吸泥。

编号	项目	单位	预算基价			人工	机械	
			总价	人工费	机械费	综合工	内燃空气压缩机 9m³/min	抓铲挖掘机 0.5m³
			元	元	元	工日	台班	台班
						113.00	450.35	837.59
6-32	人工挖淤泥	100m³	**8835.47**	8835.47		78.19		
6-33	空压机吸泥	10m³	**323.03**	282.50	40.53	2.50	0.09	
6-34	挖掘机挖淤泥	1000m³	**13851.45**	5056.75	8794.70	44.75		10.50

54.大型机械场外运输

工作内容：机械整体或分体自停放地点运至施工现场(或由一工地运至另一工地)的运输、装卸及辅助材料的费用。

编号	项目			单位	预算基价 总价	人工费	材料费	机械费	人工 综合工
					元	元	元	元	工日
									135.00
6-35	大型机械场外运输	沥青混凝土摊铺机		台·次	**4513.16**	1080.00	354.62	3078.54	8.00
6-36		平地机			**3517.91**	540.00	333.31	2644.60	4.00
6-37		履带式挖掘机	$1m^3$ 以内		**5003.86**	1620.00	333.31	3050.55	12.00
6-38			$1m^3$ 以外		**5475.62**	1620.00	379.39	3476.23	12.00
6-39		振动破碎机			**5652.08**	1620.00	379.39	3652.69	12.00
6-40		履带式推土机	90kW 以内		**3898.48**	810.00	349.94	2738.54	6.00
6-41			90kW 以外		**4648.43**	810.00	349.94	3488.49	6.00
6-42		履带式起重机	30t 以内		**6107.00**	1620.00	354.62	4132.38	12.00
6-43			50t 以内		**7423.22**	1620.00	354.62	5448.60	12.00

工作内容： 机械整体或分体自停放地点运至施工现场（或由一工地运至另一工地）的运输、装卸及辅助材料的费用。

编号	项目			单位	预算基价 总价	人工费	材料费	机械费	人工 综合工
					元	元	元	元	工日
									135.00
6-44	大型机械场外运输	履带式拖拉机	75kW 以内	台·次	**4702.94**	810.00	333.31	3559.63	6.00
6-45		压路机			**3400.88**	675.00	312.07	2413.81	5.00
6-46		拖式铲运机			**5280.79**	810.00	375.86	4094.93	6.00
6-47		稳定土拌和机			**11724.32**	1080.00	390.02	10254.30	8.00
6-48		柴油打桩机	5t 以内		**11082.05**	1620.00	78.02	9384.03	12.00
6-49			5t 以外		**12543.37**	1620.00	78.02	10845.35	12.00
6-50		静力压桩机	900kN 以内		**17343.33**	3240.00	78.02	14025.31	24.00
6-51			1200kN 以内		**19608.70**	3240.00	78.02	16290.68	24.00
6-52			1600kN 以内		**25603.38**	4860.00	78.02	20665.36	36.00

工作内容：机械整体或分体自停放地点运至施工现场(或由一工地运至另一工地)的运输、装卸及辅助材料的费用。

编号	项目			单位	预算基价				人工
					总价	人工费	材料费	机械费	综合工
					元	元	元	元	工日
									135.00
6-53	大型机械场外运输	架桥机	160t 以内	台·次	**28822.13**	4050.00	354.62	24417.51	30.00
6-54	大型机械场外运输	铁浮箱浮吊	300t	台·次	**29957.73**	5400.00	352.48	24205.25	40.00
6-55	大型机械场外运输	工程钻机	*D*500	台·次	**4065.79**	675.00	24.81	3365.98	5.00
6-56	大型机械场外运输	回旋钻机	1500 以内	台·次	**5905.01**	1350.00	328.70	4226.31	10.00
6-57	大型机械场外运输	回旋钻机	2000 以内	台·次	**6513.21**	1620.00	339.12	4554.09	12.00
6-58	大型机械场外运输	混凝土搅拌站		台·次	**11642.35**	3510.00	56.71	8075.64	26.00

55.混凝土蒸汽养护

工作内容：燃煤过筛、锅炉供气、蒸汽养护。

编号	项目		单位	预算基价				人工	材料		机械	
				总价	人工费	材料费	机械费	综合工	煤	零星材料费	设备摊销费	小型机具
				元	元	元	元	工日	kg	元	元	元
								135.00	0.53			
6-59	混凝土蒸汽养护	加工厂预制混凝土构件	$10m^3$	**3346.18**	1844.10	1231.69	270.39	13.66	2224.75	52.57	264.03	6.36
6-60	混凝土蒸汽养护	现场浇、预制混凝土	$10m^3$	**4114.47**	2663.55	1101.64	349.28	19.73	1942.00	72.38	341.07	8.21

56.混凝土构件运输

工作内容：混凝土构件装车、运至施工现场指定地点、卸车堆放、支垫、稳固。

编号	项目			单位	预算基价 总价 元	预算基价 机械费 元	机械 运费 元
6-61	混凝土预制构件运输	0.5t 以内	3km 以内	10m³	**1463.54**	1463.54	1463.54
6-62			每增 1km		**43.68**	43.68	43.68
6-63		5t 以内长 8m 以内	3km 以内		**1620.58**	1620.58	1620.58
6-64			每增 1km		**50.44**	50.44	50.44
6-65		10t 以内长 14m 以内	3km 以内		**1731.21**	1731.21	1731.21
6-66			每增 1km		**51.74**	51.74	51.74
6-67		30t 以内	3km 以内		**1812.59**	1812.59	1812.59
6-68			每增 1km		**55.51**	55.51	55.51
6-69		30t 以外	3km 以内		**1953.12**	1953.12	1953.12
6-70			每增 1km		**60.32**	60.32	60.32

57.汽车运(弃)土、废料

工作内容：装车、自卸汽车运(弃)土、废料。

编号	项目		单位	预算基价			人工	机械	
				总价	人工费	机械费	综合工	自卸汽车 15t	轮胎式装载机 $3m^3$
				元	元	元	工日	台班	台班
							113.00	989.38	1115.21
6-71	运(弃)土、废料	运距 1km	$100m^3$	**970.38**	339.00	631.38	3.00	0.30	0.30
6-72	运(弃)土、废料	每增运 1km	$100m^3$	**98.94**		98.94		0.10	

第二册 道 路 工 程

册 说 明

一、本册基价包括道路工程的路基工程、路面工程、照明器具安装工程、附属工程、其他工程5章，共49节286条基价子目。

二、工程计价时应注意的问题：

1.路基工程：

(1)开槽土质说明如下：

①一、二类土是指砂，粉土，腐殖土，泥炭，轻壤土和黄土类土，潮湿而松散的黄土，软的盐渍土和碱土，平均直径在15mm以内的松散而软的砾石、含有草根的密实腐殖土，含有直径在30mm以内根类的泥炭和腐殖土，掺有卵石、碎石和石屑的砂和腐殖土，含有卵石或碎石杂质的胶结成块的填土，含有卵石、碎石和建筑料杂质的粉土。

②三类土是指肥黏土，其中包括石炭纪、侏罗纪的黏土和冰黏土，重粉质黏土，粗砾石，粒径为15～40mm的碎石和卵石的干黄土，掺有碎石和卵石的自然含水量黄土，含有直径大于30mm根类的腐殖土或泥炭，掺有碎石或卵石和建筑碎料的土壤。

(2)城市道路路基密实度标准及道路土方体积换算系数和挖填土工程量根据下列表计算。

城市道路路基相对密实度标准

项目		密实度标准	
		高级路面	次高级路面
路基填土深度	0～800mm	≥98%	≥95%
	800～1500mm	≥95%	≥95%
	>1500mm	≥95%	≥90%
挖方	0～200mm	≥98%	≥95%

道路土方体积换算系数

设计密实度	填方	自然土方	松方
90%	1.000	1.135	1.498
95%	1.000	1.185	1.564
98%	1.000	1.220	1.610
		1.000	1.320

(3)预算基价中开挖土方按自然方计算，回填土方按压实方计算。

(4)路床(槽)整形项目包括平均厚度10cm以内的人工挖高填低、整平路床。

(5)船上抛片石项目不包括租船费用，发生租船费用时按实计取。

2.路面工程：

(1)混合料基层中的石灰均为生石灰的消耗量，不包括消解石灰的工作内容，土为松土用量。

(2)基层混合料多层次铺筑时，其基础顶层需进行养护，养护期按7d考虑，其用水量已综合在顶层多合土养护预算基价内，使用时不得重复计算用水量。

(3)基层混合料拌和分人工拌和、现场机械拌和、预拌厂拌和三种，根据实际情况分别套用相应项目，其中厂拌项目不含铺筑费用。

(4)喷洒沥青油料预算基价中，分别列有石油沥青和乳化沥青两种油料，应根据设计要求套用相应项目。

(5)水泥混凝土路面项目已综合考虑了伸缩缝、真空吸水、压(刻)纹等费用；水泥混凝土路面综合考虑了有筋、无筋等不同的工效，施工中无论有筋、无筋均不换算；水泥混凝土路面中未包括拉杆、传力杆及钢筋用量，如设计有筋时，套用水泥混凝土路面相关项目。

3.照明器具安装工程：

(1)灯架安装工程中高度18m以上为高杆灯架。

(2)照明器具安装工程中已包括利用仪表测量绝缘及一般灯具的试亮工作，未包括灯光调试费用。

4.附属工程：

(1)人行道块料铺设、安砌侧(平、缘)石等砌料及垫层如与设计不同时，材料品种和数量可按设计要求调整其用量，但人工消耗量不变。

(2)人行道铺筑花岗岩基价中不包括灌缝胶及石材防水、防污的费用，如设计有要求时可增加相关费用。

(3)人行道透水混凝土项目已综合考虑了模板、接缝及养护后灌注接缝材料的费用。

5.其他工程：混凝土滤管盲沟预算基价中不含滤管外滤层材料。

工程量计算规则

一、路基工程：

1.路基填土方时，填土工程量的宽度按每侧比设计宽0.4m计算。填河填土时，每侧宽度应按设计规定计算，以利路基压实和切坡。

2.人工、机械开槽，碾压道胎的工程量按路面设计宽度，现场拌和基层混合料，按每侧各宽出0.8m计算，以保证足够的拌和宽度，预拌及商品基层混合料，按每侧各宽出0.4m计算。

3.土工布的铺设面积为锚固沟外边缘所包围的面积，包括锚固沟的底面积和侧面积。

4.戗灰处理工程量计算：

(1)图纸有说明的，按图纸设计量计算。

(2)图纸没有说明的，按实际工程量计算。

二、路面工程：

1.基层混合料工程量应按设计基层宽度每侧宽出0.3m计算。水泥混凝土路面的基础宽度按每侧宽出0.3m计算。砂垫层按每侧宽出5cm计算，以保证拌和宽度和质量。

2.基层混合料基价中各种材料是按常用的配合比编制的，如配合比与设计配合比不同时，允许调整其材料消耗量，但人工、机械消耗量不得调整。有关材料可按下式换算：

$$L_s = (L_d + Z_d) \times P_s / P_d$$

式中：L_s——按设计配合比换算后的材料数量；

L_d——预算基价中基本压实厚度的材料数量；

Z_d——预算基价中压实厚度每增减1cm的材料数量；

P_s——设计配合比的材料百分率；

P_d——预算基价中标明的材料百分率。

3.路面工程中设有"每增减"的项目，适用于压实厚度20cm以内。压实厚度在20cm以外的，应按两层结构层铺筑计算。

4.道路工程基层混合料养护面积按设计基层顶层的面积计算。

5.道路基层计算不扣除各种井位所占的面积。

6.机械铺筑厂拌(商品)基层混合料项目不包括混合料，混合料数量按设计基层宽度每侧加宽0.3m后的体积乘以系数1.02。

7.道路工程沥青混凝土、水泥混凝土及其他类型路面工程量以设计长度乘以设计宽度计算(包括转弯面积)，不扣除各类井所占面积。

8.沥青混凝土按"t"计算，其压实密度参考值，粗粒式沥青混凝土为2.36t/m^3，中粒式沥青混凝土为2.35t/m^3，细粒式沥青混凝土为2.30t/m^3(玄武岩沥青混凝土为2.54t/m^3)；如与实际不同时可按实际计算。

9.铺筑于石灰土、多合土、两渣基层的粗粒式、中粒式沥青混凝土的厚度按设计厚度另加0.5cm的沥青混凝土用量计算。铺筑于渣石基层的粗粒式、中粒式沥青混凝土的厚度按设计厚度另加1cm的沥青混凝土用量计算。铺筑于粗粒式、中粒式沥青混凝土的中粒式、细粒式沥青混凝土的厚度按设计厚度另加0.3cm的沥青混凝土用量计算。

10.道路面层按设计图示尺寸(带平石的面层应扣除平石面积)以面积计算。

三、照明器具安装工程:各种悬挑灯、广场灯、高杆灯灯架及各种灯具、照明器件安装以“套”计算。

四、附属工程:

1.道路工程的侧缘(平)石、树池等项目以“延长米”计算,包括各种转弯处的弧形长度。

2.人行道块料铺设面积计算按设计图示尺寸以面积计算,不扣除各种井所占面积。

五、其他工程:

1.倒运熟石灰数量以预算用量的2.1倍计算(消解膨胀系数)。

2.土工布贴缝按混凝土路面缝长度乘以设计宽度以面积计算(纵横相交处面积不扣除)。

第一章　路 基 工 程

1.清　草　皮

工作内容：清除草皮、原地找平。

编号	项目		单位	预算基价			人工	机械
				总价	人工费	机械费	综合工	平地机 120kW
				元	元	元	工日	台班
							113.00	1003.07
1-1	清草皮	人工拆除	100m²	**49.72**	49.72		0.44	
1-2	清草皮	机械拆除	100m²	**36.87**	6.78	30.09	0.06	0.030

2.路基填压土方

工作内容：放样、分层填筑、排压、碾压达到密实度要求。

编号	项目		单位	预算基价			人工	机械		
				总价	人工费	机械费	综合工	履带式拖拉机 60kW	履带式推土机 75kW	光轮压路机（内燃）15t
				元	元	元	工日	台班	台班	台班
							113.00	668.89	904.54	623.12
1-3	填压土方	拖拉机排压	$100m^3$	**188.60**	14.69	173.91	0.13	0.260		
1-4	填压土方	压路机压实	$1000m^3$	**5678.08**	452.00	5226.08	4.00		0.735	7.320

3.开　槽

工作内容：放样、开槽、道胎整平、清理、20m运输。

编号	项目		单位	预算基价 总价	预算基价 人工费	预算基价 机械费	人工 综合工	机械 履带式推土机 50kW	机械 履带式推土机 75kW	机械 履带式推土机 135kW	机械 履带式单斗挖掘机 $0.6m^3$	机械 履带式单斗挖掘机 $1m^3$
				元	元	元	工日	台班	台班	台班	台班	台班
							113.00	630.16	904.54	1192.57	825.77	1159.91
1-5	人工挖土方	一、二类土	$100m^3$	**2170.73**	2170.73		19.21					
1-6	人工挖土方	三类土	$100m^3$	**3690.58**	3690.58		32.66					
1-7	推土机推土	一、二类土	$100m^3$	**1106.01**	123.17	982.84	1.09	0.796	0.416	0.088		
1-8	推土机推土	三类土	$100m^3$	**1615.06**	131.08	1483.98	1.16	1.327	0.579	0.104		
1-9	挖掘机挖土	斗容量 $0.6m^3$	$1000m^3$	**3392.85**	678.00	2714.85	6.00		0.290		2.970	
1-10	挖掘机挖土	斗容量 $1.0m^3$	$1000m^3$	**3303.76**	678.00	2625.76	6.00		0.210			2.100

4.弹软土基处理

工作内容： 1.放样、推土机翻拌晾晒、排压。2.人工：放样、挖土、掺料改换、整平、分层夯实、找平、清理杂物。3.机械：放样、机械挖土、掺料、推拌、分层排压、找平、碾压、清理杂物。

编号	项目		单位	预算基价				人工	材料			机械	
				总价	人工费	材料费	机械费	综合工	生石灰	水	零星材料费	光轮压路机(内燃) 12t	履带式推土机 75kW
				元	元	元	元	工日	t	m^3	元	台班	台班
								135.00	309.26	7.62		527.82	904.54
1-11	机械翻晒土壤		$1000m^2$	**275.28**	31.05		244.23	0.23					0.270
1-12	人工掺石灰	含灰量5%	$10m^3$	**980.59**	708.75	271.84		5.25	0.850	1.00	1.35		
1-13	人工掺石灰	含灰量8%	$10m^3$	**1152.60**	722.25	430.35		5.35	1.360	1.00	2.14		
1-14	机械掺石灰	含灰量5%	$10m^3$	**669.31**	110.70	271.84	286.77	0.82	0.850	1.00	1.35	0.168	0.219
1-15	机械掺石灰	含灰量8%	$10m^3$	**869.67**	152.55	430.35	286.77	1.13	1.360	1.00	2.14	0.168	0.219

工作内容：1.放样、挖土、掺料改换、整平、分层夯实、找平、清理杂物。2.放样、机械改换、整平、碾压。3.抛填片石、整平、碾压。

编号	项目		单位	预算基价				人工	材料				机械						
				总价	人工费	材料费	机械费	综合工	片石	碴石 0.2～1	碴石 0.2～8	零星材料费	履带式推土机 75kW	履带式推土机 90kW	光轮压路机（内燃）8t	光轮压路机（内燃）12t	光轮压路机（内燃）15t	振动压路机 15t	履带式单斗挖掘机 $1m^3$
				元	元	元	元	工日	t	t	t	元	台班	台班	台班	台班	台班	台班	台班
								135.00	89.21	84.06	85.20		904.54	977.91	411.25	527.82	623.12	1045.67	1159.91
1-16	人工改换片石		$10m^3$	**2405.01**	640.58	1764.43		4.745	19.680			8.78							
1-17	机械改换混碴			**19623.39**	648.00	17361.95	1613.44	4.800		101.560	101.560	171.90	1.693		0.043	0.083	0.033		
1-18	抛石挤淤	人工	$100m^3$	**19280.36**	3551.85	15710.73	17.78	26.310	165.000		10.715	78.16						0.017	
1-19		机械		**16629.76**	67.50	15710.73	851.53	0.500	165.000		10.715	78.16		0.390				0.017	0.390

工作内容：1.清理整平路基、挖填锚固沟、铺设土工布、缝合及锚固土工布。2.清理整平路基(或路面基层)、铺设、固定土工格栅。

编号	项目		单位	预算基价			人工	材料					
				总价	人工费	材料费	综合工	片石	土工布	土工格栅	圆钉	U形钉	零星材料费
				元	元	元	工日	t	m^2	m^2	kg	kg	元
							135.00	89.21	6.84	9.03	6.68	4.13	
1-20	土工布	一般软土	$1000m^2$	**11979.01**	4496.85	7482.16	33.31		1081.800		6.800		37.22
1-21	土工布	淤泥	$1000m^2$	**15722.62**	6528.60	9194.02	48.36	18.33	1098.400				45.74
1-22	土工格栅		$1000m^2$	**15912.29**	5844.15	10068.14	43.29			1094.600		32.400	50.09

5.碾 压 道 胎

工作内容：放样、挖高填低、整平、找平、碾压、检验、人工配合处理机械碾压不到之处。

编号	项目	单位	预算基价			人工	机械	
			总价	人工费	机械费	综合工	光轮压路机(内燃) 12t	履带式推土机 75kW
			元	元	元	工日	台班	台班
						135.00	527.82	904.54
1-23	路床整形碾压	100m^2	**169.89**	36.45	133.44	0.27	0.114	0.081

6.推土机推土

工作内容：放样、推土、上土、堆集土方、攒堆、50m运输。

编号	项目	单位	预算基价			人工	机械	
			总价	人工费	机械费	综合工	履带式推土机 50kW	履带式推土机 75kW
			元	元	元	工日	台班	台班
						135.00	630.16	904.54
1-24	推土机一般推土	100m³	**872.26**	130.95	741.31	0.97	0.796	0.265
1-25	推土机攒堆推土	100m³	**1447.14**	183.60	1263.54	1.36	1.174	0.579

第二章　路 面 工 程

7.石灰稳定土基层

工作内容： 1.人工拌和：放样、清理路床、人工运料、上料、铺石灰、焖水、配料拌和、找平、碾压、人工处理碾压不到之处。2.机械拌和：放样、清理路床、运料、上料、机械整平土方、铺石灰、焖水、拌和、排压、找平、碾压、人工处理碾压不到之处。

编号	项目			单位	预算基价				人工	材料				机械		
					总价	人工费	材料费	机械费	综合工	路基黄土	生石灰	水	零星材料费	光轮压路机（内燃）12t	光轮压路机（内燃）15t	洒水车 4000L
					元	元	元	元	工日	m^3	t	m^3	元	台班	台班	台班
									135.00		309.26	7.62		527.82	623.12	477.85
2-1	人工拌和	含灰量10%	厚度 15cm	$100m^2$	**2592.17**	1695.60	790.62	105.95	12.56	(24.220)	2.450	3.294	7.83	0.064	0.056	0.078
2-2	人工拌和	含灰量10%	每增减 1cm	$100m^2$	**166.01**	113.40	52.61		0.84	(1.615)	0.163	0.220	0.52			
2-3	人工拌和	含灰量12%	厚度 15cm	$100m^2$	**2747.93**	1695.60	946.38	105.95	12.56	(24.220)	2.950	3.240	9.37	0.064	0.056	0.078
2-4	人工拌和	含灰量12%	每增减 1cm	$100m^2$	**176.60**	113.40	63.20		0.84	(1.615)	0.197	0.216	0.63			

工作内容：1.人工拌和：放样、清理路床、人工运料、上料、铺石灰、焖水、配料拌和、找平、碾压、人工处理碾压不到之处。2.机械拌和：放样、清理路床、运料、上料、机械整平土方、铺石灰、焖水、拌和、排压、找平、碾压、人工处理碾压不到之处。

编号	项目			单位	预算基价				人工	材料				机械
					总价	人工费	材料费	机械费	综合工	路基黄土	生石灰	水	零星材料费	履带式推土机 50kW
					元	元	元	元	工日	m^3	t	m^3	元	台班
									135.00		309.26	7.62		630.16
2-5	拖拉机拌和	含灰量10%	厚度 15cm	100m²	**1692.44**	226.80	912.43	553.21	1.68	(20.810)	2.840	3.294	9.03	0.152
2-6	拖拉机拌和	含灰量10%	每增减 1cm	100m²	**94.32**	14.85	60.73	18.74	0.11	(1.387)	0.189	0.220	0.60	
2-7	拖拉机拌和	含灰量12%	厚度 15cm	100m²	**1848.21**	226.80	1068.20	553.21	1.68	(17.110)	3.340	3.240	10.58	0.152
2-8	拖拉机拌和	含灰量12%	每增减 1cm	100m²	**104.91**	14.85	71.32	18.74	0.11	(1.141)	0.223	0.216	0.71	
2-9	拌和机拌和	含灰量10%	厚度 15cm	100m²	**1444.12**	394.20	809.17	240.75	2.92	(20.149)	2.554	2.520	0.12	
2-10	拌和机拌和	含灰量10%	每增减 1cm	100m²	**85.91**	25.65	53.56	6.70	0.19	(1.342)	0.169	0.168	0.01	
2-11	拌和机拌和	含灰量12%	厚度 15cm	100m²	**1605.57**	398.25	966.57	240.75	2.95	(19.697)	3.064	2.475	0.14	
2-12	拌和机拌和	含灰量12%	每增减 1cm	100m²	**97.75**	27.00	64.05	6.70	0.20	(1.313)	0.203	0.165	0.01	

续前

编号	项目			单位	机械								
					平地机 120kW	平地机 150kW	履带式拖拉机 60kW	三五铧犁	圆盘耙	稳定土拌和机 230kW	光轮压路机（内燃）12t	光轮压路机（内燃）15t	洒水车 4000L
					台班	台班	台班	台班	台班	台班	台班	台班	台班
					1003.07	1188.23	668.89	25.77	27.27	1201.20	527.82	623.12	477.85
2-5	拖拉机拌和	含灰量10%	厚度 15cm	100m²		0.057	0.307	0.307	0.307		0.064	0.056	0.208
2-6			每增减 1cm				0.020	0.020	0.020				0.009
2-7		含灰量12%	厚度 15cm			0.057	0.307	0.307	0.307		0.064	0.056	0.208
2-8			每增减 1cm				0.020	0.020	0.020				0.009
2-9	拌和机拌和	含灰量10%	厚度 15cm		0.047					0.032	0.064	0.056	0.181
2-10			每增减 1cm							0.002			0.009
2-11		含灰量12%	厚度 15cm		0.047					0.032	0.064	0.056	0.181
2-12			每增减 1cm							0.002			0.009

工作内容： 1.人工拌和：放样、清理路床、人工运料、上料、铺石灰、焖水、配料拌和、找平、碾压、人工处理碾压不到之处。2.机械拌和：放样、清理路床、运料、上料、机械整平土方、铺石灰、焖水、拌和、排压、找平、碾压、人工处理碾压不到之处。

编号	项目			单位	预算基价				人工	材料		机械				
					总价	人工费	材料费	机械费	综合工	生石灰	零星材料费	平地机 120kW	履带式推土机 75kW	履带式拖拉机 60kW	光轮压路机（内燃） 12t	光轮压路机（内燃） 15t
					元	元	元	元	工日	t	元	台班	台班	台班	台班	台班
									135.00	309.26		1003.07	904.54	668.89	527.82	623.12
2-13	拖拉机原槽拌和（带犁耙）	含灰量 5%	厚度 20cm	100m²	**1199.32**	264.60	528.37	406.35	1.96	1.700	2.63	0.063	0.089	0.290	0.064	0.056
2-14		含灰量 8%			**1516.35**	264.60	845.40	406.35	1.96	2.720	4.21	0.063	0.089	0.290	0.064	0.056
2-15		含灰量 10%			**1727.69**	264.60	1056.74	406.35	1.96	3.400	5.26	0.063	0.089	0.290	0.064	0.056
2-16		含灰量 5%	每增减 1cm		**33.37**	5.40	27.97		0.04	0.090	0.14					
2-17		含灰量 8%			**48.92**	5.40	43.52		0.04	0.140	0.22					
2-18		含灰量 10%			**58.23**	5.40	52.83		0.04	0.170	0.26					

8. 水泥稳定土基层

工作内容：放样、运料、上料、摊铺、焖水、拌和、找平、碾压、人工处理碾压不到之处。

编号	项目			单位	预算基价				人工	材料				机械				
					总价	人工费	材料费	机械费	综合工	路基黄土	水泥 32.5级	水	零星材料费	平地机 120kW	稳定土拌和机 230kW	光轮压路机（内燃）12t	光轮压路机（内燃）15t	洒水车 6000L
					元	元	元	元	工日	m^3	t	m^3	元	台班	台班	台班	台班	台班
									135.00		357.47	7.62		1003.07	1201.20	527.82	623.12	512.08
2-19	拌和机拌和	水泥含量5%	厚度15cm	100m²	**1227.73**	489.38	480.90	257.45	3.625	(21.651)	1.289	2.631	0.07	0.047	0.032	0.036	0.150	0.116
2-20	拌和机拌和	水泥含量5%	每增减1cm	100m²	**69.08**	32.40	31.72	4.96	0.240	(1.443)	0.085	0.175			0.002			0.005

9.石灰、粉煤灰、土基层

工作内容：放样、运料、上料、摊铺、焖水、拌和、找平、碾压、人工处理碾压不到之处。

编号	项目			单位	预算基价 总价	人工费	材料费	机械费	人工 综合工	材料 路基黄土	生石灰	粉煤灰	水	零星材料费
					元	元	元	元	工日	m³	t	t	m³	元
									135.00		309.26	97.03	7.62	
2-21	拖拉机拌和	12∶40∶48	厚度 15cm	100m²	**2550.46**	237.60	1837.87	474.99	1.76	(9.040)	2.770	9.720	2.610	18.20
2-22	拖拉机拌和	12∶40∶48	每增减 1cm	100m²	**153.23**	16.20	122.62	14.41	0.12	(0.603)	0.185	0.648	0.174	1.21
2-23	拌和机拌和	12∶40∶48	厚度 15cm	100m²	**2613.00**	495.45	1837.87	279.68	3.67	(9.040)	2.770	9.720	2.610	18.20
2-24	拌和机拌和	12∶40∶48	每增减 1cm	100m²	**153.62**	24.30	122.62	6.70	0.18	(0.603)	0.185	0.648	0.174	1.21

编号	项目			单位	机械									
					履带式推土机 50kW	平地机 120kW	平地机 150kW	履带式拖拉机 60kW	圆盘耙	三五铧犁	稳定土拌和机 230kW	光轮压路机(内燃) 12t	光轮压路机(内燃) 15t	洒水车 4000L
					台班	台班	台班	台班	台班	台班	台班	台班	台班	台班
					630.16	1003.07	1188.23	668.89	27.27	25.77	1201.20	527.82	623.12	477.85
2-21	拖拉机拌和	12∶40∶48	厚度 15cm	100m²	0.139		0.057	0.210	0.210	0.210		0.064	0.056	0.208
2-22	拖拉机拌和	12∶40∶48	每增减 1cm	100m²				0.014	0.014	0.014				0.009
2-23	拌和机拌和	12∶40∶48	厚度 15cm	100m²		0.082					0.032	0.064	0.056	0.189
2-24	拌和机拌和	12∶40∶48	每增减 1cm	100m²							0.002			0.009

10.石灰、碎石、土基层

工作内容：1.现场拌和：放样、运料、上料、摊铺、焖水、拌和、找平、碾压、人工处理碾压不到之处。2.厂拌：厂拌设备拌和，装载机铲运料、上料、配运料、拌和、出料。

编号	项目			单位	预算基价 总价	人工费	材料费	机械费	人工 综合工	材料 路基黄土	生石灰	碴石 2～4	路基黄土	水	零星材料费	机械 履带式推土机 50kW
					元	元	元	元	工日	m^3	t	t	m^3	m^3	元	台班
									135.00		309.26	85.12	77.65	7.62		630.16
2-25	拖拉机拌和	10:45:45	厚度 15cm	$100m^2$	**2653.02**	224.10	1943.02	485.90	1.66	(13.500)	2.720	12.380		3.780	19.24	0.139
2-26	拖拉机拌和	10:45:45	每增减 1cm	$100m^2$	**159.39**	14.85	129.40	15.14	0.11	(0.900)	0.181	0.825		0.252	1.28	
2-27	拌和机拌和	10:45:45	厚度 15cm	$100m^2$	**2726.68**	519.75	1943.02	263.91	3.85	(13.500)	2.720	12.380		3.780	19.24	
2-28	拌和机拌和	10:45:45	每增减 1cm	$100m^2$	**163.98**	28.35	129.40	6.23	0.21	(0.900)	0.181	0.825		0.252	1.28	
2-29	厂拌	10:45:45	厚度 15cm	$100m^2$	**3529.34**	388.80	3030.83	109.71	2.88		2.774	12.628	13.770	3.780		
2-30	厂拌	10:45:45	每增减 1cm	$100m^2$	**234.18**	25.65	202.09	6.44	0.19		0.185	0.842	0.918	0.252		

续前

编号	项目			单位	机械											
					平地机 120kW	平地机 150kW	履带式拖拉机 60kW	三五铧犁	圆盘耙	洒水车 4000L	内燃单级离心清水泵 100mm	光轮压路机（内燃）12t	光轮压路机（内燃）15t	稳定土拌和机 230kW	轮胎式装载机 $2m^3$	稳定土厂拌设备 250t/h
					台班	台班	台班	台班	台班	台班	台班	台班	台班	台班	台班	台班
					1003.07	1188.23	668.89	25.77	27.27	477.85	66.88	527.82	623.12	1201.20	754.36	1334.21
2-25	拖拉机拌和	10:45:45	厚度 15cm	$100m^2$		0.057	0.210	0.210	0.210	0.208	0.163	0.064	0.056			
2-26	拖拉机拌和	10:45:45	每增减 1cm	$100m^2$			0.014	0.014	0.014	0.009	0.011					
2-27	拌和机拌和	10:45:45	厚度 15cm	$100m^2$	0.082					0.156		0.064	0.056	0.032		
2-28	拌和机拌和	10:45:45	每增减 1cm	$100m^2$						0.008				0.002		
2-29	厂拌	10:45:45	厚度 15cm	$100m^2$											0.080	0.037
2-30	厂拌	10:45:45	每增减 1cm	$100m^2$											0.005	0.002

11.石灰、粉煤灰、碎石基层

工作内容： 1.现场拌和：放样、运料、上料、摊铺、焖水、拌和、找平、碾压、人工处理碾压不到之处。2.厂拌：厂拌设备拌和，装载机铲运料、上料、配运料、拌和、出料。

编号	项目			单位	预算基价 总价	预算基价 人工费	预算基价 材料费	预算基价 机械费	人工 综合工	材料 生石灰	材料 粉煤灰	材料 碴石 2～4	材料 碴石 0.2～8	材料 水	材料 零星材料费	材料 稳定土混合料
					元	元	元	元	工日	t	t	t	t	m^3	元	m^3
									135.00	309.26	97.03	85.12	85.20	7.62		
2-31	拖拉机拌和	10:45:45	厚度 15cm	100m²	**3196.19**	253.80	2534.88	407.51	1.88	2.150	10.180	9.760		3.456	25.10	
2-32	拖拉机拌和	10:45:45	每增减 1cm	100m²	**193.90**	14.85	168.94	10.11	0.11	0.143	0.679	0.651		0.230	1.67	
2-33	拖拉机拌和	6:10:84	厚度 15cm	100m²	**3767.80**	253.80	3106.49	407.51	1.88	1.846	3.076		25.576	3.582	30.76	
2-34	拖拉机拌和	6:10:84	每增减 1cm	100m²	**232.53**	14.85	207.57	10.11	0.11	0.124	0.206		1.706	0.239	2.06	
2-35	拌和机拌和	10:45:45	厚度 15cm	100m²	**3262.59**	484.65	2534.88	243.06	3.59	2.150	10.180	9.760		3.456	25.10	
2-36	拌和机拌和	10:45:45	每增减 1cm	100m²	**199.86**	25.65	168.94	5.27	0.19	0.143	0.679	0.651		0.230	1.67	
2-37	拌和机拌和	6:10:84	厚度 15cm	100m²	**3833.70**	484.65	3105.99	243.06	3.59	1.845	3.075		25.575	3.582	30.75	
2-38	拌和机拌和	6:10:84	每增减 1cm	100m²	**237.99**	25.65	207.07	5.27	0.19	0.123	0.205		1.705	0.239	2.05	
2-39	厂拌	10:45:45	厚度 15cm	100m²	**3043.24**	357.75	2585.06	100.43	2.65	2.193	10.384	9.955		3.456	25.59	(15.300)
2-40	厂拌	10:45:45	每增减 1cm	100m²	**203.12**	24.30	172.38	6.44	0.18	0.146	0.693	0.664		0.230	1.71	(1.020)
2-41	厂拌	6:10:84	厚度 15cm	100m²	**3625.86**	357.75	3167.68	100.43	2.65	1.882	3.137		26.087	3.582	31.36	(15.300)
2-42	厂拌	6:10:84	每增减 1cm	100m²	**241.75**	24.30	211.01	6.44	0.18	0.125	0.209		1.739	0.239	2.09	(1.020)

续前

编号	项目			单位	机											械
					履带式推土机 50kW	平地机 90kW	平地机 120kW	履带式拖拉机 60kW	光轮压路机（内燃）12t	光轮压路机（内燃）15t	三五铧犁	圆盘耙	洒水车 4000L	稳定土拌和机 230kW	轮胎式装载机 $2m^3$	稳定土厂拌设备 250t/h
					台班	台班	台班	台班	台班	台班	台班	台班	台班	台班	台班	台班
					630.16	801.29	1003.07	668.89	527.82	623.12	25.77	27.27	477.85	1201.20	754.36	1334.21
2-31	拖拉机拌和	10∶45∶45	厚度 15cm	$100m^2$	0.139	0.024	0.043	0.210	0.064	0.056	0.210	0.210	0.078			
2-32			每增减 1cm					0.014			0.014	0.014				
2-33		6∶10∶84	厚度 15cm		0.139	0.024	0.043	0.210	0.064	0.056	0.210	0.210	0.078			
2-34			每增减 1cm					0.014			0.014	0.014				
2-35	拌和机拌和	10∶45∶45	厚度 15cm			0.082			0.064	0.056			0.147	0.032		
2-36			每增减 1cm										0.006	0.002		
2-37		6∶10∶84	厚度 15cm			0.082			0.064	0.056			0.147	0.032		
2-38			每增减 1cm										0.006	0.002		
2-39	厂拌	10∶45∶45	厚度 15cm												0.073	0.034
2-40			每增减 1cm												0.005	0.002
2-41		6∶10∶84	厚度 15cm												0.073	0.034
2-42			每增减 1cm												0.005	0.002

12.碎石、块石底层

工作内容： 放样、清理路床、取料、运料、上料、摊铺、灌缝、找平、碾压。

编号	项目		单位	预算基价				人工	材料		机械		
				总价	人工费	材料费	机械费	综合工	碴石 0.2~8	零星材料费	光轮压路机（内燃）8t	光轮压路机（内燃）15t	平地机 90kW
				元	元	元	元	工日	t	元	台班	台班	台班
								135.00	85.20		411.25	623.12	801.29
2-43	人工铺装碎石	厚度 5cm	100m²	**1423.92**	468.45	851.55	103.92	3.47	9.945	4.24	0.033	0.145	
2-44		厚度 7cm		**1927.63**	631.80	1191.91	103.92	4.68	13.920	5.93	0.033	0.145	
2-45		厚度 10cm		**2671.86**	842.40	1703.10	126.36	6.24	19.890	8.47	0.033	0.181	
2-46		厚度 15cm		**3850.11**	1169.10	2554.65	126.36	8.66	29.835	12.71	0.033	0.181	
2-47	机械铺装碎石	厚度 5cm		**1217.74**	221.40	851.55	144.79	1.64	9.945	4.24	0.033	0.145	0.051
2-48		厚度 7cm		**1636.77**	284.85	1191.91	160.01	2.11	13.920	5.93	0.033	0.145	0.070
2-49		厚度 10cm		**2263.28**	353.70	1703.10	206.48	2.62	19.890	8.47	0.033	0.181	0.100
2-50		厚度 15cm		**3238.85**	436.05	2554.65	248.15	3.23	29.835	12.71	0.033	0.181	0.152

工作内容：放样、清理路床、取料、运料、上料、摊铺、灌缝、找平、碾压。

编号	项目		单位	预算基价				人工	材料			机械	
				总价	人工费	材料费	机械费	综合工	块石	碴石 2~4	零星材料费	光轮压路机（内燃）8t	光轮压路机（内燃）15t
				元	元	元	元	工日	t	t	元	台班	台班
								135.00	86.89	85.12		411.25	623.12
2-51	人工铺装块石	厚度 15cm	$100m^2$	**4006.76**	1397.25	2460.72	148.79	10.35	25.250	2.990	12.24	0.033	0.217
2-52	人工铺装块石	厚度 20cm	$100m^2$	**5260.56**	1831.95	3279.82	148.79	13.57	33.660	3.980	16.32	0.033	0.217
2-53	人工铺装块石	厚度 25cm	$100m^2$	**6493.95**	2222.10	4100.63	171.22	16.46	42.080	4.980	20.40	0.033	0.253
2-54	人工铺装块石	厚度 30cm	$100m^2$	**7757.19**	2666.25	4919.72	171.22	19.75	50.490	5.970	24.48	0.033	0.253
2-55	人工铺装块石	厚度 35cm	$100m^2$	**9237.55**	3046.95	5996.32	194.28	22.57	58.910	9.960	29.83	0.033	0.290

13.水泥稳定碎石基层

工作内容： 1.现场拌和：放样、运料、上料、摊铺、焖水、拌和、找平、碾压、人工处理碾压不到之处。2.厂拌：厂拌设备拌和，装载机铲运料、上料、配运料、拌和、出料。

编号	项目			单位	预算基价 总价	预算基价 人工费	预算基价 材料费	预算基价 机械费	人工 综合工	材料 水泥 32.5级	材料 碴石 0.2~8	材料 水	材料 零星材料费
					元	元	元	元	工日	t	t	m^3	元
									135.00	357.47	85.20	7.62	
2-56	拌和机拌和	水泥含量5%	厚度 15cm	$100m^2$	**4030.91**	392.85	3312.08	325.98	2.91	1.607	31.577	1.900	32.79
2-57	拌和机拌和	水泥含量5%	每增减 1cm	$100m^2$	**329.84**	20.25	220.75	88.84	0.15	0.107	2.105	0.127	2.19
2-58	厂拌	水泥含量5%	厚度 15cm	$100m^2$	**3756.29**	268.65	3377.93	109.71	1.99	1.639	32.208	1.900	33.44
2-59	厂拌	水泥含量5%	每增减 1cm	$100m^2$	**249.08**	17.55	225.09	6.44	0.13	0.109	2.147	0.127	2.23

续前

编号	项目			单位	材料	机械						
					稳定土混合料	平地机 120kW	洒水车 4000L	稳定土拌和机 230kW	振动压路机 18t	光轮压路机（内燃） 18t	轮胎式装载机 $2m^3$	稳定土厂拌设备 250t/h
					m^3	台班	台班	台班	台班	台班	台班	台班
						1003.07	477.85	1201.20	1195.72	880.82	754.36	1334.21
2-56	拌和机拌和	水泥含量5%	厚度 15cm	$100m^2$		0.047	0.120	0.032	0.103	0.068		
2-57	拌和机拌和	水泥含量5%	每增减 1cm	$100m^2$			0.005	0.020	0.050	0.003		
2-58	厂拌	水泥含量5%	厚度 15cm	$100m^2$	(15.300)						0.080	0.037
2-59	厂拌	水泥含量5%	每增减 1cm	$100m^2$	(1.020)						0.005	0.002

14.沥青稳定碎石

工作内容：放样、清扫路基、侧缘石保护、摊铺、找平、碾压、夯边、清理。

编号	项目		单位	预算基价				人工	材料					机械			
				总价	人工费	材料费	机械费	综合工	石油沥青 60# ~100#	碴石 0.5~2	碴石 2~4	水	零星材料费	振动压路机 12t	振动压路机 15t	轮胎压路机 16t	沥青混凝土摊铺机 8t
				元	元	元	元	工日	t	t	t	m^3	元	台班	台班	台班	台班
								135.00	3606.19	83.90	85.12	7.62		795.63	1045.67	690.16	1270.71
2-60	喷洒机喷油、人工摊铺撒料	厚度 7cm	$100m^2$	**2915.20**	47.25	2746.79	121.16	0.35	0.342	3.517	14.068	0.952	13.67	0.048	0.035	0.023	0.024
2-61		每增减 1cm		**411.83**	6.75	389.20	15.88	0.05	0.048	0.502	2.009	0.136	1.94	0.006	0.005	0.003	0.003

15.石灰、粉煤灰基层

工作内容：现场拌和:放样、运料、上料、摊铺、焖水、拌和、找平、碾压、人工处理碾压不到之处。

编号	项目			单位	预算基价				人工	材料				机械									
					总价	人工费	材料费	机械费	综合工	生石灰	粉煤灰	水	零星材料费	履带式推土机 50kW	平地机 90kW	平地机 120kW	履带式拖拉机 60kW	光轮压路机(内燃) 12t	光轮压路机(内燃) 15t	三五铧犁	圆盘耙	洒水车 4000L	稳定土拌和机 230kW
					元	元	元	元	工日	t	t	m^3	元	台班	台班	台班	台班	台班	台班	台班	台班	台班	台班
									135.00	309.26	97.03	7.62		630.16	801.29	1003.07	668.89	527.82	623.12	25.77	27.27	477.85	1201.20
2-62	拖拉机拌和	15:85	厚度 15cm	$100m^2$	2690.03	191.70	2152.19	346.14	1.42	2.380	14.210	2.106	21.31	0.139	0.024	0.043	0.125	0.064	0.056	0.125	0.125	0.078	
2-63	拖拉机拌和	15:85	每增减 1cm	$100m^2$	160.13	10.80	143.55	5.78	0.08	0.159	0.947	0.140	1.42				0.008			0.008	0.008		
2-64	拌和机拌和	15:85	厚度 15cm	$100m^2$	3070.37	658.80	2152.19	259.38	4.88	2.380	14.210	2.106	21.31			0.047		0.064	0.056			0.220	0.032
2-65	拌和机拌和	15:85	每增减 1cm	$100m^2$	189.01	37.80	143.55	7.66	0.28	0.159	0.947	0.140	1.42									0.011	0.002

16.顶层多合土养护

工作内容：抽水、运水、洒水养护。

编号	项目		单位	预算基价				人工	材料		机械
				总价	人工费	材料费	机械费	综合工	水	零星材料费	洒水车 4000L
				元	元	元	元	工日	m^3	元	台班
								135.00	7.62		477.85
2-66	顶层多合土养护	人工洒水	$100m^2$	**49.06**	37.80	11.26		0.28	1.470	0.06	
2-67	顶层多合土养护	洒水车洒水	$100m^2$	**39.82**	9.45	11.26	19.11	0.07	1.470	0.06	0.040

17.机械铺筑厂拌(商品)基层混合料

工作内容：机械摊铺混合料、整形、碾压、初期养护。

编号	项目		单位	预算基价				人工	材料	机械						
				总价	人工费	材料费	机械费	综合工	水	光轮压路机(内燃)12t	光轮压路机(内燃)15t	平地机120kW	洒水车6000L	稳定土摊铺机7.5m	稳定土摊铺机9.5m	稳定土摊铺机12.5m
				元	元	元	元	工日	m^3	台班	台班	台班	台班	台班	台班	台班
								135.00	7.62	527.82	623.12	1003.07	512.08	1446.22	2139.38	2820.50
2-68	基层混合料铺筑(厚度20cm)	平地机铺筑	$100m^2$	**203.41**	63.45	8.27	131.69	0.47	1.085	0.064	0.056	0.047	0.031			
2-69		摊铺机铺筑宽度7.5m以内		**205.54**	62.10	8.27	135.17	0.46	1.085	0.064	0.056		0.031	0.035		
2-70		摊铺机铺筑宽度9.5m以内		**200.86**	56.70	8.27	135.89	0.42	1.085	0.064	0.056		0.031		0.024	
2-71		摊铺机铺筑宽度12.5m以内		**198.94**	55.35	8.27	135.32	0.41	1.085	0.064	0.056		0.031			0.018

18.透层油、结合油

工作内容：清扫路基、运油、加热、洒布机喷油、移动挡板(或遮盖物)保护侧缘石。

编号	项目	单位	预算基价				人工	材料					机械
			总价	人工费	材料费	机械费	综合工	乳化沥青	沥青油 100#	煤	劈材	零星材料费	汽车式沥青喷洒机 4000L
			元	元	元	元	工日	t	t	kg	kg	元	台班
							135.00	3257.82	3606.19	0.53	1.15		827.71
2-72	人工泼透层油	100m²	**349.21**	43.20	306.01		0.32	0.093				3.03	
2-73	洒布机喷洒透层油	100m²	**315.85**	4.05	306.01	5.79	0.03	0.093				3.03	0.007
2-74	人工泼结合油	100m²	**227.70**	64.80	162.90		0.48		0.041	8.000	8.000	1.61	
2-75	洒布机喷洒结合油	100m²	**174.83**	9.45	162.90	2.48	0.07		0.041	8.000	8.000	1.61	0.003

19.封　层

工作内容：清扫基层、运油、加热、洒布机喷油、碾压、找补、初期养护。

编号	项目		单位	预算基价				人工	材料				机械	
				总价	人工费	材料费	机械费	综合工	碴石 0.2～1	沥青油 100#	乳化沥青	零星材料费	光轮压路机（内燃）8t	汽车式沥青喷洒机 4000L
				元	元	元	元	工日	t	t	t	元	台班	台班
								135.00	84.06	3606.19	3257.82		411.25	827.71
2-76	上封层	石油沥青	1000m²	**5796.88**	1039.50	4547.11	210.27	7.700	7.140	1.082		45.02	0.306	0.102
2-77	上封层	乳化沥青	1000m²	**4739.60**	796.50	3741.94	201.16	5.900	7.140		0.953	37.05	0.306	0.091
2-78	下封层	石油沥青	1000m²	**5970.72**	742.50	5008.85	219.37	5.500	8.160	1.185		49.59	0.306	0.113
2-79	下封层	乳化沥青	1000m²	**4675.80**	472.50	3996.35	206.95	3.500	8.160		1.004	39.57	0.310	0.096

20.摊铺沥青混凝土路面

工作内容：放样、清扫路基、整修侧缘石、测温、摊铺、接茬、找平、点补、夯边、碾压、清理。

编号	项目		单位	预算基价				人工	材料					机械		
				总价	人工费	材料费	机械费	综合工	粗粒式沥青混凝土	中粒式沥青混凝土	细粒式沥青混凝土	石油沥青砂	零星材料费	振动压路机12t	振动压路机15t	轮胎压路机26t
				元	元	元	元	工日	t	t	t	t	元	台班	台班	台班
								135.00	352.95	367.99	402.80	305.83		795.63	1045.67	914.91
2-80	人工摊铺沥青混凝土	粗粒式	10t	**4140.07**	363.15	3600.45	176.47	2.69	10.100				35.65	0.082	0.074	0.037
2-81		中粒式		**4302.94**	372.60	3753.87	176.47	2.76		10.100			37.17	0.082	0.074	0.037
2-82		细粒式		**4706.36**	332.10	4108.96	265.30	2.46			10.100		40.68	0.123	0.112	0.055
2-83		细砂		**3792.77**	407.70	3119.77	265.30	3.02				10.100	30.89	0.123	0.112	0.055

工作内容：放样、清扫路基、整修侧缘石、测温、摊铺、接茬、找平、点补、夯边、碾压、清理。

编号	项目			单位	总价	人工费	材料费	机械费	综合工	粗粒式沥青混凝土	中粒式沥青混凝土	细粒式沥青混凝土	中粒式改性沥青混凝土	细粒式改性沥青混凝土	零星材料费	振动压路机12t	振动压路机15t	轮胎压路机26t	沥青混凝土摊铺机8t	沥青混凝土摊铺机12t
					预算基价				人工	材料						机械				
					元	元	元	元	工日	t	t	t	t	t	元	台班	台班	台班	台班	台班
									135.00	352.95	367.99	402.80	499.78	509.44		795.63	1045.67	914.91	1270.71	1519.19
2-84	机械摊铺沥青混凝土	粗粒式	摊铺宽度4.5m以内	10t	**3896.87**	62.10	3600.45	234.32	0.46	10.100					35.65	0.075	0.068	0.034	0.057	
2-85	机械摊铺沥青混凝土	粗粒式	摊铺宽度8.5m以内	10t	**3856.51**	60.75	3600.45	195.31	0.45	10.100					35.65	0.075	0.068	0.034		0.022
2-86	机械摊铺沥青混凝土	中粒式	摊铺宽度4.5m以内	10t	**4055.69**	67.50	3753.87	234.32	0.50		10.100				37.17	0.075	0.068	0.034	0.057	
2-87	机械摊铺沥青混凝土	中粒式	摊铺宽度8.5m以内	10t	**4015.33**	66.15	3753.87	195.31	0.49		10.100				37.17	0.075	0.068	0.034		0.022
2-88	机械摊铺沥青混凝土	细粒式	摊铺宽度4.5m以内	10t	**4539.84**	93.15	4108.96	337.73	0.69			10.100			40.68	0.123	0.112	0.055	0.057	
2-89	机械摊铺沥青混凝土	细粒式	摊铺宽度8.5m以内	10t	**4499.48**	91.80	4108.96	298.72	0.68			10.100			40.68	0.123	0.112	0.055		0.022
2-90	机械摊铺改性沥青混凝土	中粒式	摊铺宽度4.5m以内	10t	**5412.98**	93.15	5098.26	221.57	0.69				10.100		50.48	0.069	0.063	0.031	0.057	
2-91	机械摊铺改性沥青混凝土	中粒式	摊铺宽度8.5m以内	10t	**5372.62**	91.80	5098.26	182.56	0.68				10.100		50.48	0.069	0.063	0.031		0.022
2-92	机械摊铺改性沥青混凝土	细粒式	摊铺宽度4.5m以内	10t	**5519.28**	67.50	5196.79	254.99	0.50					10.100	51.45	0.069	0.063	0.031	0.057	0.022
2-93	机械摊铺改性沥青混凝土	细粒式	摊铺宽度8.5m以内	10t	**5445.50**	66.15	5196.79	182.56	0.49					10.100	51.45	0.069	0.063	0.031		0.022

21.水泥混凝土路面

工作内容：放样、模板制作、安拆、修理、涂隔离剂、混凝土浇筑、捣固、抹光、压(刻)纹、养护、切缝、灌注填缝料。

编号	项目			单位	预算基价 总价	预算基价 人工费	预算基价 材料费	预算基价 机械费	人工 综合工	材料 预拌混凝土道路抗折	材料 木模板	材料 圆钢	材料 型钢	材料 石油沥青10#
					元	元	元	元	工日	m^3	m^3	kg	kg	kg
									135.00	429.80	1982.88	3.91	3.70	4.04
2-94	人工铺筑普通混凝土		厚度 20cm	1000m²	**130533.72**	23923.35	105171.15	1439.22	177.210	240.000	0.066	4.000	54.000	99.000
2-95	人工铺筑普通混凝土		每增减 1cm	1000m²	**5489.42**	1005.75	4469.57	14.10	7.450	10.200	0.003		3.000	4.000
2-96	摊铺机铺筑普通混凝土	轨道式	厚度 20cm	1000m²	**104300.60**	11151.00	89333.29	3816.31	82.600	204.000	0.058	3.000	1.000	99.000
2-97	摊铺机铺筑普通混凝土	轨道式	每增减 1cm	1000m²	**4790.99**	297.00	4466.06	27.93	2.200	10.200	0.003			4.000
2-98	摊铺机铺筑普通混凝土	滑模式	厚度 20cm	1000m²	**100439.38**	6763.50	89378.39	4297.49	50.100	204.000	0.001		1.000	138.000
2-99	摊铺机铺筑普通混凝土	滑模式	每增减 1cm	1000m²	**4731.45**	202.50	4468.21	60.74	1.500	10.200				6.000

续前

编号	项目			单位	材料			机械							
					煤	水	零星材料费	水泥混凝土真空吸水机	混凝土切缝机	洒水车4000L	洒水车6000L	水泥混凝土摊铺机轨道式	水泥混凝土摊铺机滑模式	混凝土刻纹机	小型机具
					kg	m^3	元	台班	台班	台班	台班	台班	台班	台班	元
					0.53	7.62		104.43	31.10	477.85	512.08	1396.26	3037.13	233.67	
2-94	人工铺筑普通混凝土	厚度 20cm		1000m²	20.000	29.000	1041.30	3.480	3.360	1.440					283.20
2-95		每增减 1cm			1.000	1.000	44.25								14.10
2-96	摊铺机铺筑普通混凝土	轨道式	厚度 20cm		20.000	30.000	884.49		3.380		1.900	0.470		8.910	
2-97			每增减 1cm		1.000	2.000	44.22					0.020			
2-98		滑模式	厚度 20cm		28.000	31.000	884.93		3.820		1.900		0.370	8.910	
2-99			每增减 1cm		1.000	2.000	44.24						0.020		

工作内容：放样、模板制作、安拆、修理、涂隔离剂、混凝土浇筑、捣固、抹光、压(刻)纹、养护、切缝、灌注填缝料。

编号	项目			单位	预算基价				人工	材料					
					总价	人工费	材料费	机械费	综合工	预拌混凝土道路抗折	木模板	圆钢	型钢	钢纤维	石油沥青 10#
					元	元	元	元	工日	m^3	m^3	kg	kg	t	kg
									135.00	429.80	1982.88	3.91	3.70	4340.00	4.04
2-100	人工铺筑钢纤维混凝土	厚度 16cm		1000m²	**127632.89**	20036.70	106306.08	1290.11	148.420	163.200	0.059	3.000	42.000	7.943	32.000
2-101	人工铺筑钢纤维混凝土	每增减 1cm		1000m²	**7703.91**	1035.45	6649.36	19.10	7.670	10.200	0.004		3.000	0.496	3.000
2-102	摊铺机铺筑钢纤维混凝土	轨道式	厚度 16cm	1000m²	**119382.27**	9598.50	106138.84	3644.93	71.100	163.200	0.052	3.000	1.000	7.943	32.000
2-103	摊铺机铺筑钢纤维混凝土	轨道式	每增减 1cm	1000m²	**7001.57**	337.50	6636.14	27.93	2.500	10.200	0.003			0.496	3.000
2-104	摊铺机铺筑钢纤维混凝土	滑模式	厚度 16cm	1000m²	**115110.37**	4887.00	106184.19	4039.18	36.200	163.200	0.001		1.000	7.943	70.000
2-105	摊铺机铺筑钢纤维混凝土	滑模式	每增减 1cm	1000m²	**6924.46**	229.50	6634.22	60.74	1.700	10.200				0.496	4.000

续前

编号	项目			单位	材料			机械							
					煤	水	零星材料费	水泥混凝土真空吸水机	混凝土切缝机	洒水车4000L	洒水车6000L	水泥混凝土摊铺机轨道式	水泥混凝土摊铺机滑模式	混凝土刻纹机	小型机具
					kg	m^3	元	台班	台班	台班	台班	台班	台班	台班	元
					0.53	7.62		104.43	31.10	477.85	512.08	1396.26	3037.13	233.67	
2-100	人工铺筑钢纤维混凝土	厚度 16cm		$1000m^2$	6.000	29.000	1052.54	3.030	1.890	1.440					226.80
2-101	人工铺筑钢纤维混凝土	每增减 1cm		$1000m^2$	1.000	2.000	65.84								19.10
2-102	摊铺机铺筑钢纤维混凝土	轨道式	厚度 16cm	$1000m^2$	6.000	29.000	1050.88		1.910		1.900	0.380		8.910	
2-103	摊铺机铺筑钢纤维混凝土	轨道式	每增减 1cm	$1000m^2$	1.000	2.000	65.70					0.020			
2-104	摊铺机铺筑钢纤维混凝土	滑模式	厚度 16cm	$1000m^2$	14.000	29.000	1051.33		2.350		1.900		0.300	8.910	
2-105	摊铺机铺筑钢纤维混凝土	滑模式	每增减 1cm	$1000m^2$	1.000	2.000	65.69						0.020		

22.拉杆、传力杆及钢筋

工作内容：拉杆、传力杆及补强钢筋制作、安装。

编号	项目		单位	预算基价 总价	人工费	材料费	机械费	人工 综合工	材料 圆钢	螺纹钢 锰D14以内	电焊条	镀锌钢丝 0.7～1.2	石油沥青 10#	零星材料费	机械 电焊机 30kV•A	小型机具
				元	元	元	元	工日	t	t	kg	kg	kg	元	台班	元
								135.00	3906.62	3748.26	7.59	7.34	4.04		87.97	
2-106	拉杆及传力杆	人工及轨道式摊铺机铺筑	t	**5549.74**	1107.00	4420.66	22.08	8.200	0.601	0.537	0.600	0.700	7.000	21.99	0.110	12.40
2-107	拉杆及传力杆	滑模式摊铺机铺筑	t	**5104.24**	661.50	4420.66	22.08	4.900	0.601	0.537	0.600	0.700	7.000	21.99	0.110	12.40
2-108	钢筋		t	**4703.51**	810.00	3882.41	11.10	6.000	0.019	1.006		5.100				11.10

第三章　照明器具安装工程

23.单臂挑灯架

工作内容：定位、抱箍灯架安装、配线、接线。

编号	项目			单位	预算基价 总价	人工费	材料费	机械费	人工 综合工	材 镀锌油漆单臂悬挑灯架	成套马路弯灯架	镀锌大灯泡抱箍连压板	镀锌拉线横担 L50×5×650
					元	元	元	元	工日	套	套	副	副
									135.00	2359.00	2655.00	15.12	10.76
3-1	单臂悬挑灯架抱杆式	单抱箍臂长	1.2m 以下	10套	**24435.71**	360.86	23887.85	187.00	2.673	10.00		10.10	
3-2			3m 以下		**24830.70**	788.40	23888.28	154.02	5.840	10.00		10.10	
3-3		双抱箍臂长	3m 以下		**25335.26**	1050.84	24114.40	170.02	7.784	10.00		20.20	
3-4			5m 以下		**25678.28**	1207.85	24113.41	357.02	8.947	10.00		20.20	
3-5			5m 以上		**25860.53**	1390.10	24113.41	357.02	10.297	10.00		20.20	
3-6		双拉梗臂长	3m 以下		**28763.95**	1313.42	27109.51	341.02	9.729		10.00	10.10	10.20
3-7			5m 以下		**29020.65**	1509.98	27131.14	379.53	11.185		10.00	10.10	10.20
3-8			5m 以上		**29439.21**	1737.32	27283.85	418.04	12.869		10.00	20.20	10.20
3-9		双臂架臂长	3m 以下		**49168.67**	1181.66	47645.99	341.02	8.753	20.00		20.20	
3-10			5m 以下		**49346.46**	1359.45	47645.99	341.02	10.070	20.00		20.20	

安装(抱箍式)

料											机械		
镀锌横担抱箍	镀锌半挑 8×50×400	蝶式绝缘子 ED-3	羊角熔断器 10A	铁担针式瓷瓶 3#	直角 3#	六角螺栓带螺母 M12×75	六角螺栓带螺母 M12×120	六角螺栓带螺母 M16×60	钢丝 ϕ2.0	电焊条 L-60ϕ3.2	载重汽车 4t	平台作业升降车 9m	交流弧焊机 21kV·A
副	块	个	个	个	个	套	套	套	个	kg	台班	台班	台班
9.07	3.70	2.20	4.95	3.00	4.71	1.10	1.10	1.06	3.84	7.38	417.41	293.94	60.37
			10.10		20.20						0.448		
			10.10		20.20				0.112			0.524	
	10.40		10.30	20.60			20.40	40.80	0.143	0.20		0.524	0.265
	10.40		10.10	20.60			20.40	40.80	0.143	0.20	0.448	0.524	0.265
	10.40		10.10	20.60			20.40	40.80	0.143	0.20	0.448	0.524	0.265
10.10		20.40	10.10			40.80	20.40	40.80			0.448	0.524	
10.10		20.40	10.10			40.80	20.40	61.20			0.448	0.655	
10.10		20.40	10.10			40.80	20.40	61.20			0.448	0.786	
		20.40	10.10				20.40	40.80			0.448	0.524	
		20.40	10.10				20.40	40.80			0.448	0.524	

24.单臂挑灯架安装(顶套式)

工作内容：配件检查、安装、找正、螺栓固定、接线。

编号	项目			单位	预算基价				人工	材料				机械
					总价	人工费	材料费	机械费	综合工	镀锌油漆单臂悬挑灯架	六角螺栓 M12×50	六角螺栓带螺母 M12×55	顶套	平台作业升降车 9m
					元	元	元	元	工日	套	套	套	个	台班
									135.00	2359.00	0.70	0.70	49.46	293.94
3-11	单臂悬挑灯架顶套式	成套型臂长	3m 以下	10套	**24382.05**	635.04	23618.56	128.45	4.704	10.00		40.80		0.437
3-12			5m 以下		**24652.73**	905.72	23618.56	128.45	6.709	10.00		40.80		0.437
3-13			5m 以上		**24802.39**	1042.74	23618.56	141.09	7.724	10.00		40.80		0.480
3-14		组装型臂长	3m 以下		**24954.31**	679.19	24146.67	128.45	5.031	10.00	40.80	40.80	10.10	0.437
3-15			5m 以下		**25243.88**	968.76	24146.67	128.45	7.176	10.00	40.80	40.80	10.10	0.437
3-16			5m 以上		**25403.54**	1115.78	24146.67	141.09	8.265	10.00	40.80	40.80	10.10	0.480

25.双臂悬挑灯架安装(成套型)

工作内容：配件检查、定位安装、螺栓固定、接线。

编号	项目			单位	预算基价				人工	材料			机械
					总价	人工费	材料费	机械费	综合工	镀锌油漆双臂悬挑灯架	六角螺栓M12×50	钢丝 $\phi2.0$	平台作业升降车16m
					元	元	元	元	工日	套	套	个	台班
									135.00	2950.00	0.70	3.84	379.44
3-17	双臂悬挑灯架对称式	臂长	2.5m 以下	10套	**30797.33**	1067.99	29530.51	198.83	7.911	10.00	40.80	0.509	0.524
3-18			5m 以下		**30987.01**	1222.29	29532.88	231.84	9.054	10.00	40.80	1.124	0.611
3-19			5m 以上		**31207.34**	1408.05	29534.06	265.23	10.430	10.00	40.80	1.431	0.699
3-20	双臂悬挑灯架非对称式		2.5m 以下		**30757.64**	1028.30	29530.51	198.83	7.617	10.00	40.80	0.509	0.524
3-21			5m 以下		**30941.92**	1177.20	29532.88	231.84	8.720	10.00	40.80	1.124	0.611
3-22			5m 以上		**31177.64**	1378.35	29534.06	265.23	10.210	10.00	40.80	1.431	0.699

26.双臂悬挑灯架安装(组装型)

工作内容：配件检查、定位安装、螺栓固定、接线。

编号	项目			单位	预算基价 总价	预算基价 人工费	预算基价 材料费	预算基价 机械费	人工 综合工	材料 镀锌油漆双臂悬挑灯架	材料 顶套	材料 六角螺栓带螺母M10×75	材料 六角螺栓带螺母M12×65	材料 钢丝 $\phi2.0$	机械 平台作业升降车16m
					元	元	元	元	工日	套	个	套	套	个	台班
									135.00	2950.00	49.46	0.70	0.70	3.84	379.44
3-23	双臂悬挑灯架对称式	臂长	2.5m 以下	10套	**31553.62**	1218.65	30103.13	231.84	9.027	10.00	11.00	40.80	40.80	0.509	0.611
3-24	双臂悬挑灯架对称式	臂长	5m 以下	10套	**31771.63**	1400.90	30105.50	265.23	10.377	10.00	11.00	40.80	40.80	1.124	0.699
3-25	双臂悬挑灯架对称式	臂长	5m 以上	10套	**32017.77**	1612.85	30106.68	298.24	11.947	10.00	11.00	40.80	40.80	1.431	0.786
3-26	双臂悬挑灯架非对称式	臂长	2.5m 以下	10套	**31495.97**	1161.00	30103.13	231.84	8.600	10.00	11.00	40.80	40.80	0.509	0.611
3-27	双臂悬挑灯架非对称式	臂长	5m 以下	10套	**31704.80**	1334.07	30105.50	265.23	9.882	10.00	11.00	40.80	40.80	1.124	0.699
3-28	双臂悬挑灯架非对称式	臂长	5m 以上	10套	**31941.09**	1536.17	30106.68	298.24	11.379	10.00	11.00	40.80	40.80	1.431	0.786

27.广场灯架安装(成套型)

工作内容：灯架检查、测试定位、配线安装、螺栓紧固、导线连接、包头。

编号	项目			单位	预算基价				人工	材料			机械			
					总价	人工费	材料费	机械费	综合工	广场灯架	六角螺栓带螺母 M12×65	钢丝 $\phi2.0$	载重汽车 4t	平台作业升降车 16m	平台作业升降车 20m	汽车式起重机 8t
					元	元	元	元	工日	套	套	个	台班	台班	台班	台班
									135.00	600.00	0.70	3.84	417.41	379.44	490.05	767.15
3-29	灯高11m以下	灯火数(火)	7	10套	**6955.99**	607.10	6059.07	289.82	4.497	10.00	81.60	0.509	0.090	0.218		0.221
3-30	灯高11m以下	灯火数(火)	9	10套	**7106.65**	757.76	6059.07	289.82	5.613	10.00	81.60	0.509	0.090	0.218		0.221
3-31	灯高11m以下	灯火数(火)	12	10套	**7297.00**	948.11	6059.07	289.82	7.023	10.00	81.60	0.509	0.090	0.218		0.221
3-32	灯高11m以下	灯火数(火)	15	10套	**7540.89**	1090.53	6059.07	391.29	8.078	10.00	81.60	0.509	0.134	0.437		0.221
3-33	灯高11m以下	灯火数(火)	20	10套	**7832.10**	1362.96	6059.07	410.07	10.096	10.00	81.60	0.509	0.179	0.437		0.221
3-34	灯高11m以下	灯火数(火)	25	10套	**8191.90**	1703.97	6059.07	428.86	12.622	10.00	81.60	0.509	0.224	0.437		0.221
3-35	灯高18m以下	灯火数(火)	7	10套	**7131.58**	758.57	6059.07	313.94	5.619	10.00	81.60	0.509	0.090		0.218	0.221
3-36	灯高18m以下	灯火数(火)	9	10套	**7321.12**	948.11	6059.07	313.94	7.023	10.00	81.60	0.509	0.090		0.218	0.221
3-37	灯高18m以下	灯火数(火)	12	10套	**7558.31**	1185.30	6059.07	313.94	8.780	10.00	81.60	0.509	0.090		0.218	0.221
3-38	灯高18m以下	灯火数(火)	15	10套	**7861.65**	1362.96	6059.07	439.62	10.096	10.00	81.60	0.509	0.134		0.437	0.221
3-39	灯高18m以下	灯火数(火)	20	10套	**8221.45**	1703.97	6059.07	458.41	12.622	10.00	81.60	0.509	0.179		0.437	0.221
3-40	灯高18m以下	灯火数(火)	25	10套	**8666.02**	2129.76	6059.07	477.19	15.776	10.00	81.60	0.509	0.224		0.437	0.221

28.广场灯架安装(组装型)

工作内容:灯架检查、测试定位、灯具组装、螺栓紧固、导线连接、包头。

编号	项目			单位	预算基价				人工	材料			机械		
					总价	人工费	材料费	机械费	综合工	广场灯架	六角螺栓带螺母 M12×65	钢丝 $\phi2.0$	载重汽车 4t	平台作业升降车 20m	汽车式起重机 8t
					元	元	元	元	工日	套	套	个	台班	台班	台班
									135.00	600.00	0.70	3.84	417.41	490.05	767.15
3-41	灯高 11m 以下	灯火数(火)	7	10套	**7161.41**	788.40	6059.07	313.94	5.840	10.00	81.60	0.509	0.090	0.218	0.221
3-42	灯高 11m 以下	灯火数(火)	9	10套	**7283.18**	910.17	6059.07	313.94	6.742	10.00	81.60	0.509	0.090	0.218	0.221
3-43	灯高 11m 以下	灯火数(火)	12	10套	**7497.29**	1105.92	6059.07	332.30	8.192	10.00	81.60	0.509	0.134	0.218	0.221
3-44	灯高 11m 以下	灯火数(火)	15	10套	**7806.71**	1308.02	6059.07	439.62	9.689	10.00	81.60	0.509	0.134	0.437	0.221
3-45	灯高 11m 以下	灯火数(火)	20	10套	**8153.82**	1636.34	6059.07	458.41	12.121	10.00	81.60	0.509	0.179	0.437	0.221
3-46	灯高 11m 以下	灯火数(火)	25	10套	**8580.30**	2044.04	6059.07	477.19	15.141	10.00	81.60	0.509	0.224	0.437	0.221
3-47	灯高 18m 以下	灯火数(火)	7	10套	**7358.11**	985.10	6059.07	313.94	7.297	10.00	81.60	0.509	0.090	0.218	0.221
3-48	灯高 18m 以下	灯火数(火)	9	10套	**7510.52**	1137.51	6059.07	313.94	8.426	10.00	81.60	0.509	0.090	0.218	0.221
3-49	灯高 18m 以下	灯火数(火)	12	10套	**7813.87**	1422.50	6059.07	332.30	10.537	10.00	81.60	0.509	0.134	0.218	0.221
3-50	灯高 18m 以下	灯火数(火)	15	10套	**8134.08**	1635.39	6059.07	439.62	12.114	10.00	81.60	0.509	0.134	0.437	0.221
3-51	灯高 18m 以下	灯火数(火)	20	10套	**8562.46**	2044.98	6059.07	458.41	15.148	10.00	81.60	0.509	0.179	0.437	0.221
3-52	灯高 18m 以下	灯火数(火)	25	10套	**9091.81**	2555.55	6059.07	477.19	18.930	10.00	81.60	0.509	0.224	0.437	0.221

29.高杆灯架安装(成套型)

工作内容：测位、划线、成套吊装、找正、螺栓紧固、焊压包头、传动装置安装、清洗上油、试验。

编号	项目			单位	预算基价				人工	材料		
					总价	人工费	材料费	机械费	综合工	高杆灯灯盘	升降传动装置	电焊条 L-60 ϕ3.2
					元	元	元	元	工日	套	套	kg
									135.00	44250.00	8850.00	7.38
3-53	灯盘固定式	灯火数(火)	12	10套	**445682.56**	2342.66	442501.48	838.42	17.353	10.00		0.20
3-54	灯盘固定式	灯火数(火)	18	10套	**445917.05**	2577.15	442501.48	838.42	19.090	10.00		0.20
3-55	灯盘固定式	灯火数(火)	24	10套	**446174.09**	2834.19	442501.48	838.42	20.994	10.00		0.20
3-56	灯盘固定式	灯火数(火)	36	10套	**447105.52**	3118.37	442502.21	1484.94	23.099	10.00		0.30
3-57	灯盘固定式	灯火数(火)	48	10套	**447416.69**	3429.54	442502.21	1484.94	25.404	10.00		0.30
3-58	灯盘固定式	灯火数(火)	60	10套	**447760.40**	3773.25	442502.21	1484.94	27.950	10.00		0.30
3-59	灯盘升降式	灯火数(火)	12	10套	**454910.91**	2694.47	451378.02	838.42	19.959	10.00	1.00	0.20
3-60	灯盘升降式	灯火数(火)	18	10套	**455180.50**	2964.06	451378.02	838.42	21.956	10.00	1.00	0.20
3-61	灯盘升降式	灯火数(火)	24	10套	**455475.48**	3259.04	451378.02	838.42	24.141	10.00	1.00	0.20
3-62	灯盘升降式	灯火数(火)	36	10套	**456454.70**	3586.55	451383.21	1484.94	26.567	10.00	1.00	0.30
3-63	灯盘升降式	灯火数(火)	48	10套	**456811.91**	3943.76	451383.21	1484.94	29.213	10.00	1.00	0.30
3-64	灯盘升降式	灯火数(火)	60	10套	**457207.86**	4339.71	451383.21	1484.94	32.146	10.00	1.00	0.30

续前

编号	项目			单位	材料					机械			
					煤油	破布	黄油	凡士林	肥皂	载重汽车 4t	平台作业升降车 20m	汽车式起重机 16t	交流弧焊机 21kV•A
					kg	kg	kg	kg	块	台班	台班	台班	台班
					7.49	5.07	3.14	15.93	2.21	417.41	490.05	971.12	60.37
3-53	灯盘固定式	灯火数(火)	12	10套						0.448	0.437	0.442	0.133
3-54			18							0.448	0.437	0.442	0.133
3-55			24							0.448	0.437	0.442	0.133
3-56			36							0.448	0.873	0.885	0.177
3-57			48							0.448	0.873	0.885	0.177
3-58			60							0.448	0.873	0.885	0.177
3-59	灯盘升降式		12		2.00	0.50	1.00	0.30	0.50	0.448	0.437	0.442	0.133
3-60			18		2.00	0.50	1.00	0.30	0.50	0.448	0.437	0.442	0.133
3-61			24		2.00	0.50	1.00	0.30	0.50	0.448	0.437	0.442	0.133
3-62			36		2.00	0.75	1.00	0.50	0.50	0.448	0.873	0.885	0.177
3-63			48		2.00	0.75	1.00	0.50	0.50	0.448	0.873	0.885	0.177
3-64			60		2.00	0.75	1.00	0.50	0.50	0.448	0.873	0.885	0.177

30.高杆灯架安装(组装型)

工作内容：测位、划线、成套吊装、找正、螺栓紧固、焊压包头、传动装置安装、清洗上油、试验。

编号	项目			单位	预算基价 总价	人工费	材料费	机械费	人工 综合工	材料 高杆灯灯盘	升降传动装置	电焊条 L-60 ϕ3.2
					元	元	元	元	工日	套	套	kg
									135.00	44250.00	8850.00	7.38
3-65	灯盘固定式	灯火数(火)	12	10套	**445799.74**	2459.84	442501.48	838.42	18.221	10.00		0.20
3-66	灯盘固定式	灯火数(火)	18	10套	**446045.98**	2706.08	442501.48	838.42	20.045	10.00		0.20
3-67	灯盘固定式	灯火数(火)	24	10套	**446315.71**	2975.81	442501.48	838.42	22.043	10.00		0.20
3-68	灯盘固定式	灯火数(火)	36	10套	**447261.58**	3274.43	442502.21	1484.94	24.255	10.00		0.30
3-69	灯盘固定式	灯火数(火)	48	10套	**447588.14**	3600.99	442502.21	1484.94	26.674	10.00		0.30
3-70	灯盘固定式	灯火数(火)	60	10套	**447949.81**	3962.66	442502.21	1484.94	29.353	10.00		0.30
3-71	灯盘升降式	灯火数(火)	12	10套	**455045.23**	2828.79	451378.02	838.42	20.954	10.00	1.00	0.20
3-72	灯盘升降式	灯火数(火)	18	10套	**455328.46**	3112.02	451378.02	838.42	23.052	10.00	1.00	0.20
3-73	灯盘升降式	灯火数(火)	24	10套	**455638.83**	3422.39	451378.02	838.42	25.351	10.00	1.00	0.20
3-74	灯盘升降式	灯火数(火)	36	10套	**456635.82**	3766.10	451384.78	1484.94	27.897	10.00	1.00	0.30
3-75	灯盘升降式	灯火数(火)	48	10套	**457010.98**	4141.26	451384.78	1484.94	30.676	10.00	1.00	0.30
3-76	灯盘升降式	灯火数(火)	60	10套	**457426.92**	4557.20	451384.78	1484.94	33.757	10.00	1.00	0.30

续前

编号	项目			单位	材料					机械			
					煤油	破布	黄油	凡士林	肥皂	载重汽车 4t	汽车式起重机 16t	平台作业升降车 20m	交流弧焊机 21kV•A
					kg	kg	kg	kg	块	台班	台班	台班	台班
					7.49	5.07	3.14	15.93	2.21	417.41	971.12	490.05	60.37
3-65	灯盘固定式	灯火数(火)	12	10套						0.448	0.442	0.437	0.133
3-66			18							0.448	0.442	0.437	0.133
3-67			24							0.448	0.442	0.437	0.133
3-68			36							0.448	0.885	0.873	0.177
3-69			48							0.448	0.885	0.873	0.177
3-70			60							0.448	0.885	0.873	0.177
3-71	灯盘升降式		12		2.00	0.50	1.00	0.30	0.50	0.448	0.442	0.437	0.133
3-72			18		2.00	0.50	1.00	0.30	0.50	0.448	0.442	0.437	0.133
3-73			24		2.00	0.50	1.00	0.30	0.50	0.448	0.442	0.437	0.133
3-74			36		2.00	0.75	1.50	0.50	0.50	0.448	0.885	0.873	0.177
3-75			48		2.00	0.75	1.50	0.50	0.50	0.448	0.885	0.873	0.177
3-76			60		2.00	0.75	1.50	0.50	0.50	0.448	0.885	0.873	0.177

31.其他灯具安装

工作内容：打眼、埋螺栓、支架安装、灯具组装、接线、焊接包头、校验调试。

编号	项目		单位	预算基价				人工	材料		机械	
				总价	人工费	材料费	机械费	综合工	成套灯具	膨胀螺栓 M8×60	载重汽车 4t	平台作业升降车 9m
				元	元	元	元	工日	套	套	台班	台班
								135.00	88.00	0.55	417.41	293.94
3-77	桥栏杆灯	成套嵌入式	10套	**1666.82**	606.15	911.24	149.43	4.490	10.10	40.80	0.358	
3-78	桥栏杆灯	成套明装式	10套	**1546.00**	485.33	911.24	149.43	3.595	10.10	40.80	0.358	
3-79	桥栏杆灯	组装嵌入式	10套	**1809.28**	726.17	933.68	149.43	5.379	10.10	81.60	0.358	
3-80	桥栏杆灯	组装明装式	10套	**1665.77**	582.66	933.68	149.43	4.316	10.10	81.60	0.358	
3-81	地道涵洞灯	吸顶式敞开型	10套	**1343.10**	329.27	911.24	102.59	2.439	10.10	40.80		0.349
3-82	地道涵洞灯	吸顶式密封型	10套	**1391.83**	378.00	911.24	102.59	2.800	10.10	40.80		0.349
3-83	地道涵洞灯	嵌入式敞开型	10套	**1361.19**	347.36	911.24	102.59	2.573	10.10	40.80		0.349
3-84	地道涵洞灯	嵌入式密封型	10套	**1409.79**	395.96	911.24	102.59	2.933	10.10	40.80		0.349

32.照明器件安装

工作内容： 开箱检查、固定、测位、划线、打眼、埋螺栓、支架安装、灯具组装、接线焊包头、灯泡安装。

编号	项目	单位	预算基价				人工	材料									机械	
			总价	人工费	材料费	机械费	综合工	成套灯具	高压汞灯泡 GE	高(低)压钠灯泡	普通灯泡 200V 100W	六角螺栓带螺母 M10×75	六角螺栓带螺母 M12×75	沉头螺钉 M10×35	不锈钢板 $\delta\leqslant4$	电焊条 L-60 $\phi3.2$	交流弧焊机 21kV·A	平台作业升降车 16m
号		位	元	元	元	元	工日	套	个	个	个	套	套	10个	kg	kg	台班	台班
							135.00	88.00	19.47	266.00	3.00	0.70	1.10	2.20	17.45	7.38	60.37	379.44
3-85	碘钨灯	10套	**1258.15**	279.59	978.56		2.071	10.100						40.800				
3-86	管形氙灯	10套	**1366.40**	303.08	1031.26	32.06	2.245	10.100					40.800	40.800	0.025	1.000	0.531	
3-87	投光灯	10套	**1236.53**	279.59	924.88	32.06	2.071	10.100				40.800			0.008	1.000	0.531	
3-88	高压汞灯泡	10套	**342.43**	79.38	196.65	66.40	0.588		10.100									0.175
3-89	高（低）压钠灯泡	10套	**2832.38**	79.38	2686.60	66.40	0.588			10.100								0.175
3-90	白炽灯泡	10套	**102.53**	72.23	30.30		0.535				10.100							

工作内容： 开箱检查、固定、测位、划线、打眼、埋螺栓、支架安装、灯具组装、接线焊包头、灯泡安装。

编号	项目		单位	预算基价				人工	材料				机械
				总价	人工费	材料费	机械费	综合工	成套灯具	镀锌悬吊铁件	蝶式绝缘子 ED-3	六角螺栓带螺母 M12×75	平台作业升降车 16m
				元	元	元	元	工日	套	kg	个	套	台班
								135.00	88.00	6.20	2.20	1.10	379.44
3-91	照明灯具	敞开式	10套	**1069.59**	90.18	880.00	99.41	0.668	10.00				0.262
3-92	照明灯具	双光源式	10套	**1203.64**	157.82	880.00	165.82	1.169	10.00				0.437
3-93	照明灯具	密封式	10套	**1111.65**	99.23	880.00	132.42	0.735	10.00				0.349
3-94	照明灯具	普通	10套	**970.18**	90.18	880.00		0.668	10.00				
3-95	照明灯具	悬吊式	10套	**1480.81**	299.03	1015.96	165.82	2.215	10.00	11.00	20.60	20.40	0.437

工作内容：开箱检查、固定、测位、划线、打眼、埋螺栓、支架安装、灯具组装、接线焊包头、灯泡安装。

编号	项目	单位	预算基价 总价	人工费	材料费	机械费	人工 综合工	材料 汞钠灯镇流器	电容器 400W	触发器	风雨灯头连铅吊环	镇流器支架	六角螺栓带螺母 M8×30	机械 平台作业升降车 16m
			元	元	元	元	工日	套	套	套	套	块	套	台班
							135.00	20.00	53.00	10.70	1.02	35.00	0.62	379.44
3-96	镇流器	10套	**794.71**	120.83	574.47	99.41	0.895	10.10				10.10	30.60	0.262
3-97	触发器	10套	**283.09**	76.68	107.00	99.41	0.568			10.00				0.262
3-98	电容器	10套	**706.09**	76.68	530.00	99.41	0.568		10.00					0.262
3-99	风雨灯头	10套	**55.39**	45.09	10.30		0.334				10.10			

33.太阳能电池板及蓄电池安装(太阳能电池板安装)

工作内容：搬运、开箱、检查、支架固定、整理检查、连接与接线。

编号	项目		单位	预算基价				人工	材料			机械			
				总价	人工费	材料费	机械费	综合工	白布	电气绝缘胶带 18mm×10m×0.13mm	铜芯橡皮绝缘电线 BX-2.5mm²	汽车式高空作业车 21m	汽车式起重机 12t	汽车式起重机 16t	真有效值数据存储型万用表
				元	元	元	元	工日	m²	卷	m	台班	台班	台班	台班
								135.00	10.34	3.77	1.61	873.25	864.36	971.12	10.19
3-100	路灯柱上安装	柱高 5m 以下	块	**94.79**	25.25	6.28	63.26	0.187	0.50	0.20	0.22	0.047	0.025		0.060
3-101	路灯柱上安装	柱高 12m 以下	块	**115.34**	37.94	6.28	71.12	0.281	0.50	0.20	0.22	0.056	0.025		0.060
3-102	路灯柱上安装	柱高 20m 以下	块	**147.29**	50.63	6.28	90.38	0.375	0.50	0.20	0.22	0.075		0.025	0.060

34.太阳能电池板及蓄电池安装(蓄电池安装)

工作内容：搬运、开箱、检查、支架固定、蓄电池就位、整理检查、连接与接线、护罩安装、标志标号。

编号	项目		单位	预算基价				人工	材料							机械	
				总价	人工费	材料费	机械费	综合工	三色塑料袋 20mm×40m	白布	膨胀螺栓 M14	合金钢钻头 φ16	钢锯条	电力复合脂	肥皂水	汽车式起重机 8t	载重汽车 5t
				元	元	元	元	工日	m	m²	套	个	根	kg	kg	台班	台班
								135.00	0.13	10.34	3.31	16.65	0.34	11.92	13.50	767.15	443.55
3-103	蓄电池电压/容量	12V/100A•h	组件	**94.25**	56.30	4.05	33.90	0.417	0.11	0.03	0.143	0.02	0.30	0.01	0.20	0.028	0.028
3-104	蓄电池电压/容量	12V/200A•h	组件	**96.81**	58.86	4.05	33.90	0.436	0.11	0.03	0.143	0.02	0.30	0.01	0.20	0.028	0.028
3-105	蓄电池电压/容量	12V/290A•h	组件	**99.51**	61.56	4.05	33.90	0.456	0.11	0.03	0.143	0.02	0.30	0.01	0.20	0.028	0.028
3-106	蓄电池电压/容量	12V/500A•h	组件	**108.83**	70.88	4.05	33.90	0.525	0.11	0.03	0.143	0.02	0.30	0.01	0.20	0.028	0.028
3-107	蓄电池电压/容量	12V/570A•h	组件	**118.95**	81.00	4.05	33.90	0.600	0.11	0.03	0.143	0.02	0.30	0.01	0.20	0.028	0.028

35.杆 座 安 装

工作内容：座箱部件检查、安装、找正、箱体接地、接点防水、绝缘处理。

编号	项目		单位	预算基价				人工	材料				机械
				总价	人工费	材料费	机械费	综合工	灯座箱	六角螺栓带螺母 M8×30	弹簧垫片（综合）	半硬塑料管 ϕ32	载重汽车 4t
				元	元	元	元	工日	个	套	10个	m	台班
								135.00	800.00	0.62	4.42	6.55	417.41
3-108	成套型	金属杆座	10只	**8544.15**	287.82	8069.33	187.00	2.132	10.00	30.60	1.02	7.000	0.448
3-109	成套型	玻璃钢杆座	10只	**8490.80**	245.30	8058.50	187.00	1.817	10.00	20.40		7.000	0.448
3-110	组装型	金属杆座	10只	**8639.73**	383.40	8069.33	187.00	2.840	10.00	30.60	1.02	7.000	0.448
3-111	组装型	玻璃钢杆座	10只	**8552.22**	306.72	8058.50	187.00	2.272	10.00	20.40		7.000	0.448
3-112	组装型	混凝土制件	10只	**8789.42**	543.92	8058.50	187.00	4.029	10.00	20.40		7.000	0.448

第四章　附 属 工 程

工作内容：放样、运料、配料拌和、找平、夯实、安砌、灌缝、扫缝。

编号	项目		单位	预算基价 总价	人工费	材料费	人工 综合工	水泥花砖 25×25×5	预制砌块 6cm厚	花岗岩砖 3cm厚
				元	元	元	工日	m^2	m^2	m^2
							135.00	40.53	33.10	106.31
4-1	普通水泥花砖	2cm 石灰砂浆垫层	$100m^2$	**6007.50**	1350.00	4657.50	10.00	102.00		
4-2	普通水泥花砖	2cm 水泥砂浆垫层	$100m^2$	**6093.57**	1350.00	4743.57	10.00	102.00		
4-3	预制砌块安砌	3cm 砂垫层	$100m^2$	**5442.69**	1641.60	3801.09	12.16		102.00	
4-4	预制砌块安砌	3cm 水泥砂浆垫层	$100m^2$	**6194.28**	1930.50	4263.78	14.30		102.00	
4-5	花岗岩砖安砌	3cm 素水泥浆垫层	$100m^2$	**14042.64**	1471.50	12571.14	10.90			102.00
4-6	花岗岩砖安砌	3cm 水泥砂浆垫层	$100m^2$	**13214.84**	1471.50	11743.34	10.90			102.00
4-7	混凝土透水砖	3cm 砂垫层	$100m^2$	**6528.27**	1641.60	4886.67	12.16			

块料铺设

材						料				
生石灰	粗砂	细砂	水	水泥 32.5级	透水混凝土砖	零星材料费	石灰膏	石灰粗砂细砂砂浆 1:3	水泥砂浆 1:3	纯水泥浆
t	t	t	m^3	t	m^2	元	m^3	m^3	m^3	m^3
309.26	86.63	87.33	7.62	357.47	43.69					
0.547	2.267	1.421	1.394			23.17	(0.781)	(2.050)		
	3.005	0.287	0.595	0.828		23.60			(2.050)	
	4.397	0.287				18.91				
	4.508	0.287	0.892	1.242		21.21			(3.075)	
			1.814	4.619		62.54				(3.075)
	4.508		0.892	1.242		58.42			(3.075)	
	4.397	0.287			102.000	24.31				

37.人行道透水混凝土

工作内容：浇筑混凝土前的准备工作、清理杂物、浇筑振捣、抹面、养护、场内运输。

编号	项目	单位	预算基价				人工	材料			机械
			总价	人工费	材料费	机械费	综合工	水	预拌透水混凝土	零星材料费	小型机具
			元	元	元	元	工日	m^3	m^3	元	元
							135.00	7.62	447.89		
4-8	人行道透水混凝土	$10m^3$	**5288.64**	642.60	4640.87	5.17	4.760	0.500	10.200	68.58	5.17

38.侧缘石垫层及后戗

工作内容：运料、备料、拌和、摊铺、找平、洒水、夯实。

编号	项目		单位	预算基价			人工	材料					
				总价	人工费	材料费	综合工	生石灰	粗砂	细砂	水泥 32.5级	水泥 42.5级	优质砂
				元	元	元	工日	t	t	t	t	t	t
							135.00	309.26	86.63	87.33	357.47	398.99	92.45
4-9	侧缘石垫层	石灰砂浆垫层	m^3	**402.34**	163.35	238.99	1.21	0.274	1.134	0.567			
4-10	侧缘石垫层	混凝土垫层	m^3	**520.69**	206.55	314.14	1.53					0.273	0.744
4-11	侧缘石垫层	水泥砂浆垫层	m^3	**445.21**	163.35	281.86	1.21		1.503		0.414		
4-12	侧石后戗	混凝土	$10m^3$	**4161.59**	961.20	3200.39	7.12					2.734	7.436

续前

编号	项目		单位	材						料	
				碴石 0.5～2	粉煤灰	水	零星材料费	石灰膏	石灰粗砂细砂砂浆 1:3	水泥混凝土 C15(0.5～2cm)	水泥砂浆 1:3
				t	t	m^3	元	m^3	m^3	m^3	m^3
				83.90	97.03	7.62					
4-9	侧缘石垫层	石灰砂浆垫层	m^3			0.697	1.19	(0.391)	(1.020)		
4-10	侧缘石垫层	混凝土垫层	m^3	1.214	0.307	0.424	1.56			(1.020)	
4-11	侧缘石垫层	水泥砂浆垫层	m^3			0.297	1.40				(1.020)
4-12	侧石后戗	混凝土	$10m^3$	12.138	3.070	11.799	15.92			(10.200)	

39.侧缘石安砌

工作内容：放样、开槽、运料、调配砂浆、安砌、勾缝、养护、清理。

编号	项目		单位	预算基价			人工	材								料
				总价	人工费	材料费	综合工	混凝土侧石	石质侧石 15×38×80	混凝土缘石	石质缘石 5×30×50	粗砂	水泥 32.5级	水	零星材料费	水泥砂浆 1:3
				元	元	元	工日	m	m	m	m	t	t	m^3	元	m^3
							135.00	27.01	135.92	11.84	77.67	86.63	357.47	7.62		
4-13	侧缘石安砌	混凝土侧石	100m	**4074.33**	1305.45	2768.88	9.67	101.500				0.073	0.020	0.015	13.78	(0.050)
4-14		石质侧石		**15632.17**	1753.65	13878.52	12.99		101.500			0.073	0.020	0.015	69.05	(0.050)
4-15		混凝土缘石		**1899.03**	688.50	1210.53	5.10			101.500		0.015	0.004	0.003	6.02	(0.010)
4-16		石质缘石		**8867.99**	942.30	7925.69	6.98				101.500	0.015	0.004	0.003	39.43	(0.010)

40.侧平石安砌

工作内容：放样、开槽、运料、调配砂浆、安砌、勾缝、养护、清理。

编号	项目			单位	预算基价			人工	材						料
					总价	人工费	材料费	综合工	连接型侧平石	分离型侧平石	粗砂	水泥32.5级	水	零星材料费	水泥砂浆1:3
					元	元	元	工日	m	m	t	t	m^3	元	m^3
								135.00	67.96	57.77	86.63	357.47	7.62		
4-17	侧平石安砌	连接型	勾缝	100m	**9570.61**	2619.00	6951.61	19.40	101.500		0.103	0.028	0.020	34.59	(0.070)
4-18			不勾缝		**9350.28**	2417.85	6932.43	17.91	101.500					34.49	
4-19		分离型	勾缝		**9016.60**	3071.25	5945.35	22.75		101.500	0.279	0.077	0.055	29.58	(0.190)
4-20			不勾缝		**8591.63**	2698.65	5892.98	19.99		101.500				29.32	

41.检查井及收水井升降

工作内容：放样、刨槽清理、拆除旧井、配料拌和、安砌、抹里、浇筑井圈、运输。

编号	项目		单位	预算基价 总价	人工费	材料费	人工 综合工	材料 水泥 32.5级	机砖	粗砂	碴石 0.5～2	零星材料费
				元	元	元	工日	t	千块	t	t	元
							135.00	357.47	441.10	86.63	83.90	
4-21	升降检查井	20cm 以内	座	**213.58**	121.50	92.08	0.90	0.060	0.100	0.160	0.140	0.91
4-22	升降检查井	50cm 以内	座	**344.90**	167.40	177.50	1.24	0.080	0.250	0.290	0.140	1.76
4-23	升降收水井	大型	座	**160.72**	81.00	79.72	0.60	0.050	0.090	0.140	0.110	0.79
4-24	升降收水井	中型	座	**82.35**	54.00	28.35	0.40	0.020	0.030	0.050	0.040	0.28

42.树 池 砌 筑

工作内容：放样、开槽、配料、运料、安砌、灌缝、找平、夯实、清理。

编号	项目		单位	预算基价			人工	材料						
				总价	人工费	材料费	综合工	混凝土块	石质块	水泥 32.5级	粗砂	水	零星材料费	水泥砂浆 1:3
				元	元	元	工日	m	m	t	t	m^3	元	m^3
							135.00	11.17	96.60	357.47	86.63	7.62		
4-25	树池砌筑	混凝土块	100m	**1713.28**	565.65	1147.63	4.19	101.50		0.012	0.044	0.009	5.71	(0.03)
4-26	树池砌筑	条石块	100m	**10516.89**	654.75	9862.14	4.85		101.50	0.012	0.044	0.009	49.07	(0.03)

43.更换检查井盖

工作内容：刨出旧井圈井盖、安装新井圈井盖、浇筑井口。

编号	项目		单位	预算基价			人工	材料				
				总价	人工费	材料费	综合工	铸铁井盖 D520	铸铁井盖 D650	水泥 32.5级	粗砂	零星材料费
				元	元	元	工日	套	套	t	t	元
							135.00	371.86	495.28	357.47	86.63	
4-27	更换检查井盖	D520（甲型井）	座	**435.42**	32.40	403.02	0.24	1.000		0.040	0.060	11.66
4-28	更换检查井盖	D650（乙型井）	座	**571.43**	32.40	539.03	0.24		1.000	0.040	0.060	24.25

第五章　其 他 工 程

44.汽车运熟石灰及混合料

工作内容：机械配合、人工收料、发料。

编号	项目		单位	预算基价			人工	机械
				总价	人工费	机械费	综合工	运费
				元	元	元	工日	元
							135.00	
5-1	汽车运熟石灰	1km 运距	10t	**53.40**	16.20	37.20	0.12	37.20
5-2		每增 1km		**8.27**		8.27		8.27
5-3	汽车运基层混合料	1km 运距		**36.40**	16.20	20.20	0.12	20.20
5-4		每增 1km		**8.27**		8.27		8.27

45.盲　　沟

工作内容：放样、挖土、运料、填充夯实、弃土外运。

编号	项目		单位	预算基价			人工	材料			
				总价	人工费	材料费	综合工	碴石 0.2～1	粗砂	滤管 $\phi30$	零星材料费
				元	元	元	工日	t	t	m	元
							135.00	84.06	86.63	44.18	
5-5	砂石盲沟	30×40	100m	**3299.91**	1499.85	1800.06	11.11	18.36	2.86		8.96
5-6	砂石盲沟	40×40	100m	**4238.43**	1796.85	2441.58	13.31	24.48	4.29		12.15
5-7	砂石盲沟	40×60	100m	**6080.07**	2479.95	3600.12	18.37	36.72	5.72		17.91
5-8	滤管盲沟	*d*30	100m	**12144.96**	7469.55	4675.41	55.33			105.300	23.26

46.消 解 石 灰

工作内容：集中消解石灰、推土机配合、小堆沿线消解、人工闷翻。

编号	项目	单位	预算基价				人工	材料		机械
			总价	人工费	材料费	机械费	综合工	水	零星材料费	履带式推土机 50kW
			元	元	元	元	工日	m^3	元	台班
							135.00	7.62		630.16
5-9	集中消解石灰	t	**35.04**	8.10	8.04	18.90	0.06	1.050	0.04	0.030
5-10	小堆沿线消解石灰	t	**21.54**	13.50	8.04		0.10	1.050	0.04	

47.预拌灰土增加费

工作内容：平整预拌场地、平整灰土。

编号	项目	单位	预算基价				人工	材料		机械	
			总价	人工费	材料费	机械费	综合工	水	零星材料费	履带式推土机 60kW	洒水车 6000L
			元	元	元	元	工日	m^3	元	台班	台班
							135.00	7.62		687.76	512.08
5-11	预拌灰土增加费	$100m^2$	**302.19**	103.95	7.72	190.52	0.77	1.008	0.04	0.21	0.09

48.铺装玻璃纤维格栅

工作内容：清理整平基层、铺设玻璃纤维格栅。

编号	项目	单位	预算基价			人工	材料	
			总价	人工费	材料费	综合工	玻璃纤维格栅 HGA80kN-8kN	零星材料费
			元	元	元	工日	m^2	元
						135.00	5.93	
5-12	铺装玻璃纤维格栅	$100m^2$	**777.01**	163.08	613.93	1.208	102.000	9.07

49.土工布贴缝

工作内容：清扫、洒油两遍、贴土工布。

编号	项目	单位	预算基价				人工	材料			机械
			总价	人工费	材料费	机械费	综合工	土工布	乳化沥青	零星材料费	汽车式沥青喷洒机 4000L
			元	元	元	元	工日	m^2	kg	元	台班
							135.00	6.84	3.26		827.71
5-13	土工布贴缝	$100m^2$	**1501.37**	191.43	1228.00	81.94	1.418	119.034	121.368	18.15	0.099

第三册 桥 涵 工 程

册　说　明

一、本册基价包括钻孔灌注桩工程、钢筋工程、混凝土工程、箱涵顶进工程、预应力钢筋工程、构件安装工程、脚手架与模板工程、装饰工程、钢结构工程、其他工程10章,共87节439条基价子目。

二、工程计价时应注意的问题:

1.钻孔灌注桩工程:

(1)基价中不包括钻孔工程中的清除障碍工作。如遇此情况,按实际发生增补预算。

(2)钻孔灌注桩工作平台,孔径 $\phi\leq$1000mm时,套用锤重1800kg打桩工作平台;孔径 $\phi>$1000mm时,套用锤重2500kg打桩工作平台。

2.钢筋工程:

(1)基价中钢筋材质划分为3号钢和16锰钢两种。

(2)基价中预埋与连接铁件制作与安装包括混凝土内的预埋铁件和现场铁件连接及焊接。

3.混凝土工程:

(1)基价系按常用设计图纸分别进行计算,其混凝土所含钢筋及预埋件等所占体积不予扣除。

(2)基价中的混凝土按常用强度等级列出,如遇基价与设计配合比不同时可以换算。

(3)在“通用工程”中已列有混凝土的蒸汽养护项目,如工程需要蒸汽养护,可套用相应基价项目。

(4)基价中的材料用量均已包括生料损耗、熟料损耗、小构件成品损耗及灌注桩扩孔率损耗。

4.箱涵顶进工程:

(1)基价适用于穿越城市道路及铁路的立交箱涵顶进工程和现浇箱涵工程。

(2)基价中不包括箱涵顶进后背设施,其费用发生时另行计算。

(3)箱涵基坑开挖只考虑基坑内表水处理,没有考虑其他降水方式及箱涵基坑开挖的支撑,如发生时可套用相关的基价项目。

(4)箱涵底板、滑板的基价中已包括肋楞在内,不得重复计算。

(5)箱涵的引道工程可套用道路工程有关基价项目。

(6)滑板面塑料薄膜层处理是按0.25mm厚聚氯乙烯薄膜考虑的,其理论单位质量为0.905t/m^3,损耗率为2%,如采用其他材质或厚度不同时,允许换算其材料使用量。

5.预应力钢筋工程:

(1)先张预应力采用7ϕ 4钢绞线,安装在120m先张台座上进行张拉,当混凝土强度达到设计规定时,放松切断,项目中未包括张拉台费用。

(2)后张预应力系以双悬臂拼装钢筋预应力混凝土箱梁设计图纸为依据。

(3)预应力钢绞线和高强钢丝张拉项目均不含锚具费用,工程中使用什么锚具,则应套用其相应锚具安装基价项目。

6.构件安装工程：

(1)人工安装混凝土小构件包括人行道板、栏杆、柱等小型混凝土构件。

(2)基价中安装机械的选型是根据当前现有的安装机械考虑的，并按构件重量选用机型。

(3)构件现场倒运已综合考虑在基价内。由预制厂到现场存放处的运输费可套用"通用工程"中的构件场外运输基价项目。

7.脚手架与模板工程：

(1)浅水与深水脚手架的划分如下：

①脚手面距河底垂直高度在4m以内为浅水，高度在4m以上为深水。

②脚手面中若存在4m以内的面积超过40%，均按浅水脚手架计算，反之为深水脚手架。

③浅水、深水支架脚手架均系桩基脚手架，荷载按4t计算的，基价中包括打桩、拔桩、装拆脚手面、材料运输及堆放。深水脚手架不包括接桩，若需接桩，另行按接桩基价计算。

(2)现浇梁支架基价中所需钢材、木材均考虑了现场及场外运输费用，使用时不得单列运输费用，支架基价中不包括基础处理，若场地需要加固，可套相应基价项目。

(3)木支架、钢支架基价单位的立面积为桥梁净跨径乘以高度，梁式桥高度为墩台帽顶至地面的高度，地面指支架地梁的底面。木支架按有效宽度8.5m计，钢支架按有效宽度12m计，如实际宽度与基价不同时，可按比例换算。

(4)混凝土、钢筋混凝土模板以工具式钢模板为主，部分使用定型模板或木模板。模板项目中综合考虑了地面运输和模板地面的装卸，但不包括地胎膜，需设置者，可执行相关基价项目。

8.钢结构工程：

(1)钢结构安装项目不含临时支墩安拆及构件运输。

(2)抛丸适用于基材处理，喷砂适用于构件成型后的处理。

(3)构件在安装现场组装焊接后清除焊缝热影响区焦渣的工作已经综合在安装基价项目中。

(4)钢结构制造胎具及临时钢支墩安拆未考虑油饰费用，如实际需要可计取。

工程量计算规则

一、钻孔灌注桩工程:

1.灌注桩混凝土体积按设计桩面积乘以设计桩长(桩尖到桩顶)加超钻0.5m的几何体积计算。

2.泥浆制作项目以实际发生工程量计算。

3.泥浆运输项目按灌注桩实际体积计算。

二、钢筋工程:现浇混凝土中的钢筋搭接如受施工现场条件限制,可按需搭接部分钢筋用量乘以系数1.02计算部分搭接数量。

三、混凝土工程:

1.现浇混凝土工程量按设计尺寸以实体积计算(不包括空心板、梁的空心体积),不扣除钢筋、钢丝、铁件、预留压浆孔道和螺栓所占的体积。

2.预制混凝土:

(1)预制空心构件按设计图尺寸扣除空心体积,以实体积计算。空心板、梁的堵头板体积不计入工程量内,其消耗量已在预算基价中考虑。

(2)预制空心板、梁,凡采用橡胶囊作内模的,考虑其压缩变形因素,可增加混凝土数量,当梁长在16m以内时,可按设计计算体积增加7%计算;当梁长大于16m时,则按设计计算体积增加9%计算。如设计图已注明考虑橡胶囊变形时,不得再增加计算。

(3)预应力混凝土构件的封锚混凝土数量并入构件混凝土工程量计算。

四、箱涵顶进工程:

1.箱涵滑板下的肋楞,其工程量并入滑板内计算。

2.箱涵混凝土工程量不扣除0.3m^3以下的预留孔洞体积。

3.顶柱、中继间护套及挖土支架均属专用周转性金属构件,预算基价中已按摊销量计列,不得重复计算。

4.箱涵顶进预算基价分空顶、无中继间实土顶和有中继间实土顶三类,其工程量计算如下:空顶工程量按空顶的单节箱涵重量乘以箱涵位移距离计算,实土顶工程量按被顶箱涵的重量乘以箱涵位移距离分段累计计算。

5.气垫只考虑在预制箱涵底板上使用,按箱涵底面积计算。气垫的使用天数由施工组织设计确定,但采用气垫后,在套用顶进预算基价时应乘以系数0.7。

五、预应力钢筋工程:钢筋、预应力钢筋、格栅、网片等均按设计图纸质量计算,以“t”为单位。

六、构件安装工程:安装预制构件均按混凝土实体积(不包括空心部分)计算。

七、脚手架与模板工程:

1.钻孔脚手架的面积按桥宽加2m再乘以桥长计算。

2.模板的工程量按模板与混凝土的实际接触面积计算。

3.满堂式现浇梁支架按支架的立面积计算,立面积为桥梁净跨径乘以垂直高度。

八、装饰工程:装饰项目除金属面油漆以质量计算外,其余项目均以装饰面积计算。

九、钢结构工程：

1.钢结构项目板料外接矩形、平行四边形、梯形按理论质量的最小值计算，扣除内接面积在 $0.3m^2$ 以外的孔洞质量。

2.防腐涂装项目适用于在加工厂集中处理，如在安装现场施做时，工日乘以系数1.43。

十、其他工程：项目的挂篮形式为自锚式无压重钢挂篮，钢挂篮质量按设计要求确定。推移工程量按挂篮质量乘以推移距离以“t•m”计算。

第一章　钻孔灌注桩工程

1.埋设钢护筒

工作内容：装拆钢护筒、吊装就位下沉、拔护筒、场内运输。

编号	项目		单位	预算基价 总价	预算基价 人工费	预算基价 材料费	预算基价 机械费	人工 综合工	材料 钢护筒	材料 原木	材料 板材	材料 方木	材料 铁件（含制作费）	材料 铁扒杆	材料 圆钉	材料 镀锌钢丝 2.8~4.0	机械 振动沉拔桩机 400kN	机械 电动卷扬机 20kN	机械 电动卷扬机 50kN	机械 汽车式起重机 8t
				元	元	元	元	工日	t	m^3	m^3	m^3	kg	t	kg	kg	台班	台班	台班	台班
								135.00	3965.67	1686.44	2302.20	3266.74	9.49	4320.67	6.68	7.08	1108.34	225.43	211.29	767.15
1-1	水中埋设钢护筒	ϕ1000	10m	**8196.93**	3375.00	3450.73	1371.20	25.00	0.276	0.041	0.149	0.126	34.000	0.131	8.400	83.000	0.450	1.780	2.230	
1-2	水中埋设钢护筒	ϕ1200	10m	**9223.54**	4050.00	3668.84	1504.70	30.00	0.331	0.041	0.149	0.126	34.000	0.131	8.400	83.000	0.490	1.960	2.460	
1-3	水中埋设钢护筒	ϕ1500	10m	**10657.05**	4860.00	3990.06	1806.99	36.00	0.412	0.041	0.149	0.126	34.000	0.131	8.400	83.000	0.590	2.350	2.950	
1-4	水中埋设钢护筒	ϕ1800	10m	**12086.58**	5670.00	4307.31	2109.27	42.00	0.492	0.041	0.149	0.126	34.000	0.131	8.400	83.000	0.690	2.740	3.440	
1-5	水中埋设钢护筒	ϕ2000	10m	**13414.23**	6480.00	4529.39	2404.84	48.00	0.548	0.041	0.149	0.126	34.000	0.131	8.400	83.000	0.780	3.140	3.940	
1-6	陆地埋设钢护筒	ϕ800	10m	**3231.31**	2177.55	332.64	721.12	16.13	0.074	0.003	0.001	0.002			0.500	3.100				0.940
1-7	陆地埋设钢护筒	ϕ1000	10m	**3889.71**	2687.85	404.02	797.84	19.91	0.092	0.003	0.001	0.002			0.500	3.100				1.040
1-8	陆地埋设钢护筒	ϕ1200	10m	**4622.36**	3272.40	475.41	874.55	24.24	0.110	0.003	0.001	0.002			0.500	3.100				1.140
1-9	陆地埋设钢护筒	ϕ1500	10m	**5843.16**	4216.05	622.14	1004.97	31.23	0.147	0.003	0.001	0.002			0.500	3.100				1.310
1-10	陆地埋设钢护筒	ϕ1800	10m	**6855.10**	5007.15	689.55	1158.40	37.09	0.164	0.003	0.001	0.002			0.500	3.100				1.510
1-11	陆地埋设钢护筒	ϕ2000	10m	**7322.89**	5223.15	764.90	1334.84	38.69	0.183	0.003	0.001	0.002			0.500	3.100				1.740

2.机 械 钻 孔

工作内容：装拆钻机、溜槽及操作台，安装胶管、疏通泥浆沟、钻孔、泥浆固壁、场内运输。

编号	项目				单位	预算基价				人工	材料			机械			
						总价	人工费	材料费	机械费	综合工	普通钻头 ϕ4～6	电焊条	铁件（含制作费）	转盘钻孔机 1000mm	泥浆泵 100mm	潜水泵 100mm	电焊机 30kV·A
						元	元	元	元	工日	kg	kg	kg	台班	台班	台班	台班
										135.00	5.69	7.59	9.49	699.76	204.13	29.10	87.97
1-12	回旋钻机钻孔	ϕ≤800	h≤20m	砂土、黏土	10m	**1604.40**	818.10	20.74	765.56	6.06	2.909	0.192	0.288	0.922	0.509	0.509	0.019
1-13				砂砾		**3614.10**	1540.35	28.42	2045.33	11.41	4.003	0.384	0.288	2.362	1.661	1.661	0.058
1-14			h≤40m	砂土、黏土		**2183.96**	1119.15	19.83	1044.98	8.29	2.909	0.192	0.192	1.075	1.248	1.248	0.019
1-15				砂砾		**5462.69**	2212.65	27.51	3222.53	16.39	4.003	0.384	0.192	3.686	2.736	2.736	0.058
1-16			h≤60m	砂土、黏土		**2744.41**	1343.25	19.83	1381.33	9.95	2.909	0.192	0.192	1.402	1.709	1.709	0.019
1-17				砂砾		**6939.14**	2772.90	27.51	4138.73	20.54	4.003	0.384	0.192	4.704	3.610	3.610	0.058
1-18		ϕ≤1000	h≤40m	砂土、黏土		**3047.53**	1263.60	19.83	1764.10	9.36	2.909	0.192	0.192	1.997	1.565	1.565	0.019
1-19				砂砾		**5975.38**	2492.10	27.51	3455.77	18.46	4.003	0.384	0.192	3.792	3.418	3.418	0.058
1-20			h≤60m	砂土、黏土		**3531.12**	1426.95	19.83	2084.34	10.57	2.909	0.192	0.192	2.285	2.074	2.074	0.019
1-21				砂砾		**7368.01**	2933.55	27.51	4406.95	21.73	4.003	0.384	0.192	4.790	4.502	4.502	0.058

工作内容：装拆钻机、溜槽及操作台，安装胶管、疏通泥浆沟、钻孔、泥浆固壁、场内运输。

编号	项目				单位	预算基价				人工	材料			机械				
						总价	人工费	材料费	机械费	综合工	普通钻头 $\phi4\sim6$	电焊条	铁件（含制作费）	转盘钻孔机 1500mm	泥浆泵 100mm	潜水泵 100mm	电焊机 30kV•A	转盘钻孔机 2000mm
						元	元	元	元	工日	kg	kg	kg	台班	台班	台班	台班	台班
										135.00	5.69	7.59	9.49	723.10	204.13	29.10	87.97	779.66
1-22	回旋钻机钻孔	$\phi\leqslant1200$	$h\leqslant40m$	砂土、黏土	10m	**3314.31**	1368.90	19.83	1925.58	10.14	2.909	0.192	0.192	2.122	1.670	1.670	0.019	
1-23				砂砾		**6797.77**	2702.70	27.51	4067.56	20.02	4.003	0.384	0.192	4.426	3.696	3.696	0.058	
1-24			$h\leqslant60m$	砂土、黏土		**3787.42**	1516.05	18.92	2252.45	11.23	2.909	0.192	0.096	2.458	2.026	2.026	0.029	
1-25				砂砾		**7971.59**	3121.20	27.33	4823.06	23.12	4.003	0.480	0.096	5.222	4.464	4.464	0.067	
1-26		$\phi\leqslant1500$	$h\leqslant40m$	砂土、黏土		**3587.30**	1494.45	19.83	2073.02	11.07	2.909	0.192	0.192	2.275	1.824	1.824	0.029	
1-27				砂砾		**7322.74**	2928.15	28.24	4366.35	21.69	4.003	0.480	0.192	4.742	3.994	3.994	0.067	
1-28			$h\leqslant60m$	砂土、黏土		**4120.51**	1656.45	18.92	2445.14	12.27	2.909	0.192	0.096	2.669	2.198	2.198	0.029	
1-29				砂砾		**8580.97**	3366.90	27.33	5186.74	24.94	4.003	0.480	0.096	5.606	4.829	4.829	0.077	
1-30		$\phi\leqslant2000$	$h\leqslant40m$	砂土、黏土		**4410.22**	1845.45	24.64	2540.13	13.67	3.754	0.192	0.192		1.958	1.958	0.029	2.669
1-31				砂砾		**9028.41**	3569.40	35.69	5423.32	26.44	5.184	0.576	0.192		4.320	4.320	0.086	5.654
1-32			$h\leqslant60m$	砂土、黏土		**5033.98**	2012.85	24.46	2996.67	14.91	3.754	0.288	0.096		2.371	2.371	0.038	3.130
1-33				砂砾		**10530.27**	4060.80	35.51	6433.96	30.08	5.184	0.672	0.096		5.213	5.213	0.096	6.682

工作内容：装拆钻机、溜槽及操作台，安装胶管、疏通泥浆沟、钻孔、泥浆固壁、场内运输。

编号	项目				单位	预算基价 总价	人工费	材料费	机械费	人工 综合工	材料 冲击钻头φ8	电焊条	机械 冲击钻机22型(电动)	电焊机30kV·A	冲击钻机30型(电动)
						元	元	元	元	工日	kg	kg	台班	台班	台班
										135.00	4.49	7.59	164.85	87.97	374.31
1-34	冲击式钻机钻孔	φ≤1000	h≤20m	砂土	10m	**1347.14**	1001.70	39.95	305.49	7.42	8.573	0.192	1.843	0.019	
1-35				黏土		**1782.75**	1312.20	40.68	429.87	9.72	8.573	0.288	2.582	0.048	
1-36				砂砾		**5301.76**	3817.80	61.17	1422.79	28.28	12.000	0.960	8.554	0.144	
1-37			h≤40m	砂土		**2038.29**	1524.15	39.95	474.19	11.29	8.573	0.192	2.861	0.029	
1-38				黏土		**2668.56**	1985.85	40.68	642.03	14.71	8.573	0.288	3.869	0.048	
1-39				砂砾		**8363.84**	6142.50	61.17	2160.17	45.50	12.000	0.960	13.027	0.144	
1-40		φ≤1500	h≤20m	砂土		**2069.95**	1240.65	39.95	789.35	9.19	8.573	0.192		0.029	2.102
1-41				黏土		**2668.30**	1552.50	40.68	1075.12	11.50	8.573	0.288		0.048	2.861
1-42				砂砾		**8378.42**	4549.50	61.17	3767.75	33.70	12.000	0.960		0.144	10.032
1-43			h≤40m	砂土		**3000.78**	1642.95	39.95	1317.88	12.17	8.573	0.192		0.029	3.514
1-44				黏土		**3905.84**	2118.15	40.68	1747.01	15.69	8.573	0.288		0.048	4.656
1-45				砂砾		**12745.02**	6691.95	61.17	5991.90	49.57	12.000	0.960		0.144	15.974

工作内容：装拆钻机、溜槽及操作台，安装胶管、疏通泥浆沟、钻孔、泥浆固壁、场内运输。

编号	项目			单位	预算基价				人工	材料				机械	
					总价	人工费	材料费	机械费	综合工	冲击钻头 $\phi 8$	铁件（含制作费）	电焊条	零星材料费	电动卷扬机 50kN	电焊机 30kV·A
					元	元	元	元	工日	kg	kg	kg	元	台班	台班
									135.00	4.49	9.49	7.59		292.19	87.97
1-46	卷扬机带冲抓锥冲孔	h≤20m	砂土	10m	**4231.67**	3547.80	104.62	579.25	26.28	14.400	3.456	0.288	4.98	1.968	0.048
1-47			黏土		**6507.97**	5485.05	105.39	917.53	40.63	14.400	3.456	0.384	5.02	3.120	0.067
1-48			砂砾		**15197.93**	12295.80	140.20	2761.93	91.08	20.160	3.456	1.344	6.68	9.389	0.211
1-49		h≤30m	砂土		**6064.97**	4915.35	104.62	1045.00	36.41	14.400	3.456	0.288	4.98	3.562	0.048
1-50			黏土		**8679.15**	7314.30	106.92	1257.93	54.18	14.400	3.456	0.576	5.09	4.282	0.077
1-51			砂砾		**20951.49**	17151.75	140.20	3659.54	127.05	20.160	3.456	1.344	6.68	12.461	0.211
1-52		h≤40m	砂土		**9123.71**	7690.95	104.62	1328.14	56.97	14.400	3.456	0.288	4.98	4.531	0.048
1-53			黏土		**13578.69**	11476.35	106.92	1995.42	85.01	14.400	3.456	0.576	5.09	6.806	0.077
1-54			砂砾		**32522.36**	26663.85	140.20	5718.31	197.51	20.160	3.456	1.344	6.68	19.507	0.211
1-55		h≤50m	砂土		**11878.91**	9733.50	104.62	2040.79	72.10	14.400	3.456	0.288	4.98	6.970	0.048
1-56			黏土		**18167.19**	14993.10	106.92	3067.17	111.06	14.400	3.456	0.576	5.09	10.474	0.077
1-57			砂砾		**41788.34**	32877.90	140.20	8770.24	243.54	20.160	3.456	1.344	6.68	29.952	0.211

3.泥浆制作与运输

工作内容：搭拆溜槽和工作平台、拌和泥浆、倒运护壁泥浆等。

编号	项目	单位	预算基价				人工	材料		机械	
			总价	人工费	材料费	机械费	综合工	黏土	水	灰浆搅拌机200L	运费
			元	元	元	元	工日	m^3	m^3	台班	元
							135.00		7.62	208.76	
1-58	泥浆制作	$10m^3$	**352.59**	244.35	68.58	39.66	1.81	(1.770)	9.000	0.190	
1-59	泥浆运输	$10m^3$	**377.00**	27.00		350.00	0.20				350.00

4. 灌注桩混凝土

工作内容：安拆导管漏斗、混凝土浇捣、材料运输等全部操作过程。

编号	项目		单位	预算基价			人工	材料		
				总价	人工费	材料费	综合工	预拌混凝土 AC25	导管	带帽螺栓
				元	元	元	工日	m^3	kg	kg
							135.00	461.24	61.06	7.96
1-60	灌注桩混凝土	回旋钻孔	$10m^3$	**6234.91**	616.95	5617.96	4.57	11.670	3.800	0.410
1-61	灌注桩混凝土	冲击钻孔	$10m^3$	**6495.79**	642.60	5853.19	4.76	12.180	3.800	0.410
1-62	灌注桩混凝土	冲抓钻孔	$10m^3$	**6755.33**	666.90	6088.43	4.94	12.690	3.800	0.410

第二章　钢 筋 工 程

5.拉杆制作与安装

工作内容： 调直下料、挑扣、对焊、缠麻、涂油及安装。

编号	项目	单位	预算基价				人工	材料				
			总价	人工费	材料费	机械费	综合工	圆钢	石油沥青 10#	铸铁件	铁件（含制作费）	电焊条
			元	元	元	元	工日	t	t	kg	kg	kg
							135.00	3906.62	4037.40	5.88	9.49	7.59
2-1	拉杆制作与安装	t	**11558.35**	4575.15	6175.95	807.25	33.89	1.02	0.04	96.00	80.00	5.000

续前

编号	项目	单位	材料				机械					
			螺母 M30	醇酸防锈漆	麻袋	零星材料费	电动卷扬机 30kN	钢筋切断机 40mm	电焊机 30kV•A	对焊机 150kV•A	普通车床 400×2000	弓锯床 250mm
			个	kg	条	元	台班	台班	台班	台班	台班	台班
			2.37	13.20	9.23		243.50	42.81	87.97	117.49	218.36	24.53
2-1	拉杆制作与安装	t	28.00	9.00	36.00	150.63	0.200	0.160	2.450	0.360	2.100	1.44

6.钢筋制作与安装

工作内容：调直下料、弯曲、对焊、绑扎成型及入模。

编号	项目			单位	预算基价				人工	材料		
					总价	人工费	材料费	机械费	综合工	钢筋	螺纹钢	镀锌钢丝 0.7～1.2
					元	元	元	元	工日	t	t	kg
									135.00			7.34
2-2	非预应力钢筋制作与安装	3号钢	ϕ10以内	t	**6101.11**	1737.45	4204.06	159.60	12.87	1.02×3970.73		7.000
2-3	非预应力钢筋制作与安装	3号钢	ϕ10以外	t	**5666.15**	1501.20	4064.40	100.55	11.12	1.02×3799.94		7.000
2-4	非预应力钢筋制作与安装	螺纹钢	ϕ14以内	t	**5506.04**	1336.50	4010.37	159.17	9.90		1.020×3748.26	7.000
2-5	非预应力钢筋制作与安装	螺纹钢	ϕ14以外	t	**5006.62**	920.70	3980.64	105.28	6.82		1.020×3719.82	7.000

续前

编号	项目			单位	材料		机械						
					电焊条	零星材料费	钢筋调直机 14mm	钢筋切断机 40mm	钢筋弯曲机 40mm	电焊机 30kV•A	钢筋冷拉机 900kN	对焊机 75kV•A	对焊机 150kV•A
					kg	元	台班	台班	台班	台班	台班	台班	台班
					7.59		37.25	42.81	26.22	87.97	40.81	113.07	117.49
2-2	非预应力钢筋制作与安装	3号钢	ϕ10以内	t		102.54	0.190	0.230	0.790	1.340	0.100		
2-3	非预应力钢筋制作与安装	3号钢	ϕ10以外	t	5.000	99.13		0.120	0.300	0.790	0.100	0.030	0.090
2-4	非预应力钢筋制作与安装	螺纹钢	ϕ14以内	t	5.000	97.81		0.220	0.750	1.150	0.210	0.180	
2-5	非预应力钢筋制作与安装	螺纹钢	ϕ14以外	t	5.000	97.09		0.120	0.300	0.830	0.100	0.020	0.110

7.钢筋骨架制作与安装

工作内容：下料弯曲、对焊、焊接骨架、绑扎成型及入模。

编号	项目			单位	预算基价				人工	材料		
					总价	人工费	材料费	机械费	综合工	钢筋 D10以外	螺纹钢 锰D14～32	镀锌钢丝 0.7～1.2
					元	元	元	元	工日	t	t	kg
									135.00	3799.94	3719.82	7.34
2-6	非预应力钢筋骨架制作与安装	3号钢	ϕ10以外	t	**6474.92**	2018.25	4166.82	289.85	14.95	1.02		2.000
2-7	非预应力钢筋骨架制作与安装	螺纹钢	ϕ14以外	t	**6391.16**	2018.25	4083.06	289.85	14.95		1.020	2.000

续前

编号	项目			单位	材料		机械					
					电焊条	零星材料费	钢筋切断机 40mm	钢筋弯曲机 40mm	钢筋冷拉机 900kN	电焊机 30kV·A	对焊机 75kV·A	对焊机 150kV·A
					kg	元	台班	台班	台班	台班	台班	台班
					7.59		42.81	26.22	40.81	87.97	113.07	117.49
2-6	非预应力钢筋骨架制作与安装	3号钢	ϕ10以外	t	23.000	101.63	0.130	0.150	0.270	2.890	0.040	0.090
2-7	非预应力钢筋骨架制作与安装	螺纹钢	ϕ14以外	t	23.000	99.59	0.130	0.150	0.270	2.890	0.040	0.090

8.预埋与连接铁件制作与安装

工作内容：混凝土内的预埋铁件及现场铁件的下料(切割)、焊接(预制构件的铁件与现场铁件的连接)。

编号	项目		单位	预算基价				人工	材料				机械			
				总价	人工费	材料费	机械费	综合工	钢板(中厚)	电焊条	氧气 6m³	乙炔气 5.5~6.5kg	电焊机 30kV•A	钢筋切断机 40mm	气焊设备 3m³	摇臂钻床 63mm
				元	元	元	元	工日	t	kg	m³	m³	台班	台班	台班	台班
								135.00	3876.58	7.59	2.88	16.13	87.97	42.81	14.92	42.00
2-8	预埋铁件	预埋铁件	t	**11567.07**	6723.00	4379.20	464.87	49.80	1.05	29.160	10.600	3.530	4.110	0.060	1.77	1.77
2-9		T形梁连接板		**14702.68**	8843.85	5219.27	639.56	65.51	1.20	41.600	30.470	10.160	6.970		1.77	

9.吊车安放钢筋笼入孔

工作内容：绑焊加固钢筋笼、安装及拆除导向架、吊装就位、校正位置、控制标高等全部工作。

编号	项目	单位	预算基价				人工	材料			机械	
			总价	人工费	材料费	机械费	综合工	钢筋 D10以外	电焊条	零星材料费	电焊机 30kV·A	汽车式起重机 20t
			元	元	元	元	工日	t	kg	元	台班	台班
							135.00	3799.94	7.59		87.97	1043.80
2-10	钻孔桩钢筋笼入孔	t	**654.95**	157.95	89.56	407.44	1.17	0.02	1.500	2.18	0.360	0.360

第三章　混凝土工程

10.预制混凝土立柱

工作内容：浇筑混凝土前的准备工作、清理杂物、浇筑振捣、抹面、养护、出模码垛等工作，场内运输。

编号	项目	单位	预算基价 总价	预算基价 人工费	预算基价 材料费	预算基价 机械费	人工 综合工	材料 水泥 42.5级	材料 粉煤灰	材料 优质砂	材料 碴石 2～4	材料 草袋 840×760	材料 水	材料 水泥混凝土 C30(2～4cm)	机械 机动翻斗车 1t	机械 轮胎式装载机 $2m^3$	机械 门式起重机 30t	机械 混凝土搅拌站 $45m^3/h$	机械 小型机具
			元	元	元	元	工日	t	t	t	t	条	m^3	m^3	台班	台班	台班	台班	元
							135.00	398.99	97.03	92.45	85.12	2.13	7.62		207.17	754.36	743.10	2379.94	
3-1	C30 矩形立柱	$10m^3$	**6015.32**	1620.00	3316.67	1078.65	12.00	2.954	3.309	6.557	13.307	8.050	7.999	(10.150)	1.130	0.140	0.750	0.07	15.02
3-2	C30 异型立柱	$10m^3$	**6292.31**	1792.80	3306.39	1193.12	13.28	2.954	3.309	6.557	13.307	4.440	7.659	(10.150)	1.130	0.140	0.900	0.07	18.02

11.预制混凝土板

工作内容：浇筑混凝土前的准备工作、清理杂物、浇筑振捣、抹面、养护、出模码垛等工作，场内运输。

编号	项目	单位	预算基价				人工	材料			
			总价	人工费	材料费	机械费	综合工	水泥 42.5级	粉煤灰	优质砂	碴石 2~4
			元	元	元	元	工日	t	t	t	t
							135.00	398.99	97.03	92.45	85.12
3-3	C30 矩形板	10m³	**5662.22**	1231.20	3367.48	1063.54	9.12	2.954	3.309	6.557	13.307
3-4	C30 空心板	10m³	**5839.51**	1355.40	3397.66	1086.45	10.04	2.954	3.309	6.557	13.307
3-5	C30 微弯板	10m³	**5469.32**	1506.60	3451.28	511.44	11.16	2.954	3.309	6.557	13.307
3-6	C30 悬臂板	10m³	**5925.59**	1506.60	3424.87	994.12	11.16	2.954	3.309	6.557	13.307

续前

编号	项目	单位	材料			机械				
			草袋 840×760	水	水泥混凝土 C30(2～4cm)	机动翻斗车 1t	门式起重机 30t	轮胎式装载机 $2m^3$	混凝土搅拌站 $45m^3/h$	小型机具
			条	m^3	m^3	台班	台班	台班	台班	元
			2.13	7.62		207.17	743.10	754.36	2379.94	
3-3	C30 矩形板	$10m^3$	22.600	10.599	(10.150)	1.130	0.730	0.140	0.07	14.77
3-4	C30 空心板	$10m^3$	20.420	15.169	(10.150)	1.130	0.760	0.140	0.07	15.39
3-5	C30 微弯板	$10m^3$	36.400	17.739	(10.150)	1.130		0.140	0.07	5.13
3-6	C30 悬臂板	$10m^3$	24.000	17.739	(10.150)	1.130	0.640	0.140	0.07	12.23

12.预制混凝土梁

工作内容：浇筑混凝土前的准备工作、清理杂物、浇筑振捣、抹面、养护、出模码垛等工作，场内运输。

编号	项目	单位	预算基价				人工	材					料
			总价	人工费	材料费	机械费	综合工	水泥 42.5级	水泥 52.5级	粉煤灰	优质砂	碴石 0.5～2	碴石 2～4
			元	元	元	元	工日	t	t	t	t	t	t
							135.00	398.99	456.11	97.03	92.45	83.90	85.12
3-7	C30 T形梁	10m³	**5776.65**	1290.60	3400.05	1086.00	9.56	2.954		3.309	6.557		13.307
3-8	C30 实心板梁	10m³	**5447.48**	1177.20	3328.87	941.41	8.72	2.954		3.309	6.557		13.307
3-9	C30 空心板梁（非预应力）	10m³	**5783.65**	1290.60	3421.19	1071.86	9.56	2.971		3.328	6.601		13.396
3-10	C50 空心板梁（预应力）	10m³	**6332.91**	1252.80	4073.41	1006.70	9.28	0.018	4.101	4.629	5.781	12.190	0.093
3-11	C30 箱形梁	10m³	**6615.99**	1935.90	3346.01	1334.08	14.34	2.954		3.309	6.557		13.307
3-12	C50 箱形块件	10m³	**9914.14**	2475.90	6121.45	1316.79	18.34	5.329	4.101	4.608	5.735	12.190	

续前

编号	项目	单位	材料					机械				
			草袋 840×760	水	水泥混凝土 C20(2～4cm)	水泥混凝土 C30(2～4cm)	水泥混凝土 C50(0.5～2cm)	机动翻斗车 1t	门式起重机 30t	混凝土搅拌站 $45m^3/h$	轮胎式装载机 $2m^3$	小型机具
			条	m^3	m^3	m^3	m^3	台班	台班	台班	台班	元
			2.13	7.62				207.17	743.10	2379.94	754.36	
3-7	C30 T形梁	$10m^3$	19.970	15.609		(10.150)		1.130	0.740	0.070	0.140	29.80
3-8	C30 实心板梁	$10m^3$	12.880	8.249		(10.150)		1.130	0.570	0.070	0.140	11.53
3-9	C30 空心板梁（非预应力）	$10m^3$	20.800	15.491	(0.067)	(10.150)		1.130	0.740	0.070	0.141	14.90
3-10	C50 空心板梁（预应力）	$10m^3$	14.980	19.626	(0.070)		(10.150)	1.130	0.640	0.071	0.141	21.67
3-11	C30 箱形梁	$10m^3$	10.090	11.279		(10.150)		1.130	0.950	0.070	0.140	121.83
3-12	C50 箱形块件	$10m^3$	14.190	12.394			(10.150)	1.130	0.960	0.070	0.140	97.11

13.预制混凝土桁梁拱构件

工作内容：浇筑混凝土前的准备工作、清理杂物、浇筑振捣、抹面、养护、出模码垛等工作，场内运输。

编号	项目	单位	预算基价				人工	材料					
			总价	人工费	材料费	机械费	综合工	水泥 42.5级	水泥 52.5级	粉煤灰	优质砂	碴石 0.5～2	碴石 2～4
			元	元	元	元	工日	t	t	t	t	t	t
							135.00	398.99	456.11	97.03	92.45	83.90	85.12
3-13	C30 拱肋	10m³	**5596.50**	1628.10	3458.19	510.21	12.06	2.954		3.309	6.557		13.307
3-14	C30 桁架梁及桁架拱片	10m³	**6152.43**	2060.10	3582.12	510.21	15.26	2.954		3.309	6.557		13.307
3-15	C30 横向联系构件	10m³	**6741.36**	2767.50	3463.65	510.21	20.50	2.954		3.309	6.557		13.307
3-16	C50 板拱	10m³	**9157.93**	1722.60	6115.14	1320.19	12.76	5.329	4.101	4.608	5.735	12.190	

续前

编号	项目	单位	材料				机械				
			草袋 840×760	水	水泥混凝土 C30(2~4cm)	水泥混凝土 C50(0.5~2cm)	机动翻斗车 1t	轮胎式装载机 $2m^3$	混凝土搅拌站 $45m^3/h$	门式起重机 30t	小型机具
			条	m^3	m^3	m^3	台班	台班	台班	台班	元
			2.13	7.62			207.17	754.36	2379.94	743.10	
3-13	C30 拱肋	$10m^3$	31.490	20.019	(10.150)		1.130	0.140	0.070		3.90
3-14	C30 桁架梁及桁架拱片	$10m^3$	81.120	22.409	(10.150)		1.130	0.140	0.070		3.90
3-15	C30 横向联系构件	$10m^3$	50.220	15.499	(10.150)		1.130	0.140	0.070		3.90
3-16	C50 板拱	$10m^3$	21.460	9.534		(10.150)	1.130	0.140	0.070	1.090	3.90

14.预制混凝土桩

工作内容：浇筑混凝土前的准备工作、清理杂物、浇筑振捣、抹面、养护、出模码垛等工作，场内运输。

编号	项目	单位	预算基价				人工	材料			
			总价	人工费	材料费	机械费	综合工	水泥 42.5级	粉煤灰	优质砂	碴石 2～4
			元	元	元	元	工日	t	t	t	t
							135.00	398.99	97.03	92.45	85.12
3-17	预制混凝土方桩	$10m^3$	**6055.42**	1609.20	3359.77	1086.45	11.92	2.954	3.309	6.557	13.307
3-18	预制混凝土板桩	$10m^3$	**6216.34**	1684.80	3391.65	1139.89	12.48	2.954	3.309	6.557	13.307

续前

编号	项目	单位	材料			机械				
			草袋 840×760	水	水泥混凝土 C30(2～4cm)	混凝土搅拌站 $45m^3/h$	轮胎式装载机 $2m^3$	机动翻斗车 1t	门式起重机 30t	小型机具
			条	m^3	m^3	台班	台班	台班	台班	元
			2.13	7.62		2379.94	754.36	207.17	743.10	
3-17	预制混凝土方桩	$10m^3$	16.120	11.399	(10.150)	0.070	0.140	1.130	0.760	15.39
3-18	预制混凝土板桩	$10m^3$	25.790	12.879	(10.150)	0.070	0.140	1.130	0.830	16.81

15.预制混凝土小型构件

工作内容：浇筑混凝土前的准备工作、清理杂物、浇筑振捣、抹面、养护、出模码垛等工作，场内运输。

编号	项目	单位	预算基价				人工	材料			
			总价	人工费	材料费	机械费	综合工	水泥 42.5级	粉煤灰	优质砂	碴石 2~4
			元	元	元	元	工日	t	t	t	t
							135.00	398.99	97.03	92.45	85.12
3-19	C25 缘石、人行道、锚锭板	10m³	**6404.46**	2448.90	3440.60	514.96	18.14	2.781	3.116	6.618	13.428
3-20	C30 灯柱、端柱、栏杆	10m³	**7472.36**	3520.80	3431.53	520.03	26.08	2.954	3.309	6.557	13.307
3-21	C25 拱上构件	10m³	**7193.65**	3204.90	3482.44	506.31	23.74	2.781	3.116	6.618	13.428

续前

编号	项目	单位	材料				机械			
			草袋 840×760	水	水泥混凝土 C25(2～4cm)	水泥混凝土 C30(2～4cm)	机动翻斗车 1t	轮胎式装载机 $2m^3$	混凝土搅拌站 $45m^3/h$	小型机具
			条	m^3	m^3	m^3	台班	台班	台班	元
			2.13	7.62			207.17	754.36	2379.94	
3-19	C25 缘石、人行道、锚锭板	$10m^3$	50.260	21.888	(10.150)		1.130	0.140	0.070	8.65
3-20	C30 灯柱、端柱、栏杆	$10m^3$	38.790	14.479		(10.150)	1.130	0.140	0.070	13.72
3-21	C25 拱上构件	$10m^3$	53.660	26.428	(10.150)		1.130	0.140	0.070	

16.现浇混凝土基础

工作内容：浇筑混凝土前的准备工作、清理杂物、浇筑振捣、抹面、养护、安拆串筒、搭拆零星脚手架、场内运输。

编号	项目	单位	预算基价				人工	材料				机械	
			总价	人工费	材料费	机械费	综合工	预拌混凝土 AC10	预拌混凝土 AC15	水	草袋 840×760	混凝土泵送费	小型机具
			元	元	元	元	工日	m^3	m^3	m^3	条	m^3	元
							135.00	430.17	439.88	7.62	2.13	20.99	
3-22	C10 混凝土垫层	$10m^3$	**5259.96**	642.60	4401.85	215.51	4.76	10.200		1.853		10.150	2.46
3-23	C15 混凝土基础	$10m^3$	**5355.91**	626.40	4510.71	218.80	4.64		10.200	1.659	5.300	10.150	5.75

17.现浇混凝土承台

工作内容：浇筑混凝土前的准备工作、清理杂物、浇筑振捣、抹面、养护、安拆串筒、搭拆零星脚手架、场内运输。

编号	项目	单位	预算基价				人工	材料			机械	
			总价	人工费	材料费	机械费	综合工	预拌混凝土AC25	草袋840×760	水	混凝土泵送费	小型机具
			元	元	元	元	工日	m^3	条	m^3	m^3	元
							135.00	461.24	2.13	7.62	20.99	
3-24	C25 承台	$10m^3$	**5689.80**	729.00	4742.21	218.59	5.40	10.200	8.280	2.615	10.150	5.54

18.现浇混凝土墩(台)帽

工作内容：浇筑混凝土前的准备工作、清理杂物、浇筑振捣、抹面、养护、安拆串筒、搭拆零星脚手架、场内运输。

编号	项目	单位	预算基价				人工	材料			机械	
			总价	人工费	材料费	机械费	综合工	预拌混凝土AC30	草袋 840×760	水	混凝土泵送费	小型机具
			元	元	元	元	工日	m^3	条	m^3	m^3	元
							135.00	472.89	2.13	7.62	20.99	
3-25	C30 墩帽	$10m^3$	**6000.17**	907.20	4872.15	220.82	6.72	10.200	9.740	3.665	10.150	7.77
3-26	C30 台帽	$10m^3$	**6039.01**	945.00	4873.49	220.52	7.00	10.200	8.530	4.179	10.150	7.47

19.现浇混凝土墩(台)身

工作内容：浇筑混凝土前的准备工作、清理杂物、浇筑振捣、抹面、养护、安拆串筒、搭拆零星脚手架、场内运输。

编号	项目	单位	预算基价				人工	材料			机械	
			总价	人工费	材料费	机械费	综合工	预拌混凝土 AC30	草袋 840×760	水	混凝土泵送费	小型机具
			元	元	元	元	工日	m^3	条	m^3	m^3	元
							135.00	472.89	2.13	7.62	20.99	
3-27	C30 轻型桥台	$10m^3$	**5954.32**	891.00	4840.08	223.24	6.60	10.200	1.640	1.720	10.150	10.19
3-28	C30 实体式桥台	$10m^3$	**5812.14**	756.00	4835.98	220.16	5.60	10.200	1.680	1.171	10.150	7.11
3-29	C30 拱桥墩身	$10m^3$	**7402.99**	2338.20	4839.25	225.54	17.32	10.200	1.310	1.704	10.150	12.49
3-30	C30 拱桥台身	$10m^3$	**5794.70**	739.80	4835.12	219.78	5.48	10.200	1.800	1.025	10.150	6.73
3-31	C30 柱式墩台身	$10m^3$	**7845.72**	2775.60	4847.40	222.72	20.56	10.200	1.200	2.804	10.150	9.67

20.现浇混凝土挡墙

工作内容：浇筑混凝土前的准备工作、清理杂物、浇筑振捣、抹面、养护、安拆串筒、搭拆零星脚手架、场内运输。

编号	项目	单位	预算基价				人工	材料			机械	
			总价	人工费	材料费	机械费	综合工	预拌混凝土AC15	水	草袋 840×760	混凝土泵送费	小型机具
			元	元	元	元	工日	m^3	m^3	条	m^3	元
							135.00	439.88	7.62	2.13	20.99	
3-32	现浇混凝土挡墙墙身	$10m^3$	**5380.42**	658.80	4499.28	222.34	4.88	10.200	1.260	1.362	10.15	9.29

21.现浇混凝土支撑梁及横梁

工作内容：浇筑混凝土前的准备工作、清理杂物、浇筑振捣、抹面、养护、安拆串筒、搭拆零星脚手架、场内运输。

编号	项目	单位	预算基价				人工	材料			机械	
			总价	人工费	材料费	机械费	综合工	预拌混凝土 AC25	草袋 840×760	水	混凝土泵送费	小型机具
			元	元	元	元	工日	m^3	条	m^3	m^3	元
							135.00	461.24	2.13	7.62	20.99	
3-33	C25 支撑梁	$10m^3$	**6045.25**	993.60	4832.51	219.14	7.36	10.200	21.450	10.784	10.150	6.09
3-34	C25 横梁	$10m^3$	**5889.74**	901.80	4769.35	218.59	6.68	10.200	10.730	5.492	10.150	5.54

22.现浇混凝土墩(台)盖梁

工作内容：浇筑混凝土前的准备工作、清理杂物、浇筑振捣、抹面、养护、安拆串筒、搭拆零星脚手架、场内运输。

编号	项目	单位	预算基价				人工	材料			机械	
			总价	人工费	材料费	机械费	综合工	预拌混凝土AC30	草袋840×760	水	混凝土泵送费	小型机具
			元	元	元	元	工日	m^3	条	m^3	m^3	元
							135.00	472.89	2.13	7.62	20.99	
3-35	C30 墩盖梁	$10m^3$	**6374.19**	1290.60	4862.77	220.82	9.56	10.200	6.650	3.297	10.150	7.77
3-36	C30 台盖梁	$10m^3$	**6629.42**	1544.40	4864.50	220.52	11.44	10.200	6.790	3.486	10.150	7.47

23.现浇混凝土拱桥拱座

工作内容：浇筑混凝土前的准备工作、清理杂物、浇筑振捣、抹面、养护、安拆串筒、搭拆零星脚手架、场内运输。

编号	项目	单位	预算基价				人工	材料			机械	
			总价	人工费	材料费	机械费	综合工	预拌混凝土AC30	草袋840×760	水	混凝土泵送费	小型机具
			元	元	元	元	工日	m^3	条	m^3	m^3	元
							135.00	472.89	2.13	7.62	20.99	
3-37	C30 拱座	$10m^3$	**6146.22**	1069.20	4852.88	224.14	7.92	10.200	4.500	2.600	10.150	11.09

24.现浇混凝土拱桥拱肋

工作内容：浇筑混凝土前的准备工作、清理杂物、浇筑振捣、抹面、养护、安拆串筒、搭拆零星脚手架、场内运输。

编号	项目	单位	预算基价				人工	材料			机械	
			总价	人工费	材料费	机械费	综合工	预拌混凝土 AC30	草袋 840×760	水	混凝土泵送费	小型机具
			元	元	元	元	工日	m^3	条	m^3	m^3	元
							135.00	472.89	2.13	7.62	20.99	
3-38	C30 拱肋	$10m^3$	**6424.40**	1314.90	4884.96	224.54	9.74	10.200	5.610	6.500	10.150	11.49

25.现浇混凝土拱上构件

工作内容：浇筑混凝土前的准备工作、清理杂物、浇筑振捣、抹面、养护、安拆串筒、搭拆零星脚手架、场内运输。

编号	项目	单位	预算基价				人工	材料			机械	
			总价	人工费	材料费	机械费	综合工	预拌混凝土AC30	草袋 840×760	水	混凝土泵送费	小型机具
			元	元	元	元	工日	m^3	条	m^3	m^3	元
							135.00	472.89	2.13	7.62	20.99	
3-39	C30 拱上构件	$10m^3$	**6761.96**	1498.50	5039.25	224.21	11.10	10.200	37.300	17.890	10.150	11.16

26.现浇混凝土箱梁

工作内容：浇筑混凝土前的准备工作、清理杂物、浇筑振捣、抹面、养护、安拆串筒、搭拆零星脚手架、场内运输。

编号	项目	单位	预算基价				人工	材料				机械	
			总价	人工费	材料费	机械费	综合工	预拌混凝土 AC50	钢板(中厚)	草袋 840×760	水	混凝土泵送费	小型机具
			元	元	元	元	工日	m^3	kg	条	m^3	m^3	元
							135.00	565.12	3.69	2.13	7.62	20.99	
3-40	C50 现浇混凝土 0 号块件	$10m^3$	**8269.66**	2162.70	5832.33	274.63	16.02	10.200	4.000	8.910	4.510	10.150	61.58
3-41	C50 悬浇混凝土箱梁	$10m^3$	**8835.47**	2702.70	5847.86	284.91	20.02	10.200	5.000	10.930	5.500	10.150	71.86
3-42	C50 支架上现浇混凝土箱梁	$10m^3$	**7777.21**	1622.70	5859.31	295.20	12.02	10.200	7.000	11.660	5.830	10.150	82.15

27.现浇混凝土连续梁

工作内容：浇筑混凝土前的准备工作、清理杂物、浇筑振捣、抹面、养护、安拆串筒、搭拆零星脚手架、场内运输。

编号	项目	单位	预算基价				人工	材料			机械	
			总价	人工费	材料费	机械费	综合工	预拌混凝土AC30	草袋840×760	水	混凝土泵送费	小型机具
			元	元	元	元	工日	m^3	条	m^3	m^3	元
							135.00	472.89	2.13	7.62	20.99	
3-43	C30矩形实体连续板	$10m^3$	**5728.64**	604.80	4896.27	227.57	4.48	10.200	18.400	4.410	10.150	14.52
3-44	C30矩形空心连续板	$10m^3$	**5897.97**	729.00	4939.53	229.44	5.40	10.200	21.430	9.240	10.150	16.39

28.现浇混凝土板梁

工作内容：浇筑混凝土前的准备工作、清理杂物、浇筑振捣、抹面、养护、安拆串筒、搭拆零星脚手架、场内运输。

编号	项目	单位	预算基价				人工	材料			机械	
			总价	人工费	材料费	机械费	综合工	预拌混凝土AC30	草袋840×760	水	混凝土泵送费	小型机具
			元	元	元	元	工日	m^3	条	m^3	m^3	元
							135.00	472.89	2.13	7.62	20.99	
3-45	C30 实心板梁	$10m^3$	**5632.36**	550.80	4855.83	225.73	4.08	10.200	8.050	1.995	10.150	12.68
3-46	C30 空心板梁	$10m^3$	**5778.19**	664.20	4884.55	229.44	4.92	10.200	11.470	4.809	10.150	16.39

29.现浇混凝土拱板

工作内容：浇筑混凝土前的准备工作、清理杂物、浇筑振捣、抹面、养护、安拆串筒、搭拆零星脚手架、场内运输。

编号	项目	单位	预算基价				人工	材料			机械	
			总价	人工费	材料费	机械费	综合工	预拌混凝土 AC30	草袋 840×760	水	混凝土泵送费	小型机具
			元	元	元	元	工日	m^3	条	m^3	m^3	元
							135.00	472.89	2.13	7.62	20.99	
3-47	C30 拱板	$10m^3$	**6197.98**	1071.90	4896.28	229.80	7.94	10.200	21.470	3.552	10.150	16.75

30.现浇混凝土防撞护栏

工作内容：浇筑混凝土前的准备工作、清理杂物、浇筑振捣、抹面、养护、安拆串筒、搭拆零星脚手架、场内运输。

编号	项目	单位	预算基价				人工	材料			机械	
			总价	人工费	材料费	机械费	综合工	预拌混凝土 AC30	草袋 840×760	水	混凝土泵送费	小型机具
			元	元	元	元	工日	m^3	条	m^3	m^3	元
							135.00	472.89	2.13	7.62	20.99	
3-48	C30 防撞护栏	$10m^3$	**6727.55**	1652.40	4851.52	223.63	12.24	10.200	3.060	2.825	10.15	10.58

31.现浇混凝土小型构件

工作内容：浇筑混凝土前的准备工作、清理杂物、浇筑振捣、抹面、养护、安拆串筒、搭拆零星脚手架、场内运输。

编号	项目	单位	预算基价				人工	材料						机械
			总价	人工费	材料费	机械费	综合工	预拌混凝土	水	草袋 840×760	圆钉	铁件（含制作费）	塑料布	小型机具
			元	元	元	元	工日	m^3	m^3	条	kg	kg	kg	元
							135.00		7.62	2.13	6.68	9.49	10.93	
3-49	C25 立柱、端柱、灯柱	10m³	**8024.26**	3207.60	4816.66		23.76	10.200×461.24	14.700					
3-50	C25 地梁、侧石、缘石	10m³	**6974.51**	2135.70	4818.29	20.52	15.82	10.200×461.24	8.915	21.460				20.52
3-51	C25 零星混凝土	10m³	**8176.76**	3207.60	4953.70	15.46	23.76	10.200×461.24	12.463	30.000	13.500			15.46
3-52	C50 混凝土垫块	10m³	**7853.05**	1987.20	5848.38	17.47	14.72	10.200×565.12	5.816	14.000	1.500			17.47
3-53	C40 混凝土均重块	10m³	**6989.64**	1530.90	5441.27	17.47	11.34	10.200×504.93	5.816	14.000	2.800	18.000	2.500	17.47

32.现浇混凝土桥面

工作内容：浇筑混凝土前的准备工作、清理杂物、浇筑振捣、抹面、养护、安拆串筒、搭拆零星脚手架、场内运输。

编号	项目	单位	预算基价				人工	材料					机械	
			总价	人工费	材料费	机械费	综合工	预拌混凝土 AC30	预拌混凝土(钢纤维) AC30	方木	草袋 840×760	水	混凝土泵送费	小型机具
			元	元	元	元	工日	m^3	m^3	m^3	条	m^3	m^3	元
							135.00	472.89	752.75	3266.74	2.13	7.62	20.99	
3-54	C30 混凝土桥面铺装	$10m^3$	**6701.92**	1107.00	5377.38	217.54	8.20	10.200		0.017	128.800	29.400	10.150	4.49
3-55	C30 钢纤维混凝土桥面铺装	$10m^3$	**9556.50**	1107.00	8231.96	217.54	8.20		10.200	0.017	128.800	29.400	10.150	4.49

33.现浇混凝土桥头搭板

工作内容：浇筑混凝土前的准备工作、清理杂物、浇筑振捣、抹面、养护、安拆串筒、搭拆零星脚手架、场内运输。

编号	项目	单位	预算基价				人工	材料			机械	
			总价	人工费	材料费	机械费	综合工	预拌混凝土 AC25	草袋 840×760	水	混凝土泵送费	小型机具
			元	元	元	元	工日	m^3	条	m^3	m^3	元
							135.00	461.24	2.13	7.62	20.99	
3-56	C25 桥头搭板	$10m^3$	**5864.08**	893.70	4744.63	225.75	6.62	10.200	10.47	2.32	10.150	12.70

34.灌缝混凝土

工作内容：浇筑混凝土前的准备工作、清理杂物、浇筑振捣、抹面、养护、安拆串筒、搭拆零星脚手架、场内运输。

编号	项目	单位	预算基价 总价	预算基价 人工费	预算基价 材料费	预算基价 机械费	人工 综合工	材料 预拌混凝土 AC30	材料 预拌混凝土 AC50	材料 方木	材料 草袋 840×760
			元	元	元	元	工日	m^3	m^3	m^3	条
							135.00	472.89	565.12	3266.74	2.13
3-57	C30 板梁间灌缝	10m³	**7693.98**	1009.80	6452.50	231.68	7.48	10.200		0.232	24.960
3-58	C50 梁与梁接头	10m³	**7080.51**	1026.00	5822.53	231.98	7.60		10.200		3.120
3-59	C30 柱与柱接头	10m³	**6022.72**	1117.80	4884.29	20.63	8.28	10.200			
3-60	C30 肋与肋接头	10m³	**6464.30**	1215.00	5013.07	236.23	9.00	10.200			31.700
3-61	C30 拱上构件接头	10m³	**6710.94**	1501.20	4967.33	242.41	11.12	10.200			21.460
3-62	M7.5 板梁底砂浆勾缝	10m	**315.46**	310.50	4.96		2.30				
3-63	环氧树脂接缝	10m²	**2231.44**	1147.50	1083.94		8.50				

续前

编号	项目	单位	材				料			机	械
			镀锌钢丝 2.8～4.0	水	水泥 32.5级	粗砂	环氧树脂 6101	安全网	水泥砂浆 M7.5	混凝土泵送费	小型机具
			kg	m^3	t	t	kg	m^2	m^3	m^3	元
			7.08	7.62	357.47	86.63	28.33	10.64		20.99	
3-57	C30 板梁间灌缝	$10m^3$	107.160	7.780						10.150	18.63
3-58	C50 梁与梁接头	$10m^3$		6.780						10.150	18.93
3-59	C30 柱与柱接头	$10m^3$		7.980							20.63
3-60	C30 肋与肋接头	$10m^3$		16.020						10.150	23.18
3-61	C30 拱上构件接头	$10m^3$		12.880						10.150	29.36
3-62	M7.5 板梁底砂浆勾缝	10m		0.005	0.006	0.032			(0.021)		
3-63	环氧树脂接缝	$10m^2$					38.250	0.030			

第四章　箱涵顶进工程

35.透水管铺设

工作内容：1.钢透水管:钢管钻孔、涂防锈漆、钢管埋设、碎石充填。2.混凝土透水管:浇导管道垫层、透水管铺设、水泥砂浆接口、填砂。

编号	项目		单位	预算基价				人工	材料				机械
				总价	人工费	材料费	机械费	综合工	热轧无缝钢管 D102×4.5	热轧无缝钢管 D203～245 δ7.1～12	醇酸防锈漆	碴石 2～4	立式钻床 50mm
				元	元	元	元	工日	kg	kg	kg	t	台班
								135.00	6.38	3.71	13.20	85.12	20.33
4-1	钢透水管	$\phi\leqslant100$	10m	**2082.20**	622.35	1438.10	21.75	4.61	188.000		1.830	2.520	1.070
4-2	钢透水管	$\phi\leqslant200$	10m	**2929.06**	990.90	1909.29	28.87	7.34		416.000	3.250	3.795	1.420

工作内容：1.钢透水管：钢管钻孔、涂防锈漆、钢管埋设、碎石充填。2.混凝土透水管：浇导管道垫层、透水管铺设、水泥砂浆接口、填砂。

编号	项目		单位	预算基价				人工	材料			
				总价	人工费	材料费	机械费	综合工	混凝土透水管	圆钢	水泥 32.5级	水泥 42.5级
				元	元	元	元	工日	m	t	t	t
								135.00		3906.62	357.47	398.99
4-3	混凝土透水管	$\phi\leqslant200$	10m	**1542.32**	643.95	846.17	52.20	4.77	10.250×31.42	0.022	0.013	0.245
4-4	混凝土透水管	$\phi\leqslant300$	10m	**1807.52**	735.75	1014.60	57.17	5.45	10.250×35.49	0.022	0.016	0.286
4-5	混凝土透水管	$\phi\leqslant380$	10m	**2200.03**	922.05	1215.84	62.14	6.83	10.250×44.43	0.022	0.019	0.318
4-6	混凝土透水管	$\phi\leqslant450$	10m	**2503.92**	1059.75	1364.63	79.54	7.85	10.250×45.40	0.022	0.020	0.389

续前

编号	项目		单位	材料							机械
				粉煤灰	碴石 0.5～2	粗砂	优质砂	水	水泥混凝土 C15(0.5～2cm)	水泥砂浆 M10	双锥反转出料混凝土搅拌机 350L
				t	t	t	t	m^3	m^3	m^3	台班
				97.03	83.90	86.63	92.45	7.62			248.56
4-3	混凝土透水管	$\phi\leq200$	10m	0.275	1.088	1.785	0.666	0.210	(0.914)	(0.042)	0.21
4-4	混凝土透水管	$\phi\leq300$	10m	0.321	1.269	2.698	0.777	0.246	(1.066)	(0.052)	0.23
4-5	混凝土透水管	$\phi\leq380$	10m	0.358	1.414	3.524	0.866	0.275	(1.188)	(0.062)	0.25
4-6	混凝土透水管	$\phi\leq450$	10m	0.437	1.727	4.194	1.058	0.334	(1.451)	(0.067)	0.32

36.箱 涵 制 作

工作内容：混凝土运输、浇筑、捣固、抹平、养护。

编号	项目	单位	预算基价 总价	预算基价 人工费	预算基价 材料费	预算基价 机械费	人工 综合工
			元	元	元	元	工日
							135.00
4-7	C20 滑板混凝土	10m³	**5668.88**	796.50	4653.31	219.07	5.90
4-8	C30 底板混凝土	10m³	**5822.64**	760.05	4843.88	218.71	5.63
4-9	C30 侧墙混凝土	10m³	**5980.87**	908.55	4854.44	217.88	6.73
4-10	C30 顶板混凝土	10m³	**5889.86**	810.00	4860.61	219.25	6.00

续前

编号	项目	单位	材料				机械	
			预拌混凝土 AC20	预拌混凝土 AC30	草袋 840×760	水	混凝土泵送费	小型机具
			m^3	m^3	条	m^3	m^3	元
			450.56	472.89	2.13	7.62	20.99	
4-7	C20 滑板混凝土	$10m^3$	10.200		19.940	1.985	10.150	6.02
4-8	C30 底板混凝土	$10m^3$		10.200	5.520	1.134	10.150	5.66
4-9	C30 侧墙混凝土	$10m^3$		10.200	2.400	3.392	10.150	4.83
4-10	C30 顶板混凝土	$10m^3$		10.200	6.520	3.051	10.150	6.20

37.箱涵外壁及滑板面处理

工作内容：1.外壁面处理：外壁面清洗、搅拌水泥砂浆、熬制沥青、配料、墙面涂刷、墙面抹灰。2.滑板面处理：石蜡加热、涂刷、铺塑料薄膜层。

编号	项目		单位	预算基价				人工	材料		
				总价	人工费	材料费	机械费	综合工	防水剂	石油沥青 30[#]	石蜡
				元	元	元	元	工日	kg	kg	kg
								135.00	8.82	6.00	5.01
4-11	箱涵外壁处理	防水砂浆	100m²	**3945.55**	2359.80	1260.08	325.67	17.48	58.600		
4-12	箱涵外壁处理	沥青层	100m²	**2872.43**	513.00	2359.43		3.80		376.000	
4-13	箱涵底板、滑板面层处理	石蜡层	100m²	**1483.08**	1296.00	187.08		9.60			36.810
4-14	箱涵底板、滑板面层处理	塑料薄膜层	100m²	**1996.05**	1802.25	193.80		13.35			

续前

编号	项目		单位	材料							机械
				塑料薄膜	水泥 32.5级	粗砂	水	煤	木柴	水泥砂浆 1:2	灰浆搅拌机 200L
				m^2	t	t	m^3	kg	kg	m^3	台班
				1.90	357.47	86.63	7.62	0.53	1.03		208.76
4-11	箱涵外壁处理	防水砂浆	$100m^2$		1.160	2.806	11.218			(2.050)	1.560
4-12	箱涵外壁处理	沥青层	$100m^2$				10.500	37.000	3.700		
4-13	箱涵底板、滑板面层处理	石蜡层	$100m^2$					4.000	0.530		
4-14	箱涵底板、滑板面层处理	塑料薄膜层	$100m^2$	102.000							

38.气垫安装、拆除及使用

工作内容： 设备及管路安装、拆除、气垫启动及使用。

编号	项目		单位	预算基价				人工	材料			
				总价	人工费	材料费	机械费	综合工	焊接钢管	丝扣截止阀门 J11T-16 *DN*50	法兰截止阀 J41T-16 *DN*80	热轧薄钢板 3.5～5.5
				元	元	元	元	工日	t	个	个	kg
								135.00	4230.02	35.90	324.47	3.70
4-15	气垫	安装、拆除	100m²	**7942.61**	5077.35	2260.17	605.09	37.61	0.087	0.100	1.540	23.000
4-16	气垫	使用	100m²·d	**1835.57**	311.85		1523.72	2.31				

续前

编号	项目		单位	材料					机械				
				电焊条	醇酸防锈漆	铁件（含制作费）	氧气 $6m^3$	乙炔气 5.5～6.5kg	汽车式起重机 8t	电焊机 30kV•A	内燃空气压缩机 $9m^3/min$	内燃空气压缩机 $12m^3/min$	储气包 $4m^3$
				kg	kg	kg	m^3	m^3	台班	台班	台班	台班	台班
				7.59	13.20	9.49	2.88	16.13	767.15	87.97	450.35	557.89	49.90
4-15	气垫	安装、拆除	$100m^2$	18.920	86.230	1.010	1.490	0.500	0.650	1.210			
4-16	气垫	使用	$100m^2•d$								1.440	1.440	1.440

39.箱 涵 顶 进

工作内容：安装顶进设备及横梁垫块，操作液压系统，安装顶铁，顶进完毕后设备拆除。

编号	项目		单位	预算基价				人工	材料	
				总价	人工费	材料费	机械费	综合工	箱涵顶柱	中继间护套
				元	元	元	元	工日	kg	kg
								135.00		
4-17	空顶	自重1000t以内	t•km	**4294.23**	2297.70	217.91	1778.62	17.02	(275.000)	
4-18	空顶	自重2000t以内	t•km	**5049.93**	2718.90	196.78	2134.25	20.14	(268.180)	
4-19	空顶	自重3000t以内	t•km	**5833.86**	3144.15	186.59	2503.12	23.29	(260.760)	
4-20	无中继间实土顶	自重1000t以内	t•km	**6245.45**	3453.30	217.91	2574.24	25.58	(275.000)	
4-21	无中继间实土顶	自重2000t以内	t•km	**7589.86**	4194.45	196.78	3198.63	31.07	(268.000)	
4-22	无中继间实土顶	自重3000t以内	t•km	**9030.80**	4928.85	186.59	3915.36	36.51	(261.000)	
4-23	有中继间实土顶	自重1000t以内	t•km	**8419.73**	4788.45	349.94	3281.34	35.47	(412.340)	(50.480)
4-24	有中继间实土顶	自重2000t以内	t•km	**9828.21**	5518.80	313.29	3996.12	40.88	(402.800)	(33.840)
4-25	有中继间实土顶	自重3000t以内	t•km	**12136.73**	7020.00	265.95	4850.78	52.00	(391.140)	(28.650)

续前

编号	项目		单位	材料			机械			
				液压控制系统	千斤顶支架	方木	汽车式起重机 16t	高压油泵 80MPa	立式油压千斤顶 200t	立式油压千斤顶 300t
				套	kg	m^3	台班	台班	台班	台班
				1415.93	7.19	3266.74	971.12	173.98	11.50	16.48
4-17	空顶	自重 1000t 以内	t•km	0.021	10.270	0.035	1.460	1.340	11.100	
4-18	空顶	自重 2000t 以内	t•km	0.014	8.710	0.035	1.740	1.650	13.690	
4-19	空顶	自重 3000t 以内	t•km	0.010	8.080	0.035	1.970	1.870		16.060
4-20	无中继间实土顶	自重 1000t 以内	t•km	0.021	10.270	0.035	2.170	1.480	18.210	
4-21	无中继间实土顶	自重 2000t 以内	t•km	0.014	8.710	0.035	2.650	2.110	22.440	
4-22	无中继间实土顶	自重 3000t 以内	t•km	0.010	8.080	0.035	3.130	2.460		27.170
4-23	有中继间实土顶	自重 1000t 以内	t•km	0.042	15.410	0.055	2.740	2.050	22.940	
4-24	有中继间实土顶	自重 2000t 以内	t•km	0.028	13.070	0.055	3.270	2.900	27.480	
4-25	有中继间实土顶	自重 3000t 以内	t•km		12.000	0.055	3.860	3.360	6.080	27.170

40.箱涵内挖土

工作内容：1.人工挖土：安拆挖土支架、铺钢轨、挖土运土、机械配合吊土、清理。2.机械挖土：操作机械挖土、人工配合修底边、吊运土方清理。

编号	项目			单位	预算基价				人工	材料		
					总价	人工费	材料费	机械费	综合工	挖土支架	方木	电焊条
					元	元	元	元	工日	kg	m^3	kg
									135.00		3266.74	7.59
4-26	挖土	人工	人运机吊	100m	**19603.50**	14442.30	98.40	5062.80	106.98	(15.490)	0.025	1.910
4-27	挖土	人工	机运机吊	100m	**19980.95**	13278.60	249.26	6453.09	98.36	(15.490)	0.025	1.910
4-28	挖土	机械		100m	**8160.15**	4455.00	150.86	3554.29	33.00			

续前

编号	项目			单位	材料				机械			
					氧气 6m^3	乙炔气 5.5～6.5kg	钢轨	铁件（含制作费）	汽车式起重机 8t	电焊机 30kV·A	电动卷扬机 50kN	履带式单斗挖掘机 0.6m^3
					m^3	m^3	kg	kg	台班	台班	台班	台班
					2.88	16.13	3.83	9.49	767.15	87.97	211.29	825.77
4-26	挖土	人工	人运机吊	100m	0.271	0.090			6.580	0.170		
4-27	挖土	人工	机运机吊	100m	0.271	0.090	27.000	5.000	6.580	0.170	6.580	
4-28	挖土	机械		100m			27.000	5.000	1.970		1.970	1.970

41.箱涵接缝处理

工作内容：混凝土表面处理、材料调制、涂刷、嵌缝。

编号	项目		单位	预算基价			人工	材料				
				总价	人工费	材料费	综合工	石棉绒	油浸麻丝	水泥 32.5级	沥青防水油膏	油毡
				元	元	元	工日	kg	kg	t	kg	m^2
							135.00	12.32	23.00	357.47	13.72	3.83
4-29	箱涵接缝处理	石棉水泥嵌缝	10m	**631.95**	186.30	445.65	1.38	32.130	1.000	0.075		
4-30		嵌防水膏		**1452.25**	344.25	1108.00	2.55				79.800	
4-31		沥青二度	$10m^2$	**1381.88**	102.60	1279.28	0.76					
4-32		沥青封口		**4837.74**	1417.50	3420.24	10.50					
4-33		嵌沥青木丝板		**1038.23**	62.10	976.13	0.46					
4-34		二毡三油防水层	$100m^2$	**4858.92**	1248.75	3610.17	9.25					204.000

续前

编号	项目		单位	材料								
				冷底子油	木柴	煤	木丝板 25×610×1830	石油沥青 10#	石油沥青 30#	乳化沥青	劈材	零星材料费
				kg	kg	kg	m^2	t	kg	kg	kg	元
				6.41	1.03	0.53	46.24	4037.40	6.00	3.26	1.15	
4-29	箱涵接缝处理	石棉水泥嵌缝	10m									
4-30	箱涵接缝处理	嵌防水膏	10m	2.050								
4-31	箱涵接缝处理	沥青二度	$10m^2$	5.130	80.000				194.000			
4-32	箱涵接缝处理	沥青封口	$10m^2$		54.000	54.000			556.000			
4-33	箱涵接缝处理	嵌沥青木丝板	$10m^2$		8.000	8.000	10.200		82.000			
4-34	箱涵接缝处理	二毡三油防水层	$100m^2$					0.582		51.250	239.000	37.16

42.金属顶柱、护套及支架制作

工作内容：选料、画线、切割、焊接、矫正、油漆、堆放。

编号	项目	单位	预算基价 总价	人工费	材料费	机械费	人工 综合工	材料 钢板(中厚)	电焊条	醇酸防锈漆	氧气 6m³	乙炔气 5.5~6.5kg	机械 电焊机 30kV·A	汽车式起重机 8t	摇臂钻床 63mm
			元	元	元	元	工日	t	kg	kg	m³	m³	台班	台班	台班
							135.00	3876.58	7.59	13.20	2.88	16.13	87.97	767.15	42.00
4-35	箱涵顶柱	t	**8747.47**	2531.25	4529.46	1686.76	18.75	1.060	38.600	4.820	7.720	2.570	2.150	1.950	0.040
4-36	中继间护套	t	**10614.16**	3600.45	4715.06	2298.65	26.67	1.060	49.600	9.330	12.870	4.290	5.190	2.370	0.570
4-37	挖土支架	t	**9197.59**	3469.50	5111.10	616.99	25.70	1.060	48.680	43.050	7.780	2.590	5.880	0.130	

第五章　预应力钢筋工程

43.钢绞线制作、安装与张拉

工作内容：下料切断、绑束、清孔、穿束、拆装张拉机具准备工作、预拉、张拉、超张拉、二次切断、放松、剔凿、砂浆拌和、挂铅丝网、封锚、场内运输。

编号	项目			单位	预算基价				人工	材料						机械			
					总价	人工费	材料费	机械费	综合工	预应力钢筋	预应力钢绞线	钢板(中厚)	铁件(含制作费)	氧气 $6m^3$	乙炔气 5.5~6.5kg	钢筋切断机 40mm	预应力钢筋拉伸机 3000kN	对焊机 75kV·A	高压油泵 80MPa
					元	元	元	元	工日	t	t	kg	kg	m^3	m^3	台班	台班	台班	台班
									135.00	3728.15	5641.13	3.69	9.49	2.88	16.13	42.81	104.94	113.07	173.98
5-1	预应力钢筋制作与安装	先张法	低合金钢筋	t	**5330.78**	989.55	4170.92	170.31	7.33	1.11		4.000	1.340	0.630	0.210	0.520	0.320	0.520	0.320
5-2	预应力钢筋制作与安装	先张法	钢绞线	t	**7949.39**	1281.15	6528.78	139.46	9.49		1.14	13.000	4.370	1.030	0.340		0.500		0.500

工作内容：下料切断、绑束、清孔、穿束、拆装张拉机具准备工作、预拉、张拉、超张拉、二次切断、放松、剔凿、砂浆拌和、挂铅丝网、封锚、场内运输。

编号	项目			单位	预算基价				人工	材料						机械			
					总价	人工费	材料费	机械费	综合工	预应力钢筋	预应力钢绞线	氧气 6m^3	乙炔气 5.5～6.5kg	钢筋 *D*10以内	镀锌钢丝 0.7～1.2	钢筋切断机 40mm	钢筋冷拉机 900kN	高压油泵 50MPa	钢筋镦头机 5mm
					元	元	元	元	工日	t	t	m^3	m^3	t	kg	台班	台班	台班	台班
									135.00	3728.15	5641.13	2.88	16.13	3970.73	7.34	42.81	40.81	110.93	50.35
5-3	预应力钢筋制作、安装与张拉	后张法	螺栓锚	t	**6603.93**	2409.75	3961.00	233.18	17.85	1.06		1.110	0.370			0.520	1.390	1.390	
5-4	预应力钢筋制作、安装与张拉	后张法	JM12型锚	t	**6696.27**	2528.55	3958.54	209.18	18.73	1.06		0.200	0.070		0.680	0.810	1.150	1.150	
5-5	预应力钢筋制作、安装与张拉	后张法	锥形锚	t	**8963.17**	2825.55	5958.57	179.05	20.93		1.04	0.340	0.110	0.021	0.770		1.180	1.180	
5-6	预应力钢筋制作、安装与张拉	后张法	镦头锚	t	**10058.37**	3773.25	5955.86	329.26	27.95		1.04	0.520	0.170	0.020	0.740		2.150	2.150	0.060

工作内容：下料切断、绑束、清孔、穿束、拆装张拉机具准备工作、预拉、张拉、超张拉、二次切断、放松、剔凿、砂浆拌和、挂铅丝网、封锚、场内运输。

编号	项目				单位	预算基价				人工	材料				机械	
						总价	人工费	材料费	机械费	综合工	预应力钢绞线	镀锌钢丝 0.7~1.2	氧气 6m³	乙炔气 5.5~6.5kg	高压油泵 80MPa	预应力钢筋拉伸机
						元	元	元	元	工日	t	kg	m³	m³	台班	台班
										135.00	5641.13	7.34	2.88	16.13	173.98	
5-7	预应力钢绞线制作、安装与张拉	后张法（OVM锚）	束长20m以内	3孔	t	**11565.94**	4820.85	5877.48	867.61	35.71	1.04	0.750	0.630	0.210	3.920	3.920×47.35(1000kN)
5-8				7孔以内		**8848.10**	2574.45	5874.33	399.32	19.07	1.04	0.320	0.630	0.210	1.680	1.680×63.71(1500kN)
5-9				12孔以内		**8031.93**	1911.60	5873.30	247.03	14.16	1.04	0.180	0.630	0.210	0.980	0.980×78.09(2500kN)
5-10			束长40m以内	7孔以内		**7741.77**	1684.80	5871.57	185.40	12.48	1.04	0.320	0.290	0.100	0.780	0.780×63.71(1500kN)
5-11				12孔以内		**7373.12**	1389.15	5870.54	113.43	10.29	1.04	0.180	0.290	0.100	0.450	0.450×78.09(2500kN)
5-12				19孔以内		**7296.07**	1333.80	5870.10	92.17	9.88	1.04	0.120	0.290	0.100	0.290	0.290×143.85(4000kN)

44.高强钢丝束制作、安装与张拉

工作内容：下料调直、切断、绑束、清孔、穿束、张拉机具准备工作、预拉、张拉、放松剔凿、二次切断、超张拉、拌和砂浆、挂铅丝网、封锚、场内运输。

编号	项目			单位	预算基价				人工	材料				
					总价	人工费	材料费	机械费	综合工	预应力钢丝 D5	水泥 32.5级	粗砂	铸铁件	热轧厚钢板 4.4～5.5
					元	元	元	元	工日	t	t	t	kg	t
									135.00	4266.30	357.47	86.63	5.88	3700.00
5-13	预应力钢筋制作、安装与张拉	高强钢丝束	18 丝	t	**16490.43**	8522.55	7256.23	711.65	63.13	1.111	0.120	0.240	264.000	0.072
5-14	预应力钢筋制作、安装与张拉	高强钢丝束	24 丝	t	**14170.70**	6817.50	6783.88	569.32	50.50	1.111	0.096	0.192	211.000	0.058
5-15	预应力钢筋制作、安装与张拉	高强钢丝束	28 丝	t	**12470.31**	5663.25	6337.37	469.69	41.95	1.111	0.080	0.160	152.000	0.048

续前

编号	项目			单位	材料					机械		
					镀锌钢丝 0.7～1.2	铅丝网 0.914×(1.6～9.5)	乙炔气 5.5～6.5kg	氧气 6m³	零星材料费	高压油泵 50MPa	气焊设备 3m³	立式油压千斤顶 300t
					kg	m	m³	m³	元	台班	台班	台班
					7.34	7.52	16.13	2.88		110.93	14.92	16.48
5-13	预应力钢筋制作、安装与张拉	高强钢丝束	18 丝	t	25.000	3.000	10.200	30.000	176.98	5.000	5.000	5.000
5-14			24 丝		24.000	2.400	7.240	21.300	165.46	4.000	4.000	4.000
5-15			28 丝		20.000	2.000	6.800	20.000	154.57	3.300	3.300	3.300

45.锚具安装

工作内容：锚具安装。

编号	项目		单位	预算基价			人工	材料				
				总价	人工费	材料费	综合工	扁锚具	锚具	弗式锚具	连接器	零星材料费
				元	元	元	工日	套	套	套	个	元
							135.00			77.61	57.52	
5-16	扁锚具安装	15-2	套	**138.09**	75.60	62.49	0.56	1.000×60.97				1.52
5-17		15-3		**159.96**	75.60	84.36	0.56	1.000×82.30				2.06
5-18		15-4		**188.99**	75.60	113.39	0.56	1.000×110.62				2.77
5-19		15-5		**207.13**	75.60	131.53	0.56	1.000×128.32				3.21
5-20	锚具安装	15-7		**266.68**	108.00	158.68	0.80		1.000×154.81			3.87
5-21		15-9		**330.23**	108.00	222.23	0.80		1.000×216.81			5.42
5-22		15-12		**456.14**	129.60	326.54	0.96		1.000×318.58			7.96
5-23		15-19		**628.21**	162.00	466.21	1.20		1.000×454.84			11.37
5-24		弗式锚具		**187.55**	108.00	79.55	0.80			1.00		1.94
5-25		连接器	孔	**75.16**	16.20	58.96	0.12				1.00	1.44

46.金属波纹管安装

工作内容：金属波纹管安装。

编号	项目			单位	预算基价				人工	材料			机械				
					总价	人工费	材料费	机械费	综合工	金属波纹管	水泥 32.5级	零星材料费	机动翻斗车 1t	灰浆搅拌机 200L	电动多级离心清水泵 100mm/扬程120m以下	内燃空气压缩机 $9m^3/min$	电动灌浆机
					元	元	元	元	工日	m	t	元	台班	台班	台班	台班	台班
									135.00		357.47		207.17	208.76	159.61	450.35	25.28
5-26	金属波纹管安装	直径 (mm)	ϕ50	10m	**121.51**	67.50	54.01		0.50	10.250×5.14		1.32					
5-27			ϕ75		**140.84**	67.50	73.34		0.50	10.250×6.98		1.79					
5-28			ϕ84		**153.13**	67.50	85.63		0.50	10.250×8.15		2.09					
5-29			ϕ95		**174.56**	67.50	107.06		0.50	10.250×10.19		2.61					
5-30			ϕ105		**210.18**	67.50	142.68		0.50	10.250×13.58		3.48					
5-31	预应力混凝土管道灌浆			$10m^3$	**17903.41**	5927.85	5990.75	5984.81	43.91		16.350	146.12	1.430	6.740	6.740	6.740	6.740

47.临时束制作与张拉(后张)

工作内容： 下料切断、绑束、清孔、穿束、拆装、张拉机具准备工作、预拉、张拉、超张拉、二次切断、放松、剔凿、砂浆搅拌、挂铅丝网、封锚、用完拆除、场内运输。

编号	项目	单位	预算基价				人工	材料
			总价	人工费	材料费	机械费	综合工	预应力钢丝 $D5$
			元	元	元	元	工日	t
							135.00	4266.30
5-32	临时钢丝束制作、安装、张拉与拆除	t	**12182.32**	6793.20	4943.30	445.82	50.32	1.111

续前

编号	项目	单位	材料			机械		
			乙炔气 5.5～6.5kg	氧气 $6m^3$	零星材料费	高压油泵 50MPa	气焊设备 $3m^3$	立式油压千斤顶 300t
			m^3	m^3	元	台班	台班	台班
			16.13	2.88		110.93	14.92	16.48
5-32	临时钢丝束制作、安装、张拉与拆除	t	3.370	9.900	120.57	3.300	1.700	3.300

48.墩上悬臂箱形梁锚定与张拉

工作内容：装拆工字钢梁、垫梁、张拉机具准备、张拉、装拆设备、场内运输。

编号	项目	单位	预算基价				人工	材料		
			总价	人工费	材料费	机械费	综合工	板材	方木	铁扒杆
			元	元	元	元	工日	m^3	m^3	t
							135.00	2302.20	3266.74	4320.67
5-33	墩上悬臂箱形梁锚定与张拉	墩	**33964.63**	21161.25	672.96	12130.42	156.75	0.001	0.021	0.131

续前

编号	项目	单位	材料			机械					
			乙炔气 5.5～6.5kg	氧气 $6m^3$	零星材料费	汽车式起重机 20t	电动卷扬机 20kN	电动卷扬机 50kN	高压油泵 50MPa	气焊设备 $3m^3$	立式油压千斤顶 300t
			m^3	m^3	元	台班	台班	台班	台班	台班	台班
			16.13	2.88		1043.80	225.43	211.29	110.93	14.92	16.48
5-33	墩上悬臂箱形梁锚定与张拉	墩	0.800	2.340	16.41	2.600	19.520	15.620	13.010	3.900	13.010

49.拉力支座制作与张拉

工作内容：准备工作、支座制作加工、安装、张拉、料具倒运、搭拆架子。

编号	项目		单位	预算基价				人工	材料			
				总价	人工费	材料费	机械费	综合工	热轧工字钢 $18^{\#}\sim24^{\#}$	热轧厚钢板 8～10	铸钢件 $45^{\#}$	电焊条
				元	元	元	元	工日	t	t	kg	kg
								135.00	3634.57	3673.05	5.50	7.59
5-34	拉力支座制作、安装与张拉	拉力支座制作、安装	10根	**12412.48**	9922.50	2235.84	254.14	73.50	0.109	0.310	73.000	7.500
5-35	拉力支座制作、安装与张拉	拉力支座张拉	10根	**4713.81**	4050.00		663.81	30.00				

续前

编号	项目		单位	材			料		机			械
				石油沥青10#	乙炔气5.5～6.5kg	氧气6m³	黄油	零星材料费	电焊机30kV·A	气焊设备3m³	高压油泵50MPa	立式油压千斤顶300t
				t	m³	m³	kg	元	台班	台班	台班	台班
				4037.40	16.13	2.88	3.14		87.97	14.92	110.93	16.48
5-34	拉力支座制作、安装与张拉	拉力支座制作、安装	10根	0.012	5.040	14.800	5.000	54.53	2.470	2.470		
5-35	拉力支座制作、安装与张拉	拉力支座张拉	10根								5.210	5.210

第六章　构件安装工程

50.安装混凝土小构件

工作内容：工具准备、拌和砂浆、垫浆找平、安装构件就位、挂线找平、局部剔凿、场内运输。

编号	项目	单位	预算基价				人工	材料		机械	
			总价	人工费	材料费	机械费	综合工	方木	电焊条	汽车式起重机 8t	电焊机 30kV·A
			元	元	元	元	工日	m^3	kg	台班	台班
							135.00	3266.74	7.59	767.15	87.97
6-1	端柱、灯柱安装	10m³	**3877.12**	2690.55	643.33	543.24	19.93	0.002	83.900	0.160	4.780
6-2	人行道板安装	10m³	**2154.60**	2154.60			15.96				
6-3	缘石安装	10m³	**2328.75**	2328.75			17.25				
6-4	锚锭板安装	10m³	**1873.46**	1674.00		199.46	12.40			0.260	
6-5	栏杆安装	10m³	**3890.24**	2956.50	439.65	494.09	21.90	0.037	42.000	0.370	2.390

51.安装混凝土构件

工作内容：工具准备、拌和砂浆、垫浆找平、吊车就位及移动、吊车铺拆起重机脚手架、根据测量线位标高吊装构件就位、局部剔凿、场内运输。

编号	项目		单位	预算基价				人工	材料			
				总价	人工费	材料费	机械费	综合工	水泥 32.5级	水泥 42.5级	碴石 0.5～2	优质砂
				元	元	元	元	工日	t	t	t	t
								135.00	357.47	398.99	83.90	92.45
6-6	起重机安装立柱		10m³	**2256.70**	1431.00	54.11	771.59	10.60		0.055	0.203	0.096
6-7	起重机安装	实心板	10m³	**978.73**	656.10	100.16	222.47	4.86	0.127			
6-8	起重机安装	空心板	10m³	**631.14**	345.60	95.38	190.16	2.56	0.121			

续前

编号	项目		单位	材料					机械		
				粗砂	水	粉煤灰	水泥混凝土C40(0.5～2cm)	水泥砂浆M10	汽车式起重机8t	汽车式起重机10t	汽车式起重机12t
				t	m^3	t	m^3	m^3	台班	台班	台班
				86.63	7.62	97.03			767.15	838.68	864.36
6-6	起重机安装立柱		10m^3		0.032	0.062	(0.160)			0.920	
6-7	起重机安装	实心板	10m^3	0.624	0.092			(0.420)	0.290		
6-8	起重机安装	空心板	10m^3	0.594	0.088			(0.400)			0.220

52.安装混凝土板梁

工作内容：工具准备、拌和砂浆、垫浆找平、吊车就位及移动、吊车铺拆起重机脚手架、根据测量线位标高吊装构件就位、局部剔凿、场内运输。

编号	项目			单位	预算基价				人工	材料				
					总价	人工费	材料费	机械费	综合工	原木	方木	钢丝绳 $D12$	圆钉	扒钉
					元	元	元	元	工日	m^3	m^3	kg	kg	kg
									135.00	1686.44	3266.74	6.66	6.68	8.58
6-9	安装板梁	陆上	$L \leqslant 13m$	$10m^3$	**554.57**	257.85		296.72	1.91					
6-10	安装板梁	陆上	$L \leqslant 16m$	$10m^3$	**895.16**	247.05		648.11	1.83					
6-11	安装板梁	陆上	$L \leqslant 20m$	$10m^3$	**870.77**	203.85		666.92	1.51					
6-12	安装板梁	陆上	$L \leqslant 25m$	$10m^3$	**779.91**	183.60		596.31	1.36					
6-13	安装板梁	水上	$L \leqslant 10m$	$10m^3$	**3875.35**	1264.95	121.91	2488.49	9.37	0.005	0.008	11.186	0.009	0.334
6-14	安装板梁	水上	$L \leqslant 13m$	$10m^3$	**3495.19**	1200.15	173.39	2121.65	8.89	0.005	0.008	11.186	0.009	6.334
6-15	安装板梁	水上	$L \leqslant 16m$	$10m^3$	**3599.59**	1175.85	274.11	2149.63	8.71	0.002	0.033	21.910	0.009	0.621
6-16	安装板梁	水上	$L \leqslant 20m$	$10m^3$	**3362.73**	1026.00	288.32	2048.41	7.60	0.002	0.033	21.910	0.009	0.250
6-17	安装板梁	水上	$L \leqslant 25m$	$10m^3$	**3305.37**	1012.50	355.95	1936.92	7.50	0.002	0.046	25.141	0.003	0.679

续前

编号	项目			单位	材料	机械						
					白棕绳 $\phi 40$	汽车式起重机	木驳船	汽车式起重机 8t	电动卷扬机 10kN	电动卷扬机 30kN	电动卷扬机 50kN	电动卷扬机 100kN
					kg	台班	台日	台班	台班	台班	台班	台班
					19.73			767.15	197.27	262.14	292.19	327.17
6-9	安装板梁	陆上	$L\leqslant13m$	$10m^3$		0.270×1098.98(25t)						
6-10	安装板梁	陆上	$L\leqslant16m$	$10m^3$		0.260×2492.74(50t)						
6-11	安装板梁	陆上	$L\leqslant20m$	$10m^3$		0.210×3175.79(75t)						
6-12	安装板梁	陆上	$L\leqslant25m$	$10m^3$		0.160×3726.95(80t)						
6-13	安装板梁	水上	$L\leqslant10m$	$10m^3$	0.503		1.460×76.32(30t)	0.100	7.010	3.500		
6-14	安装板梁	水上	$L\leqslant13m$	$10m^3$	0.503		1.100×127.19(50t)	0.220	5.280		2.640	
6-15	安装板梁	水上	$L\leqslant16m$	$10m^3$	0.589		1.320×127.19(50t)	0.220	5.280		2.640	
6-16	安装板梁	水上	$L\leqslant20m$	$10m^3$	1.471		1.000×203.50(80t)	0.220	4.800		1.600	0.800
6-17	安装板梁	水上	$L\leqslant25m$	$10m^3$	1.471		1.125×203.50(80t)	0.260	4.320		1.440	0.720

53.安装混凝土T形梁

工作内容：工具准备、拌和砂浆、垫浆找平、吊车就位及移动、吊车铺拆起重机脚手架、根据测量线位标高吊装构件就位、局部剔凿、场内运输。

编号	项目			单位	预算基价				人工	材料				
					总价	人工费	材料费	机械费	综合工	原木	方木	圆钉	钢丝绳 D12	扒钉
					元	元	元	元	工日	m^3	m^3	kg	kg	kg
									135.00	1686.44	3266.74	6.68	6.66	8.58
6-18	安装T形梁	陆上	$L\leqslant10m$	$10m^3$	**812.47**	317.25		495.22	2.35					
6-19	安装T形梁	陆上	$L\leqslant20m$	$10m^3$	**1253.79**	301.05		952.74	2.23					
6-20	安装T形梁	陆上	$L\leqslant30m$	$10m^3$	**2724.89**	287.55		2437.34	2.13					
6-21	安装T形梁	水上	$L\leqslant10m$	$10m^3$	**5291.13**	1583.55	323.90	3383.68	11.73	0.002	0.035	0.009	21.910	3.635
6-22	安装T形梁	水上	$L\leqslant20m$	$10m^3$	**5301.57**	1557.90	323.90	3419.77	11.54	0.002	0.035	0.009	21.910	3.635
6-23	安装T形梁	水上	$L\leqslant30m$	$10m^3$	**5328.08**	1552.50	323.90	3451.68	11.50	0.002	0.035	0.009	21.910	3.635

续前

编号	项目			单位	材料	机械						
					白棕绳 φ40	汽车式起重机	汽车式起重机 8t	电动卷扬机 10kN	电动卷扬机 100kN	木驳船 50t	木驳船 80t	铁驳船 120t
					kg	台班	台班	台班	台班	台日	台日	吨日
					19.73		767.15	197.27	327.17	127.19	203.50	305.24
6-18	安装T形梁	陆上	$L \leqslant 10m$	$10m^3$		0.320×1547.56(40t)						
6-19			$L \leqslant 20m$			0.300×3175.79(75t)						
6-20			$L \leqslant 30m$			0.300×8124.45(125t)						
6-21		水上	$L \leqslant 10m$		1.471		0.370	7.770	3.880	2.340		
6-22			$L \leqslant 20m$		1.471		0.400	7.370	3.690		2.220	
6-23			$L \leqslant 30m$		1.471		0.560	6.670	3.340			2.010

54.安装混凝土简支梁

工作内容：工具准备、拌和砂浆、垫浆找平、吊车就位及移动、吊车铺拆起重机脚手架、根据测量线位标高吊装构件就位、局部剔凿、场内运输。

编号	项目		单位	预算基价				人工	材料	
				总价	人工费	材料费	机械费	综合工	方木	型钢
				元	元	元	元	工日	m^3	kg
								135.00	3266.74	3.70
6-24	安装箱形块	万能杆件	$10m^3$	**12871.35**	11048.40	960.12	862.83	81.84	0.068	189.000
6-25	安装简支梁	万能杆件	$10m^3$	**12576.14**	10952.55	960.12	663.47	81.13	0.068	189.000

续前

编号	项目		单位	材料				机械			
				钢轨	钢轨鱼尾板 38kg	铁件（含制作费）	白棕绳 $\phi40$	电动卷扬机 10kN	电动卷扬机 30kN	电动卷扬机 100kN	轨道平车 5t
				kg	kg	kg	kg	台班	台班	台班	台班
				3.83	3.45	9.49	19.73	197.27	262.14	327.17	34.17
6-24	安装箱形块	万能杆件	$10m^3$	6.000	2.670	0.301	0.184	1.340	1.340	0.670	0.820
6-25	安装简支梁	万能杆件	$10m^3$	6.000	2.670	0.301	0.184	1.020	1.020	0.510	0.820

55.安装混凝土桁梁拱构件

工作内容：工具准备、拌和砂浆、垫浆找平、吊车就位及移动、吊车铺拆起重机脚手架、根据测量线位标高吊装构件就位、局部剔凿、场内运输。

编号	项目	单位	预算基价				人工	材料					
			总价	人工费	材料费	机械费	综合工	水泥 32.5级	粗砂	水	方木	原木	钢丝绳 *D*12
			元	元	元	元	工日	t	t	m^3	m^3	m^3	kg
							135.00	357.47	86.63	7.62	3266.74	1686.44	6.66
6-26	拱肋安装	$10m^3$	**12298.92**	7790.85	134.49	4373.58	57.71	0.097	0.476	0.070	0.004	0.008	3.067
6-27	腹拱圈安装	$10m^3$	**6582.09**	4665.60	143.45	1773.04	34.56	0.145	0.713	0.106	0.002	0.004	1.534
6-28	横隔板系梁安装	$10m^3$	**5799.48**	4162.05	74.53	1562.90	30.83	0.058	0.282	0.042	0.002	0.004	1.534
6-29	拱波安装	$10m^3$	**7992.25**	7786.80	205.45		57.68	0.261	1.278	0.189			
6-30	拱片安装	$10m^3$	**6512.85**	3985.20	227.19	2300.46	29.52				0.008	0.017	21.097
6-31	板拱安装	$10m^3$	**5281.24**	2029.05	33.27	3218.92	15.03	0.042	0.208	0.031			
6-32	预应力桁架梁安装	$10m^3$	**8770.42**	2454.30	31.41	6284.71	18.18	0.003	0.015	0.002			

续前

编号	项目	单位	材料					机械				
			铁件（含制作费）	扒钉	白棕绳 $\phi40$	带帽螺栓	水泥砂浆 M10	电动卷扬机 10kN	电动卷扬机 30kN	电动卷扬机 50kN	汽车式起重机 32t	汽车式起重机 40t
			kg	kg	kg	kg	m^3	台班	台班	台班	台班	台班
			9.49	8.58	19.73	7.96		197.27	262.14	292.19	1274.79	1547.56
6-26	拱肋安装	10m³	0.324	0.161	0.335		(0.320)	9.520	9.520			
6-27	腹拱圈安装	10m³	0.162	0.081	0.168		(0.480)	5.400	2.700			
6-28	横隔板系梁安装	10m³	0.162	0.081	0.168		(0.190)	4.760	2.380			
6-29	拱波安装	10m³					(0.860)					
6-30	拱片安装	10m³		0.264	1.471	0.074		4.700		4.700		
6-31	板拱安装	10m³					(0.140)					2.080
6-32	预应力桁架梁安装	10m³			1.471		(0.010)				4.930	

56.安拆导梁及轨道

工作内容：铺拆铁轨、道木，安装导梁，拆除导梁，场内运输。

编号	项目		单位	预算基价				人工	材料			
				总价	人工费	材料费	机械费	综合工	煤	方木	道木	铁件（含制作费）
				元	元	元	元	工日	kg	m^3	m^3	kg
								135.00	0.53	3266.74	3457.47	9.49
6-33	混凝土蒸汽养护	加工厂预制混凝土构件	$10m^3$	**3346.18**	1844.10	1231.69	270.39	13.66	2224.750			
6-34	混凝土蒸汽养护	现场浇、预制混凝土	$10m^3$	**4114.47**	2663.55	1101.64	349.28	19.73	1942.000			
6-35	门式架桥机安装构件	30t 以内	$10m^3$	**1734.69**	878.85	39.76	816.08	6.51		0.012		
6-36	梁式架桥机安装构件	35t 以内	件	**2508.11**	1435.05	36.44	1036.62	10.63		0.011		
6-37	架桥机装拆	门式	架次	**25870.83**	17718.75		8152.08	131.25				
6-38	架桥机装拆	梁式	架次	**42381.93**	38475.00		3906.93	285.00				
6-39	安拆导梁及轨道		10m	**2948.16**	2593.35	105.26	249.55	19.21			0.016	5.100

续前

编号	项目		单位	材料	机械								
				零星材料费	汽车式起重机20t	汽车式起重机40t	平板拖车组40t	门式架桥机	门式起重机5t	电动卷扬机20kN	电动卷扬机50kN	设备摊销费	小型机具
				元	台班	台班	台班	台班	台班	台班	台班	元	元
					1043.80	1547.56	1468.34	768.89	377.21	225.43	211.29		
6-33	混凝土蒸汽养护	加工厂预制混凝土构件	10m³	52.57								264.03	6.36
6-34	混凝土蒸汽养护	现场浇、预制混凝土	10m³	72.38								341.07	8.21
6-35	门式架桥机安装构件	30t 以内	10m³	0.56		0.240	0.240	0.120					
6-36	梁式架桥机安装构件	35t 以内	件	0.51					0.330	1.300	2.930		
6-37	架桥机装拆	门式	架次		7.810								
6-38	架桥机装拆	梁式	架次		1.300					5.210	6.510		
6-39	安拆导梁及轨道		10m	1.54	0.150					0.150	0.280		

57.安装栏杆

工作内容：工具准备、挂线找平、局部剔凿、铸铁柱、钢管安装、管件焊接、油漆等，场内运输。

编号	项目	单位	预算基价				人工	材料					
			总价	人工费	材料费	机械费	综合工	热轧一般无缝钢管 *D*83	铸钢件 45#	铁件（含制作费）	不锈钢钢管 *D*32×1.5	不锈钢钢管 *D*89×2.5	不锈钢钢管 *D*20
			元	元	元	元	工日	t	kg	kg	kg	kg	kg
							135.00	4604.33	5.50	9.49	30.46	37.22	21.49
6-40	安装钢管栏杆	t	**8797.36**	2286.90	6418.97	91.49	16.94	0.362	652.000	90.000			
6-41	不锈钢栏杆制作与安装	t	**45843.09**	4722.30	39362.59	1758.20	34.98				517.030	442.860	40.110

续前

编号	项目	单位	材料								机械			
			不锈钢法兰盘	电焊条	醇酸磁漆	不锈钢电焊条	钨棒	氩气	环氧树脂6101	零星材料费	电焊机30kV·A	电焊机40kV·A	电动切割机	小型机具
			个	kg	kg	kg	kg	m^3	kg	元	台班	台班	台班	元
			41.72	7.59	16.86	66.08	31.44	18.60	28.33		87.97	114.64	222.09	
6-40	安装钢管栏杆	t		2.500	8.100					156.56	1.040			
6-41	不锈钢栏杆制作与安装	t	88.500			9.740	4.370	27.380	11.510	960.06		1.150	7.290	7.33

第七章　脚手架与模板工程

58.脚 手 架

工作内容：地面找平，铺拆方木、脚手板，打桩就位，绑拆杉篙，绑扎及拆除护栏，绑扎及拆除压道木，拆除后木料集中存放，材料场内运输。

编号	项目			单位	预算基价 总价	预算基价 人工费	预算基价 材料费	人工 综合工	材料 杉篙	材料 板材	材料 圆钉	材料 镀锌钢丝 2.8~4.0	材料 零星材料费
					元	元	元	工日	m^3	m^3	kg	kg	元
								135.00	984.48	2302.20	6.68	7.08	
7-1	平台脚手架	高 4.5m 以内	宽 6m	$100m^2$	**6618.27**	4240.35	2377.92	31.41	0.073	0.200	2.000	250.600	58.00
7-2	平台脚手架	高 6m 以内	宽 6m	$100m^2$	**7353.75**	4692.60	2661.15	34.76	0.084	0.200	2.000	288.100	64.91
7-3	平台脚手架	高 9m 以内	宽 6m	$100m^2$	**8908.26**	5385.15	3523.11	39.89	0.109	0.200	2.000	403.400	85.93
7-4	马道脚手架	高 4.5m 以内	宽 6m	$100m^2$	**4802.66**	4040.55	762.11	29.93	0.066	0.167	2.900	38.800	18.59
7-5	马道脚手架	高 6m 以内	宽 6m	$100m^2$	**5351.64**	4401.00	950.64	32.60	0.080	0.208	2.900	49.500	23.19
7-6	马道脚手架	高 9m 以内	宽 6m	$100m^2$	**5864.84**	4729.05	1135.79	35.03	0.113	0.209	2.900	70.100	27.70

工作内容：地面找平，铺拆方木、脚手板，打桩就位，绑拆杉篙，绑扎及拆除护栏，绑扎及拆除压道木，拆除后木料集中存放，材料场内运输。

编号	项目	单位	预算基价				人工	材料			
			总价	人工费	材料费	机械费	综合工	板材	方木	原木	杉篙
			元	元	元	元	工日	m^3	m^3	m^3	m^3
							135.00	2302.20	3266.74	1686.44	984.48
7-7	陆地汽架子脚手架	$100m^2$	**4182.26**	3076.65	1105.61		22.79	0.040	0.302		
7-8	陆地柴油架脚手架	$100m^2$	**2355.31**	1640.25	715.06		12.15	0.032	0.191		
7-9	陆地钻孔脚手架	$100m^2$	**2689.15**	2134.35	554.80		15.81	0.167	0.048		
7-10	深水打桩或钻孔脚手架	$100m^2$	**29866.32**	22287.15	2758.59	4820.58	165.09	0.200	0.124	0.328	
7-11	浅水打桩或钻孔脚手架	$100m^2$	**20556.87**	14561.10	2490.80	3504.97	107.86	0.200	0.124	0.195	
7-12	桥下抹梁缝脚手架	$100m^2$	**3437.99**	2862.00	575.99		21.20	0.167			0.035

续前

编号	项目	单位	材料					机械			
			铁件（含制作费）	镀锌钢丝 2.8～4.0	乙炔气 5.5～6.5kg	氧气 $6m^3$	零星材料费	重锤打桩机 0.6t	电动卷扬机 20kN	电动卷扬机 50kN	气焊设备 $3m^3$
			kg	kg	m^3	m^3	元	台班	台班	台班	台班
			9.49	7.08	16.13	2.88		410.22	225.43	211.29	14.92
7-7	陆地汽架子脚手架	$100m^2$					26.97				
7-8	陆地柴油架脚手架						17.44				
7-9	陆地钻孔脚手架						13.53				
7-10	深水打桩或钻孔脚手架		130.00	4.80	0.20	0.60	67.28	5.690	5.690	5.690	0.100
7-11	浅水打桩或钻孔脚手架		127.00	4.30			60.75	4.560	4.560	2.870	
7-12	桥下抹梁缝脚手架			20.20			14.05				

工作内容：地面找平，铺拆方木、脚手板，打桩就位，绑拆杉篙，绑扎及拆除护栏，绑扎及拆除压道木，拆除后木料集中存放，材料场内运输。

编号	项目		单位	预算基价				人工	材料					机械
				总价	人工费	材料费	机械费	综合工	杉篙	板材	方木	镀锌钢丝 2.8～4.0	零星材料费	汽车拖斗 5t
				元	元	元	元	工日	m^3	m^3	m^3	kg	元	台班
								135.00	984.48	2302.20	3266.74	7.08		70.31
7-13	船上脚手架	高3.6m以内	座	**3188.19**	2874.15	314.04		21.29	0.042	0.053		20.20	7.66	
7-14	汽车拖斗脚手架	高4.5m以内	座	**1916.36**	1680.75	144.21	91.40	12.45	0.008	0.010	0.005	13.20	3.52	1.300
7-15	悬臂脚手架		100m	**6384.76**	5043.60	1341.16		37.36	0.080	0.167	0.016	112.00	32.71	

59.满堂式支架

工作内容：钢、木支架制作、安装与拆除。

编号	项目			单位	预算基价				人工	材料								机械		
					总价	人工费	材料费	机械费	综合工	脚手钢管	原木	板材	钢材	铁件（含制作费）	镀锌钢丝 2.8~4.0	圆钉	零星材料费	汽车式起重机 12t	木工圆锯机 500mm	小型机具
					元	元	元	元	工日	t	m³	m³	kg	kg	kg	kg	元	台班	台班	元
									135.00	3928.67	1686.44	2302.20	3.77	9.49	7.08	6.68		864.36	26.53	
7-16	满堂式现浇梁支架	钢支架墩台	高度4m以内	10m²	**1351.44**	931.50	247.07	172.87	6.90	0.023		0.058	0.02	1.80			6.03	0.200		
7-17			高度6m以内		**1324.01**	972.00	213.71	138.30	7.20	0.024		0.043	0.01	1.60			5.21	0.160		
7-18			高度8m以内		**1315.26**	999.00	195.25	121.01	7.40	0.026		0.033	0.01	1.30			4.76	0.140		
7-19			高度10m以内		**1358.84**	1080.00	175.12	103.72	8.00	0.027		0.024	0.01	1.00			4.27	0.120		
7-20		木支架墩台	高度6m以内		**2391.80**	1363.50	1022.79	5.51	10.10		0.486	0.049		6.60	0.30	0.10	24.95		0.140	1.80
7-21			高度12m以内		**3403.56**	1944.00	1451.95	7.61	14.40		0.687	0.069		10.00	0.50	0.10	35.41		0.200	2.30

60.现浇基础及下部混凝土模板

工作内容：1.钢模板:清理杂物、刷隔离剂、安装、拆除、整理堆放、场内外运输。2.木模板:制作、安装、拆除、清理杂物、刷隔离剂、整(修)理堆放、场内运输。

编号	项目		单位	预算基价				人工	材料				
				总价	人工费	材料费	机械费	综合工	木模板	组合钢模板	定型钢模板	方木	钢支撑
				元	元	元	元	工日	m^3	kg	kg	m^3	kg
								135.00	1982.88	10.97	11.15	3266.74	7.46
7-22	现浇基础及下部混凝土模板	垫层	$10m^2$	**405.99**	218.70	187.29		1.62	0.071				
7-23		基础		**553.21**	272.70	280.51		2.02		5.90		0.030	2.32
7-24		横梁（系梁）		**1106.38**	488.70	406.57	211.11	3.62	0.194				
7-25		支撑梁		**1340.14**	486.00	696.73	157.41	3.60		0.04		0.209	
7-26		承台（无底模）		**584.47**	338.85	245.62		2.51		5.90		0.036	4.64
7-27		轻型桥台		**973.06**	421.20	341.02	210.84	3.12	0.161				
7-28		实体式桥台		**1125.23**	535.95	313.11	276.17	3.97		5.90		0.032	4.64
7-29		圆柱式墩台身		**1487.06**	869.40	180.38	437.28	6.44	0.002		14.77		
7-30		方柱式墩台身		**1637.37**	869.40	330.69	437.28	6.44	0.002		27.15		

续前

编号	项目		单位	材料								机械	
				零星卡具	铁件（含制作费）	圆钉	隔离剂	模板嵌缝料	尼龙帽	钢丝绳	带帽螺栓	汽车式起重机 8t	木工圆锯机 500mm
				kg	kg	kg	kg	kg	个	kg	kg	台班	台班
				7.57	9.49	6.68	4.20	6.92	2.21	6.67	7.96	767.15	26.53
7-22	现浇基础及下部混凝土模板	垫层	10m²		3.84	0.36	1.00	0.500					
7-23		基础		12.05		0.24	1.00	0.500					
7-24		横梁（系梁）				2.13	1.00	0.500				0.27	0.150
7-25		支撑梁				0.88	1.00	0.500				0.20	0.150
7-26		承台（无底模）		2.38		0.45	1.00	0.500					
7-27		轻型桥台			1.15	0.48	1.00	0.500				0.27	0.140
7-28		实体式桥台		2.38	7.92	0.10	1.00	0.500	3.500			0.36	
7-29		圆柱式墩台身					1.00	0.500		0.30	0.26	0.57	
7-30		方柱式墩台身					1.00	0.500		0.35	1.76	0.57	

工作内容： 1.钢模板：清理杂物、刷隔离剂、安装、拆除、整理堆放、场内外运输。2.木模板：制作、安装、拆除、清理杂物、刷隔离剂、整（修）理堆放、场内运输。

编号	项目		单位	预算基价				人工	材料		
				总价	人工费	材料费	机械费	综合工	木模板	方木	组合钢模板
				元	元	元	元	工日	m^3	m^3	kg
								135.00	1982.88	3266.74	10.97
7-31	现浇基础及下部混凝土模板	拱桥墩身	$10m^2$	**1028.05**	476.55	509.27	42.23	3.53	0.171		
7-32		拱桥台身		**1249.40**	463.05	711.10	75.25	3.43	0.296		
7-33		墩盖梁		**1049.94**	675.00	225.85	149.09	5.00		0.03	5.90
7-34		台盖梁		**1166.37**	742.50	258.92	164.95	5.50		0.04	5.90
7-35		拱座		**1878.83**	1452.60	413.76	12.47	10.76	0.189		
7-36		拱肋		**1245.44**	888.30	346.26	10.88	6.58	0.168		
7-37		拱上构件		**1399.78**	999.00	400.78		7.40	0.196		

续前

编号	项目		单位	材料						机械	
				钢支撑	零星卡具	铁件（含制作费）	圆钉	隔离剂	模板嵌缝料	履带式电动起重机 5t	木工圆锯机 500mm
				kg	kg	kg	kg	kg	kg	台班	台班
				7.46	7.57	9.49	6.68	4.20	6.92	246.66	26.53
7-31	现浇基础及下部混凝土模板	拱桥墩身	10m²			16.55	0.82	1.00	0.500	0.14	0.29
7-32		拱桥台身				11.27	1.43	1.00	0.500	0.29	0.14
7-33		墩盖梁		4.64	2.38	0.08	0.31	1.00	0.500	0.57	0.32
7-34		台盖梁		4.64	2.38	0.20	0.20	1.00	0.500	0.63	0.36
7-35		拱座				1.38	2.73	1.00	0.500		0.47
7-36		拱肋					0.82	1.00	0.500		0.41
7-37		拱上构件					0.67	1.00	0.500		

61.现浇上部混凝土模板

工作内容： 1.钢模板:清理杂物、刷隔离剂、安装、拆除、整理堆放、场内外运输。2.木模板:制作、安装、拆除、清理杂物、刷隔离剂、整(修)理堆放、场内运输。

编号	项目		单位	预算基价				人工	材料			
				总价	人工费	材料费	机械费	综合工	木模板	方木	定型钢模板	组合钢模板
				元	元	元	元	工日	m^3	m^3	kg	kg
								135.00	1982.88	3266.74	11.15	10.97
7-38	现浇上部混凝土模板	支架上浇筑箱梁	$10m^2$	**1607.48**	1011.15	115.06	481.27	7.49	0.021	0.008	2.47	
7-39	现浇上部混凝土模板	悬浇箱梁	$10m^2$	**2290.38**	1345.95	555.22	389.21	9.97	0.269			
7-40	现浇上部混凝土模板	箱梁0号块件	$10m^2$	**2782.16**	1680.75	612.71	488.70	12.45	0.293			
7-41	现浇上部混凝土模板	矩形板	$10m^2$	**509.47**	297.00	188.66	23.81	2.20		0.024		4.95
7-42	现浇上部混凝土模板	实体连续板	$10m^2$	**535.09**	297.00	214.28	23.81	2.20		0.027		5.90
7-43	现浇上部混凝土模板	空心连续板	$10m^2$	**858.16**	522.45	326.42	9.29	3.87	0.147			

编号	项目		单位	材料						机械	
				钢支撑	隔离剂	模板嵌缝料	铁件（含制作费）	圆钉	零星卡具	汽车式起重机 8t	木工圆锯机 500mm
				kg	kg	kg	kg	kg	kg	台班	台班
				7.46	4.20	6.92	9.49	6.68	7.57	767.15	26.53
7-38	现浇上部混凝土模板	支架上浇筑箱梁	10m²	1.62	1.00	0.500				0.590	1.080
7-39	现浇上部混凝土模板	悬浇箱梁	10m²		1.00	0.500	0.74	1.07		0.470	1.080
7-40	现浇上部混凝土模板	箱梁0号块件	10m²		1.00	0.500	1.48	1.50		0.590	1.360
7-41	现浇上部混凝土模板	矩形板	10m²	3.89	1.00	0.500		0.62	2.00	0.030	0.030
7-42	现浇上部混凝土模板	实体连续板	10m²	4.64	1.00	0.500		0.16	2.38	0.030	0.030
7-43	现浇上部混凝土模板	空心连续板	10m²		1.00	0.500	2.60	0.39			0.350

工作内容：1.钢模板：清理杂物、刷隔离剂、安装、拆除、整理堆放、场内外运输。2.木模板：制作、安装、拆除、清理杂物、刷隔离剂、整（修）理堆放、场内运输。

编号	项目		单位	预算基价				人工	材料			
				总价	人工费	材料费	机械费	综合工	方木	木模板	组合钢模板	定型钢模板
				元	元	元	元	工日	m^3	m^3	kg	kg
								135.00	3266.74	1982.88	10.97	11.15
7-44	现浇上部混凝土模板	实心板梁	$10m^2$	**999.84**	552.15	224.69	223.00	4.09	0.029		5.90	
7-45		空心板梁		**1438.23**	849.15	341.67	247.41	6.29		0.164		
7-46		板拱		**1368.67**	815.40	353.26	200.01	6.04		0.172		
7-47		防撞护栏		**966.94**	592.65	144.14	230.15	4.39				12.24
7-48		侧石缘石		**698.83**	406.35	289.03	3.45	3.01		0.139		
7-49		挡土墙		**908.40**	371.25	322.35	214.80	2.75	0.026		5.90	
7-50		方涵		**876.83**	345.60	316.43	214.80	2.56	0.032		4.00	

续前

编号	项目		单位	材料							机械	
				钢支撑	零星卡具	圆钉	隔离剂	模板嵌缝料	铁件（含制作费）	尼龙帽	木工圆锯机 500mm	汽车式起重机 8t
				kg	kg	kg	kg	kg	kg	个	台班	台班
				7.46	7.57	6.68	4.20	6.92	9.49	2.21	26.53	767.15
7-44	现浇上部混凝土模板	实心板梁	$10m^2$	4.64	2.38	0.74	1.00	0.500			0.020	0.290
7-45		空心板梁				1.32	1.00	0.500			0.940	0.290
7-46		板拱				0.68	1.00	0.500			0.310	0.250
7-47		防撞护栏					1.00	0.500				0.300
7-48		侧石缘石				0.86	1.00	0.500			0.130	
7-49		挡土墙		5.58	2.38	0.19	1.00	0.500	10.14	3.570		0.280
7-50		方涵		10.63	4.75	0.67	1.00	0.500	4.28			0.280

工作内容： 1.钢模板:清理杂物、刷隔离剂、安装、拆除、整理堆放、场内外运输。2.木模板:制作、安装、拆除、清理杂物、刷隔离剂、整(修)理堆放、场内运输。

编号	项目		单位	预算基价				人工	材料			
				总价	人工费	材料费	机械费	综合工	木模板	组合钢模板	方木	钢支撑
				元	元	元	元	工日	m^3	kg	m^3	kg
								135.00	1982.88	10.97	3266.74	7.46
7-51	现浇上部混凝土模板	湿接头	$10m^2$	**1178.41**	723.60	446.85	7.96	5.36	0.205			
7-52	现浇上部混凝土模板	零星混凝土	$10m^2$	**1389.80**	988.20	401.60		7.32	0.192			
7-53	现浇上部混凝土模板	立柱、端柱、灯柱	$10m^2$	**1270.14**	896.40	357.03	16.71	6.64	0.150			
7-54	现浇上部混凝土模板	滑板、底板	$10m^3$	**482.06**	321.30	160.76		2.38		5.99	0.016	2.09
7-55	现浇上部混凝土模板	侧墙	$10m^3$	**694.01**	344.25	211.67	138.09	2.55		5.90	0.016	5.26
7-56	现浇上部混凝土模板	顶板	$10m^3$	**677.45**	363.15	183.88	130.42	2.69		5.90	0.016	5.26

续前

编号	项目		单位	材料							机械	
				镀锌钢丝 2.8～4.0	圆钉	隔离剂	模板嵌缝料	铁件（含制作费）	零星卡具	尼龙帽	木工圆锯机 500mm	汽车式起重机 8t
				kg	kg	kg	kg	kg	kg	个	台班	台班
				7.08	6.68	4.20	6.92	9.49	7.57	2.21	26.53	767.15
7-51	现浇上部混凝土模板	湿接头	$10m^2$	4.43	0.20	1.000	0.500				0.300	
7-52		零星混凝土			1.98	1.000	0.500					
7-53		立柱、端柱、灯柱			0.97	1.000	0.500	4.79			0.630	
7-54		滑板、底板	$10m^3$		0.26	1.000	0.500		2.35			
7-55		侧墙			0.33	1.000	0.500	2.12	2.35	3.470		0.18
7-56		顶板			0.33	1.000	0.500		2.35			0.17

62.预制混凝土模板

工作内容: 1.钢模板:清理杂物、刷隔离剂、安装、拆除、整理堆放、场内外运输。2.木模板:制作、安装、拆除、清理杂物、刷隔离剂、整(修)理堆放、场内运输。

编号	项目		单位	预算基价				人工	材料							
				总价	人工费	材料费	机械费	综合工	方木	板材	垫木	木模板	定型钢模板	组合钢模板	热轧厚钢板10～15	钢拉杆
				元	元	元	元	工日	m^3	m^3	m^3	m^3	kg	kg	kg	kg
								135.00	3266.74	2302.20	1049.18	1982.88	11.15	10.97	3.65	4.00
7-57	预制混凝土模板	T形梁	$10m^2$	**1148.88**	645.30	215.56	288.02	4.78	0.014	0.004	0.005		11.84		3.04	0.32
7-58	预制混凝土模板	箱梁	$10m^2$	**2186.33**	1414.80	374.27	397.26	10.48				0.168				
7-59	预制混凝土模板	箱形块件	$10m^3$	**2151.30**	1383.75	377.96	389.59	10.25				0.175				
7-60	预制混凝土模板	空心板	$10m^3$	**1387.89**	1062.45	202.05	123.39	7.87	0.038					1.97		
7-61	预制混凝土模板	实心板	$10m^3$	**582.81**	363.15	217.16	2.50	2.69	0.043					1.97		

续前

编号	项目		单位	材料							机械				
				铁件（含制作费）	隔离剂	模板嵌缝料	圆钉	钢支撑	零星卡具	橡胶囊梁高<60cm	汽车式起重机 8t	木工圆锯机 500mm	木工平刨床 500mm	电动卷扬机 5kN	电动空气压缩机 $0.6m^3/min$
				kg	kg	kg	kg	kg	kg	m	台班	台班	台班	台班	台班
				9.49	4.20	6.92	6.68	7.46	7.57	1.06	767.15	26.53	23.51	183.39	38.51
7-57	预制混凝土模板	T形梁	$10m^2$	0.35	1.000	0.500					0.35	0.390	0.390		
7-58		箱梁		2.29	1.000	0.500	1.76				0.42	1.500	1.500		
7-59		箱形块件	$10m^3$	1.35	1.000	0.500	1.57				0.41	1.500	1.500		
7-60		空心板			1.000	0.500	0.74	4.64	1.18	0.140		0.050	0.050	0.550	0.520
7-61		实心板			1.000	0.500	0.58	4.64	1.18			0.050	0.050		

工作内容： 1.钢模板：清理杂物、刷隔离剂、安装、拆除、整理堆放、场内外运输。2.木模板：制作、安装、拆除、清理杂物、刷隔离剂、整（修）理堆放、场内运输。

编号	项目		单位	预算基价				人工	材							料		机械	
				总价	人工费	材料费	机械费	综合工	木模板	方木	组合钢模板	钢支撑	圆钉	铁件（含制作费）	隔离剂	模板嵌缝料	零星卡具	木工圆锯机500mm	木工平刨床500mm
				元	元	元	元	工日	m^3	m^3	kg	kg	kg	kg	kg	kg	kg	台班	台班
								135.00	1982.88	3266.74	10.97	7.46	6.68	9.49	4.20	6.92	7.57	26.53	23.51
7-62	预制混凝土模板	微弯板	$10m^2$	**764.68**	479.25	272.42	13.01	3.55	0.112				1.90	3.16	1.000	0.500		0.260	0.260
7-63		悬臂板		**880.47**	595.35	266.10	19.02	4.41	0.121				1.35	1.00	1.000	0.500		0.380	0.380
7-64		方桩		**541.76**	344.25	178.49	19.02	2.55		0.032	1.97	4.64	0.17		1.000	0.500	1.18	0.380	0.380
7-65		板桩		**977.55**	589.95	368.58	19.02	4.37	0.177				1.49		1.000	0.500		0.380	0.380
7-66		矩形柱		**519.19**	344.25	173.44	1.50	2.55		0.029	1.97	4.64	0.20	0.48	1.000	0.500	1.18	0.030	0.030
7-67		异型柱		**966.02**	522.45	427.56	16.01	3.87	0.190				1.19	3.71	1.000	0.500		0.320	0.320

63.复 合 模 板

工作内容：复合模板及支撑制作，模板安装、涂刷隔离剂，模板拆除、修理。

编号	项目	单位	预算基价				人工	材料							机械	
			总价	人工费	材料费	机械费	综合工	方木	钢支撑	复合模板（竹胶板）1.2m×2.44m×13mm	圆钉	隔离剂	镀锌钢丝 0.7~1.2	塑料胶粘带 20mm×50m	履带式起重机 15t	木工圆锯机 500mm
			元	元	元	元	工日	m^3	kg	m^2	kg	kg	kg	卷	台班	台班
							135.00	3266.74	7.46	48.16	6.68	4.20	7.34	3.03	759.77	26.53
7-68	复合模板	10m²	**757.34**	284.85	396.27	76.22	2.110	0.072	4.754	2.468	0.179	1.000	0.018	0.400	0.100	0.009

第八章　装 饰 工 程

64.水泥砂浆抹面

工作内容：工作准备、洒水清扫底面、筛砂、拌浆抹底、抹面、压花、养护、场内运输。

编号	项目		单位	预算基价				人工	材料						机械
				总价	人工费	材料费	机械费	综合工	水泥 32.5级	粗砂	水	纯水泥浆	水泥砂浆 1:2	水泥砂浆 1:2.5	灰浆搅拌机 200L
				元	元	元	元	工日	t	t	m^3	m^3	m^3	m^3	台班
								135.00	357.47	86.63	7.62				208.76
8-1	人行道	分格	$100m^2$	**2204.33**	1316.25	741.95	146.13	9.75	1.315	2.806	3.778	(0.103)	(2.050)		0.700
8-2	人行道	压花	$100m^2$	**2887.43**	1999.35	741.95	146.13	14.81	1.315	2.806	3.778	(0.103)	(2.050)		0.700
8-3	墙面	有嵌线	$100m^2$	**3325.26**	2397.60	771.09	156.57	17.76	1.313	3.148	3.809	(0.103)	(1.025)	(1.179)	0.750
8-4	墙面	无嵌线	$100m^2$	**2974.26**	2046.60	771.09	156.57	15.16	1.313	3.148	3.809	(0.103)	(1.025)	(1.179)	0.750
8-5	栏杆		$100m^2$	**4309.41**	3381.75	771.09	156.57	25.05	1.313	3.148	3.809	(0.103)	(1.025)	(1.179)	0.750

65.水刷石饰面

工作内容：工作准备、石料加工、筛洗砂石、拌和砂浆、抹底刷面、养护、场内运输。

编号	项目	单位	预算基价 总价	人工费	材料费	机械费	人工 综合工	材料 水泥 32.5级	粗砂	白石子	水	纯水泥浆	水泥砂浆 1:2.5	水泥白石子浆 1:2	机械 灰浆搅拌机 200L
			元	元	元	元	工日	t	t	t	m^3	m^3	m^3	m^3	台班
							135.00	357.47	86.63	192.70	7.62				208.76
8-6	墙面、墙裙	100m^2	**5583.18**	4401.00	1019.35	162.83	32.60	1.422	1.896	1.711	2.240	(0.103)	(1.281)	(1.025)	0.780
8-7	梁、柱	100m^2	**7745.88**	6563.70	1019.35	162.83	48.62	1.422	1.896	1.711	2.240	(0.103)	(1.281)	(1.025)	0.780
8-8	拱圈	100m^2	**9178.23**	7996.05	1019.35	162.83	59.23	1.422	1.896	1.711	2.240	(0.103)	(1.281)	(1.025)	0.780
8-9	挑檐、腰线栏杆、扶手	100m^2	**11770.23**	10588.05	1019.35	162.83	78.43	1.422	1.896	1.711	2.240	(0.103)	(1.281)	(1.025)	0.780
8-10	压顶及其他	100m^2	**13213.38**	12031.20	1019.35	162.83	89.12	1.422	1.896	1.711	2.240	(0.103)	(1.281)	(1.025)	0.780

66.水磨石饰面

工作内容：工具准备、石料加工、筛洗砂石、拌和泥浆、抹底磨面、涂蜡磨光、养护、场内运输。

编号	项目	单位	预算基价 总价	人工费	材料费	机械费	人工 综合工	材料 水泥32.5级	粗砂	白石子	金刚石三角形	草酸	石蜡	108胶	水	纯水泥浆	水泥砂浆1:2.5	水泥白石子浆1:2	机械 灰浆搅拌机200L
			元	元	元	元	工日	t	t	t	块	kg	kg	kg	m^3	m^3	m^3	m^3	台班
							135.00	357.47	86.63	192.70	8.31	10.93	5.01	4.45	7.62				208.76
8-11	墙面、墙裙	$100m^2$	**14529.11**	12896.55	1417.54	215.02	95.53	1.854	2.427	2.395	3.200	1.200	4.000	0.160	2.961	(0.103)	(1.640)	(1.435)	1.030
8-12	梁、柱	$100m^2$	**15891.26**	14258.70	1417.54	215.02	105.62	1.854	2.427	2.395	3.200	1.200	4.000	0.160	2.961	(0.103)	(1.640)	(1.435)	1.030
8-13	拱圈	$100m^2$	**16632.41**	14999.85	1417.54	215.02	111.11	1.854	2.427	2.395	3.200	1.200	4.000	0.160	2.961	(0.103)	(1.640)	(1.435)	1.030
8-14	挑檐、腰线栏杆、扶手	$100m^2$	**21080.66**	19448.10	1417.54	215.02	144.06	1.854	2.427	2.395	3.200	1.200	4.000	0.160	2.961	(0.103)	(1.640)	(1.435)	1.030
8-15	压顶及其他	$100m^2$	**22052.66**	20420.10	1417.54	215.02	151.26	1.854	2.427	2.395	3.200	1.200	4.000	0.160	2.961	(0.103)	(1.640)	(1.435)	1.030

67.剁斧石饰面

工作内容：清理基地及修补表面、刮底、嵌条、配制砂浆抹面、剁面、清场等。

编号	项目	单位	预算基价				人工	材料							机械
			总价	人工费	材料费	机械费	综合工	水泥 32.5级	粗砂	土石屑	水	纯水泥浆	水泥砂浆 1:2.5	水泥石屑浆 1:2	灰浆搅拌机 200L
			元	元	元	元	工日	t	t	t	m^3	m^3	m^3	m^3	台班
							135.00	357.47	86.63	82.75	7.62				208.76
8-16	墙面、墙裙	100m²	**10653.05**	9664.65	825.57	162.83	71.59	1.408	1.896	1.519	4.240	(0.103)	(1.281)	(1.025)	0.780
8-17	梁、柱	100m²	**12888.65**	11900.25	825.57	162.83	88.15	1.408	1.896	1.519	4.240	(0.103)	(1.281)	(1.025)	0.780
8-18	拱圈	100m²	**17010.20**	16021.80	825.57	162.83	118.68	1.408	1.896	1.519	4.240	(0.103)	(1.281)	(1.025)	0.780
8-19	挑檐、腰线栏杆、扶手	100m²	**23530.70**	22542.30	825.57	162.83	166.98	1.408	1.896	1.519	4.240	(0.103)	(1.281)	(1.025)	0.780
8-20	压顶及其他	100m²	**29802.80**	28814.40	825.57	162.83	213.44	1.408	1.896	1.519	4.240	(0.103)	(1.281)	(1.025)	0.780

68.拉　　毛

工作内容：清理及修补基层表面、砂浆配制、打底抹面、分格嵌条、罩面、拉毛、清场等。

编号	项目	单位	预算基价				人工	材料							机械
			总价	人工费	材料费	机械费	综合工	水泥 32.5级	生石灰	粗砂	水	石灰膏	混合砂浆 1:0.5:1	混合砂浆 1:0.5:4	灰浆搅拌机 200L
			元	元	元	元	工日	t	t	t	m^3	m^3	m^3	m^3	台班
							135.00	357.47	309.26	86.63	7.62				208.76
8-21	墙面、墙裙	$100m^2$	**2576.59**	1887.30	559.86	129.43	13.98	0.771	0.224	2.340	1.609	(0.320)	(0.615)	(1.281)	0.620
8-22	梁、柱		**3539.14**	2849.85	559.86	129.43	21.11	0.771	0.224	2.340	1.609	(0.320)	(0.615)	(1.281)	0.620
8-23	拱圈		**4750.09**	4060.80	559.86	129.43	30.08	0.771	0.224	2.340	1.609	(0.320)	(0.615)	(1.281)	0.620
8-24	挑檐、腰线栏杆、扶手		**4952.59**	4263.30	559.86	129.43	31.58	0.771	0.224	2.340	1.609	(0.320)	(0.615)	(1.281)	0.620
8-25	压顶及其他		**5153.74**	4464.45	559.86	129.43	33.07	0.771	0.224	2.340	1.609	(0.320)	(0.615)	(1.281)	0.620

69.镶 贴 面 层

工作内容：清理及修补基层表面，刮底，砂浆配制，砍、打及磨光块料边缘，镶贴，修嵌缝隙，除污，打蜡擦亮，材料运输及清场等。

编号	项目	单位	预算基价 总价	人工费	材料费	机械费	人工 综合工	材料 陶瓷锦砖	水磨石板	瓷砖 150×150	缸砖	大理石板	白水泥	乳胶	108胶
			元	元	元	元	工日	m^2	m^2	千块	千块	m^2	kg	kg	kg
							135.00	39.71	73.48	598.58	701.57	299.93	0.64	9.51	4.45
8-26	陶瓷锦砖（乳胶粘接）	100m²	**13729.43**	8703.45	4888.20	137.78	64.47	102.000					15.300	14.000	
8-27	陶瓷锦砖	100m²	**13014.55**	8128.35	4735.89	150.31	60.21	101.000							
8-28	预制水磨石板	100m²	**13763.19**	4598.10	9023.13	141.96	34.06		101.000				15.300		
8-29	瓷砖	100m²	**11192.69**	7071.30	3971.08	150.31	52.38			4.560			15.300		105.000
8-30	缸砖	100m²	**7573.65**	3564.00	3863.52	146.13	26.40				4.530				
8-31	大理石	100m²	**37461.87**	5328.45	31974.76	158.66	39.47					101.000	15.300		

续前

编号	项目	单位	材料												机械
			水泥 32.5级	粗砂	水	镀锌钢丝 0.7~1.2	铁件（含制作费）	草酸	石蜡	煤油	纯水泥浆	水泥砂浆 1∶1	水泥砂浆 1∶2.5	水泥砂浆 1∶2	灰浆搅拌机 200L
			t	t	m^3	kg	kg	kg	kg	kg	m^3	m^3	m^3	m^3	台班
			357.47	86.63	7.62	7.34	9.49	10.93	5.01	7.49					208.76
8-26	陶瓷锦砖（乳胶粘接）	$100m^2$	1.288	2.553	1.740						(0.103)	(0.584)	(1.333)		0.660
8-27	陶瓷锦砖	$100m^2$	1.249	3.061	1.775						(0.103)		(1.404)	(0.718)	0.720
8-28	预制水磨石板	$100m^2$	1.039	3.138	1.700	79.000	34.000	1.200	2.500	1.000			(2.120)		0.680
8-29	瓷砖	$100m^2$	1.386	2.859	2.806							(0.892)	(1.333)		0.720
8-30	缸砖	$100m^2$	1.120	3.138	1.732								(1.456)	(0.718)	0.700
8-31	大理石	$100m^2$	1.155	3.490	2.778	79.000	34.000	1.200	2.500	1.000			(2.358)		0.760

70.油　　漆

工作内容：除锈、清扫、批腻子、刷油漆等。

编号	项目		单位	预算基价			人工	材料					
				总价	人工费	材料费	综合工	调和漆	无光调和漆	乳胶漆	醇酸防锈漆	石膏	滑石粉
				元	元	元	工日	kg	kg	kg	kg	kg	kg
							135.00	14.11	16.79	9.05	13.20	1.30	0.59
8-32	抹灰油	批腻子、底油、调和漆各两遍	100m²	**1489.35**	1051.65	437.70	7.79	9.270	9.270			2.990	13.860
8-33	抹灰油	批腻子、底油、无光调和漆、调和漆各一遍	100m²	**1415.82**	846.45	569.37	6.27	9.270	17.100			2.990	13.860
8-34	抹灰油	批腻子、乳胶漆各三遍	100m²	**1122.52**	691.20	431.32	5.12			43.260		2.050	13.860
8-35	乳胶漆二遍	混凝土面	100m²	**732.16**	405.00	327.16	3.00			36.150			
8-36	乳胶漆二遍	拉毛面	100m²	**1181.06**	677.70	503.36	5.02			55.620			
8-37	乳胶漆二遍	混凝土栏杆	100m²	**1910.28**	1215.00	695.28	9.00			75.920			
8-38	金属面防锈漆一遍	栏杆	t	**243.57**	126.90	116.67	0.94				6.500		
8-39	金属面防锈漆一遍	其他金属面	t	**141.74**	58.05	83.69	0.43				4.670		
8-40	金属面调和漆一遍	栏杆	t	**436.35**	382.05	54.30	2.83	1.900					
8-41	金属面调和漆一遍	具他金属由	t	**173.82**	135.00	38.82	1.00	1.360					

续前

编号	项目		单位	材料										
				羧甲基纤维素	聚醋酸乙烯乳液	熟桐油	清油	溶剂油	酒精 99.5%	催干剂	白布	大白粉	砂布	砂纸
				kg	kg	kg	kg	kg	kg	kg	m^2	kg	张	张
				11.25	9.51	14.96	15.06	6.90	7.42	12.76	10.34	0.91	0.93	0.87
8-32	抹灰油	批腻子、底油、调和漆各两遍	$100m^2$	0.310	1.550	2.180	1.550	7.510	0.020	0.480	0.080			7.000
8-33	抹灰油	批腻子、底油、无光调和漆、调和漆各一遍	$100m^2$	0.310	1.550	2.180	1.550	7.510	0.020	0.480	0.100			7.000
8-34	抹灰油	批腻子、乳胶漆各三遍	$100m^2$	0.340	1.700						0.070	1.430		8.000
8-35	乳胶漆二遍	混凝土面	$100m^2$											
8-36	乳胶漆二遍	拉毛面	$100m^2$											
8-37	乳胶漆二遍	混凝土栏杆	$100m^2$								0.120			8.000
8-38	金属面防锈漆一遍	栏杆	t					0.700					28.000	
8-39	金属面防锈漆一遍	其他金属面	t					0.500					20.000	
8-40	金属面调和漆一遍	栏杆	t					0.210					28.000	
8-41	金属面调和漆一遍	其他金属面	t					0.150					20.000	

71.水 质 涂 料

工作内容：清理基底、砂浆配制、抹腻子、涂刷、清场等。

编号	项目	单位	预算基价			人工	材							料				
			总价	人工费	材料费	综合工	石灰浆	水泥 32.5级	白水泥	涂料 106型	冷底子油	盐	生石灰	血料	108胶	色粉	大白粉	羧甲基纤维素
			元	元	元	工日	kg	kg	kg	kg	kg	kg	kg	kg	kg	kg	kg	kg
						135.00	0.46	0.36	0.64	3.90	6.41	0.91	0.30	5.25	4.45	4.47	0.91	11.25
8-42	石灰浆	100m²	**420.46**	411.75	8.71	3.05	17.850					0.550						
8-43	水泥浆		**586.67**	526.50	60.17	3.90		40.250					4.220	8.460				
8-44	白水泥浆		**1388.77**	1305.45	83.32	9.67			46.900						10.250	1.720		
8-45	106涂料		**751.96**	567.00	184.96	4.20				38.220					0.140		21.710	1.380
8-46	水柏油		**457.82**	295.65	162.17	2.19					25.300							

第九章　钢结构工程

72.钢梁制

工作内容：1.放样号料、切割、坡口、(钻孔)、组对定位、分段焊接成型、半成品堆放。2.吊装就位、临时固定、栓接紧固或组合焊接。

编号	项目			单位	预算基价				人工	材		
					总价	人工费	材料费	机械费	综合工	桥梁钢板 Q345qD	热轧厚钢板 8～10	型钢
					元	元	元	元	工日	t	t	t
									135.00	4345.75	3673.05	3699.72
9-1	焊接封闭箱室钢箱梁	等截面	制作	t	**9316.35**	2862.00	5330.07	1124.28	21.200	1.080	0.010	0.019
9-2	焊接封闭箱室钢箱梁	等截面	安装	t	**2051.56**	1197.45	152.87	701.24	8.870			
9-3	焊接封闭箱室钢箱梁	变截面	制作	t	**9480.30**	2987.55	5366.78	1125.97	22.130	1.090	0.010	0.019
9-4	焊接封闭箱室钢箱梁	变截面	安装	t	**2021.12**	1152.90	146.93	721.29	8.540			

料								机	械		
碳钢埋弧焊丝 H08Mn2E	埋弧焊剂	电焊条	氧气 $6m^3$	乙炔气 5.5～6.5kg	尼龙砂轮片 *D*150	方木	零星材料费	自动埋弧焊机 1500A	直流电焊机 32kW	电焊条烘干箱 80cm×80cm×100cm	电焊条恒温箱
kg	kg	kg	m^3	m^3	片	m^3	元	台班	台班	台班	台班
9.58	4.93	7.59	2.88	16.13	6.65	3266.74		261.86	92.43	51.03	55.04
14.680	22.020	16.000	6.716	2.243	6.500	0.015	11.25	0.659	3.575	0.834	0.834
		12.000	2.020	0.670	1.540	0.010	2.26		3.486	0.264	0.312
14.680	22.020	15.520	6.515	2.175	6.305	0.015	11.12	0.659	3.468	0.824	0.824
		11.400	1.920	0.640	1.460	0.010	2.17		3.312	0.251	0.296

续前

编号	项目			单位	机械								
					数控多向切割机 4000	单向多头切割机 4000	半自动切割机 100	刨边机 9000mm	门式起重机 30t	汽车式起重机 25t	汽车式起重机 50t	汽车式起重机 100t	轴流通风机 7.5kW
					台班	台班	台班	台班	台班	台班	台班	台班	台班
					509.01	285.33	88.45	516.01	743.10	1098.98	2492.74	4689.49	42.17
9-1	焊接封闭箱室钢箱梁	等截面	制作	t	0.031	0.090	0.300	0.070	0.424	0.020	0.030		0.400
9-2			安装							0.016	0.052	0.042	0.100
9-3		变截面	制作		0.039	0.077	0.300	0.070	0.403		0.050		0.400
9-4			安装								0.061	0.049	0.100

工作内容：1.放样号料、切割、坡口、(钻孔)、组对定位、分段焊接成型、半成品堆放。2.吊装就位、临时固定、栓接紧固或组合焊接。

编号	项目			单位	预算基价				人工	材料											
					总价	人工费	材料费	机械费	综合工	桥梁钢板 Q345qD	热轧厚钢板 8～10	型钢	高强螺栓	碳钢埋弧焊丝 H08Mn2E	埋弧焊剂	电焊条	氧气 6m^3	乙炔气 5.5~6.5kg	尼龙砂轮片 *D*100	方木	零星材料费
					元	元	元	元	工日	t	t	t	kg	kg	kg	kg	m^3	m^3	片	m^3	元
									135.00	4345.75	3673.05	3699.72	15.92	9.58	4.93	7.59	2.88	16.13	3.92	3266.74	
9-5	栓接开口钢箱梁	制作	箱体	t	**9962.30**	2809.35	5320.56	1832.39	20.810	1.080	0.012	0.023		14.850	22.275	15.400	7.052	2.355	2.600	0.015	11.53
9-6	栓接开口钢箱梁	制作	横隔梁	t	**12581.00**	2332.80	5171.43	5076.77	17.280	1.080				11.408	17.112	17.840	9.270	3.090	3.950	0.015	7.94
9-7	栓接开口钢箱梁	安装		t	**2334.83**	827.55	433.81	1073.47	6.130				22.750			2.000	2.020	0.670	1.540	0.010	1.12

编号	项目			单位	机												械			
					自动埋弧焊机 1500A	直流电焊机 30kW	电焊条烘干箱 80cm×80cm×100cm	电焊条恒温箱	数控多向切割机 4000	单向多头切割机 4000	半自动切割机 100	刨边机 9000mm	立式钻床 50mm	磁力钻机 D500	门式起重机 10t	门式起重机 30t	汽车式起重机 25t	汽车式起重机 50t	汽车式起重机 100t	卷板机 20×2500
					台班	台班	台班	台班	台班	台班	台班	台班	台班	台班	台班	台班	台班	台班	台班	台班
					261.86	92.43	51.03	55.04	509.01	285.33	88.45	516.01	20.33	2348.95	465.57	743.10	1098.98	2492.74	4689.49	273.51
9-5	栓接开口钢箱梁	制作	箱体	t	0.667	3.441	0.828	0.828	0.025	0.090	0.100	0.065	0.100	0.300		0.500	0.030	0.024		
9-6	栓接开口钢箱梁	制作	横隔梁	t	0.512	3.978	0.756	0.756	0.040	0.050	0.300	0.098	0.850	1.700	0.650	0.050				0.120
9-7	栓接开口钢箱梁	安装		t		0.670	0.044	0.052						0.300			0.021	0.061	0.027	

工作内容：1.放样号料、切割、坡口、(钻孔)、组对定位、分段焊接成型、半成品堆放。2.吊装就位、临时固定、栓接紧固或组合焊接。

编号	项目		单位	预算基价				人工	材料							
				总价	人工费	材料费	机械费	综合工	桥梁钢板 Q345qD	碳钢埋弧焊丝 H08Mn2E	埋弧焊剂	电焊条	氧气 6m³	乙炔气 5.5～6.5kg	尼龙砂轮片 *D*100	方木
				元	元	元	元	工日	t	kg	kg	kg	m³	m³	片	m³
								135.00	4345.75	9.58	4.93	7.59	2.88	16.13	3.92	3266.74
9-8	钢板焊接工字钢梁	制作	t	**8393.76**	2236.95	5167.06	989.75	16.570	1.080	13.326	19.989	11.200	9.030	3.010	3.740	0.020
9-9	钢板焊接工字钢梁	安装	t	**1575.59**	908.55	120.24	546.80	6.730				8.400	1.950	0.650	1.500	0.010

续前

编号	项目		单位	材料 零星材料费	机械 自动埋弧焊机 1500A	电焊机 32kV·A	电焊条烘干箱 80cm×80cm×100cm	电焊条恒温箱	单向多头切割机 4000	半自动切割机 100	刨边机 9000mm	门式起重机 10t	门式起重机 30t	汽车式起重机 25t	汽车式起重机 50t
				元	台班	台班	台班	台班	台班	台班	台班	台班	台班	台班	台班
					261.86	87.97	51.03	55.04	285.33	88.45	516.01	465.57	743.10	1098.98	2492.74
9-8	钢板焊接工字钢梁	制　作	t	7.88	0.598	2.503	0.690	0.690	0.100	0.150	0.100	0.330	0.320	0.050	
9-9	钢板焊接工字钢梁	安　装	t	1.84		2.816	0.185	0.218						0.019	0.103

73.钢拱、钢梁制作、安装

工作内容：1.放样号料、切割、坡口、组对定位、分段焊接成型、半成品堆放。2.吊装就位、临时固定、组合焊接。

编号	项目			单位	预算基价				人工	材料												
					总价	人工费	材料费	机械费	综合工	桥梁钢板 Q345qD	热轧厚钢板 8～10	型钢	碳钢埋弧焊丝 H08Mn2E	碳钢二氧化碳焊丝 TWE-711	埋弧焊剂	电焊条	氧气 6m³	乙炔气 5.5~6.5kg	二氧化碳气体	尼龙砂轮片 *D*150	方木	零星材料费
					元	元	元	元	工日	t	t	t	kg	kg	kg	kg	m³	m³	m³	片	m³	元
									135.00	4345.75	3673.05	3699.72	9.58	10.14	4.93	7.59	2.88	16.13	1.21	6.65	3266.74	
9-10	钢拱	椭圆断面	制作	t	**9999.50**	3296.70	5315.15	1387.65	24.420	1.090	0.017	0.010		15.858		11.728	11.918	3.975	10.967	8.450	0.015	12.12
9-11	钢拱	椭圆断面	安装	t	**2944.38**	1638.90	279.02	1026.46	12.140		0.010					20.592	3.973	1.325		2.352	0.010	4.87
9-12	钢拱	箱形断面	制作	t	**10222.30**	3597.75	5284.43	1340.12	26.650	1.080	0.015	0.010	3.080	12.686	4.620	13.730	10.965	3.657	8.773	7.774	0.015	11.92
9-13	钢拱	箱形断面	安装	t	**2628.72**	1478.25	214.89	935.58	10.950							17.500	3.774	1.259		2.234	0.010	3.36

续前

编号	项目			单位	机械																
					二氧化碳气体保护焊机 250A	直流电焊机 32kW	电焊条烘干箱 80cm×80cm×100cm	电焊条恒温箱	数控多向切割机 4000	单向多头切割机 4000	半自动切割机 100	卷板机 20×2500	刨边机 9000mm	摩擦压力机 3000kN	门式起重机 10t	门式起重机 30t	轴流通风机 7.5kW	汽车式起重机 25t	汽车式起重机 50t	汽车式起重机 100t	自动埋弧焊机 1500A
					台班	台班	台班	台班	台班	台班	台班	台班	台班	台班	台班	台班	台班	台班	台班	台班	台班
					64.76	92.43	51.03	55.04	509.01	285.33	88.45	273.51	516.01	407.82	465.57	743.10	42.17	1098.98	2492.74	4689.49	261.86
9-10	钢拱	椭圆断面	制作	t	3.544	2.621	0.552	0.592	0.017	0.135	0.400	0.104	0.120	0.020	0.695	0.375	0.400	0.050			
9-11	钢拱	椭圆断面	安装	t		5.982	0.453	0.535										0.024	0.068	0.048	
9-12	钢拱	箱形断面	制作	t	2.835	3.068	0.636	0.636	0.017	0.122	0.350			0.020	0.709	0.383	0.400	0.050			0.139
9-13	钢拱	箱形断面	安装	t		5.084	0.385	0.455										0.024	0.068	0.048	

74.钢结构重防腐

工作内容：1.上料、抛丸、下料。2.筛运砂、烘砂、装砂、喷砂、回收砂、清理现场。3.调漆、涂布、清理。

编号	项目			单位	预算基价				人工	材料			机械				
					总价	人工费	材料费	机械费	综合工	钢丸	石英砂	零星材料费	抛丸清理机 Q6930Q5	除锈喷砂机 $3m^3/min$	鼓风机 $18m^3/min$	电动空气压缩机 $10m^3/min$	轴流通风机 7.5kW
					元	元	元	元	工日	kg	kg	元	台班	台班	台班	台班	台班
									135.00	4.34	0.28		3625.75	34.55	41.24	375.37	42.17
9-14	基础处理	抛丸粗糙		$10m^2$	**272.15**	114.75	45.00	112.40	0.850	10.000		1.60	0.031				
9-15	基础处理	喷砂除锈	外表面	$10m^2$	**445.46**	214.65	129.99	100.82	1.590		422.400	11.72		0.221	0.248	0.221	
9-16	基础处理	喷砂除锈	内表面	$10m^2$	**533.24**	259.20	129.99	144.05	1.920		422.400	11.72		0.296	0.248	0.296	0.296

工作内容：1.上料、抛丸、下料。2.筛运砂、烘砂、装砂、喷砂、回收砂、清理现场。3.调漆、涂布、清理。

编号	项目			单位	预算基价			人工	材料				
					总价	人工费	材料费	综合工	环氧富锌底漆	环氧焦油漆	聚氨酯面漆	稀释剂	零星材料费
					元	元	元	工日	kg	kg	kg	kg	元
								135.00	30.97	17.70	45.13	8.93	
9-17	防腐涂料	外表面	刷环氧富锌底漆一遍（60μm以内）	10m²	**126.93**	39.15	87.78	0.290	2.808				0.82
9-18	防腐涂料	外表面	刷环氧焦油漆一遍（125μm以内）	10m²	**97.69**	47.25	50.44	0.350		2.800			0.88
9-19	防腐涂料	外表面	刷聚氨酯面漆一遍（30μm以内）	10m²	**75.08**	43.20	31.88	0.320			0.683	0.034	0.75
9-20	防腐涂料	内表面	刷环氧富锌底漆一遍（60μm以内）	10m²	**131.01**	43.20	87.81	0.320	2.808				0.85
9-21	防腐涂料	内表面	刷环氧焦油漆一遍（125μm以内）	10m²	**107.18**	56.70	50.48	0.420		2.800			0.92
9-22	防腐涂料	内表面	刷聚氨酯面漆一遍（30μm以内）	10m²	**67.01**	35.10	31.91	0.260			0.683	0.034	0.78

75.钢结构制作胎具

工作内容： 制作、安装、使用、拆除。

编号	项目		单位	预算基价				人工	材料					
				总价	人工费	材料费	机械费	综合工	热轧厚钢板 8～10	型钢	电焊条	氧气 $6m^3$	乙炔气 5.5～6.5kg	尼龙砂轮片 *D*100
				元	元	元	元	工日	t	t	kg	m^3	m^3	片
								135.00	3673.05	3699.72	7.59	2.88	16.13	3.92
9-23	钢结构制造胎具	1t 以内	t	**8782.35**	5167.80	2734.52	880.03	38.280	0.216	0.432	20.960	13.020	4.340	1.298
9-24	钢结构制造胎具	5t 以内	t	**6807.36**	4395.60	1690.17	721.59	32.560	0.086	0.285	18.860	12.327	4.109	1.060
9-25	钢结构制造胎具	5t 以外	t	**5627.37**	3539.70	1455.00	632.67	26.220	0.065	0.255	15.000	10.368	3.456	0.876

续前

编号	项目		单位	材料		机械								
				方木	零星材料费	直流电焊机 30kW	剪板机 20×2500	型钢切断机 500mm	摩擦压力机 3000kN	立式钻床 50mm	门式起重机 10t	门式起重机 20t	汽车式起重机 12t	汽车式起重机 25t
				m^3	元	台班	台班	台班	台班	台班	台班	台班	台班	台班
				3266.74		92.43	329.03	283.72	407.82	20.33	465.57	644.36	864.36	1098.98
9-23	钢结构制造胎具	1t 以内	t	0.020	5.85	4.611	0.041	0.117	0.100	0.060	0.413		0.200	
9-24	钢结构制造胎具	5t 以内	t	0.020	5.45	4.150	0.027	0.090		0.040	0.344		0.165	
9-25	钢结构制造胎具	5t 以外	t	0.020	4.60	3.300	0.016	0.077		0.020		0.256		0.123

76.钢结构安装用临时钢支墩安拆

工作内容：制作、安装、使用、拆除、跨间移位。

编号	项目		单位	预算基价				人工	材料				
				总价	人工费	材料费	机械费	综合工	钢板(中厚)	型钢	焊接钢管 300×8	电焊条	氧气 6m³
				元	元	元	元	工日	t	t	t	kg	m³
								135.00	3876.58	3699.72	5458.93	7.59	2.88
9-26	钢结构安装用临时钢支墩安拆	首次	t	**7868.24**	4024.35	2476.69	1367.20	29.810	0.108	0.126	0.198	23.100	18.228
9-27	钢结构安装用临时钢支墩安拆	跨间移位一次	t	**2669.76**	1229.85	601.25	838.66	9.110	0.010	0.035	0.050	7.161	5.651

续前

编号	项目		单位	材料				机械					
				乙炔气 5.5～6.5kg	尼龙砂轮片 *D*150	方木	零星材料费	直流电焊机 30kW	型钢切断机 500mm	门式起重机 20t	汽车式起重机 25t	汽车式起重机 50t	载重汽车 15t
				m^3	片	m^3	元	台班	台班	台班	台班	台班	台班
				16.13	6.65	3266.74		92.43	283.72	644.36	1098.98	2492.74	809.06
9-26	钢结构安装用临时钢支墩安拆	首次	t	6.076	2.030	0.050	8.32	3.455	0.150	0.500	0.050	0.252	
9-27	钢结构安装用临时钢支墩安拆	跨间移位一次	t	1.884	0.629	0.016	2.58	1.071			0.050	0.226	0.150

77.人行天桥制作

工作内容：施工准备、装卸搬运、放样、切割、焊接、桥体拼装、组焊钢平台搭设、临时支架等加工制作。

编号	项目	单位	预算基价				人工	材料					
			总价	人工费	材料费	机械费	综合工	热轧厚钢板 4.4~5.5	钢板(中厚)	型钢	电焊条	氧气 $6m^3$	乙炔气 5.5~6.5kg
			元	元	元	元	工日	t	kg	kg	kg	m^3	m^3
							135.00	3700.00	3.69	3.70	7.59	2.88	16.13
9-28	人行天桥制作	t	**10657.83**	4860.00	4673.80	1124.03	36.000	1.060	20.000	25.000	40.000	22.600	9.130

续前

编号	项目	单位	材料				机械						
			板材	砂轮片	尼龙砂轮片 *D*100	零星材料费	交流弧焊机 32kV·A	直流电焊机 30kW	卷板机 20×2500	剪板机 20×2500	门式起重机 5t	载重汽车 8t	小型机具
			m^3	片	片	元	台班	台班	台班	台班	台班	台班	元
			2302.20	5.80	3.92		87.97	92.43	273.51	329.03	377.21	521.59	
9-28	人行天桥制作	t	0.015	2.500	2.300	11.50	5.500	1.200	0.100	0.180	0.900	0.150	24.98

78.人行天桥安装

工作内容：基础验收、吊装、焊接、吊装组对固定板、支撑架安装、拆除、构件厂内搬运、焊接缝探伤检查等。

编号	项目	单位	预算基价				人工	材料				
			总价	人工费	材料费	机械费	综合工	钢板 10～12	型钢	电焊条	氧气 6m³	乙炔气 5.5～6.5kg
			元	元	元	元	工日	kg	kg	kg	m³	m³
							135.00	3.67	3.70	7.59	2.88	16.13
9-29	人行天桥安装	t	**3218.27**	1687.50	473.77	1057.00	12.500	5.000	6.250	15.000	7.000	3.000

续前

编号	项目	单位	材料				机械					
			板材	砂轮片	尼龙砂轮片D100	零星材料费	交流弧焊机32kV·A	直流电焊机30kW	汽车式起重机16t	汽车式起重机20t	载重汽车8t	小型机具
			m^3	片	片	元	台班	台班	台班	台班	台班	元
			2302.20	5.80	3.92		87.97	92.43	971.12	1043.80	521.59	
9-29	人行天桥安装	t	0.100	1.250	1.000	8.50	2.000	0.500	0.200	0.450	0.300	14.43

79.人行天桥钢栏杆制作及安装

工作内容：放样、画线、拼装焊接、成品矫正、构件加固、安装。

编号	项目	单位	预算基价				人工	材料							
			总价	人工费	材料费	机械费	综合工	钢板 4.5～10	热轧槽钢 25#～36#	电焊条	汽油 90#	氧气 6m³	乙炔气 5.5～6.5kg	镀锌钢丝 1.8～2.0	板材
			元	元	元	元	工日	kg	t	kg	kg	m³	m³	kg	m³
							135.00	3.79	3631.86	7.59	7.16	2.88	16.13	7.09	2302.20
9-30	栏杆制作及安装	t	**10583.48**	6288.30	3116.50	1178.68	46.580	0.300	0.760	26.500	3.000	3.100	1.350	6.500	0.020

续前

编号	项目	单位	材料	机									械			
			零星材料费	门式起重机 10t	门式起重机 30t	轨道平车 12t	多辊板料校平机 16×2500	剪板机 16×2500	刨边机 12000mm	型钢剪断机 500mm	型钢矫正机	摇臂钻床 63mm	交流电焊机 40kV·A	电动空气压缩机 $10m^3/min$	交流电焊机 30kV·A	汽车式起重机 16t
			元	台班	台班	台班	台班	台班	台班	台班	台班	台班	台班	台班	台班	台班
				465.57	743.10	85.91	1184.23	292.58	566.55	283.72	257.01	42.00	114.64	375.37	87.97	971.12
9-30	栏杆制作及安装	t	9.70	0.450	0.200	0.300	0.020	0.020	0.030	0.120	0.120	0.140	3.800	0.080	0.200	0.200

第十章　其 他 工 程

80.支座制作与安装

工作内容：1.下料、熬油、涂油、砂浆找平、环氧树脂粘接支座、料具倒运。2.预埋钢板，铁件制作、安装，焊接，支座的安装连接等工作，料具倒运。

编号	项目	单位	预算基价			人工	材料										
			总价	人工费	材料费	综合工	板式橡胶支座	四氟板式橡胶支座	橡胶板	橡胶条 200×10	丙酮	二丁酯	乙二胺	环氧树脂 6101	不锈钢板 δ≤4	水泥 32.5级	粗砂
			元	元	元	工日	1000cm³	1000cm³	m²	m	kg	kg	kg	kg	kg	t	t
						135.00	47.79	87.94	113.27	102.48	9.89	13.87	21.96	28.33	17.45	357.47	86.63
10-1	板式橡胶支座	1000cm³	**80.49**	27.00	53.49	0.20	1.000				0.060	0.030	0.020	0.150			
10-2	四氟板式橡胶支座	1000cm³	**128.32**	27.00	101.32	0.20		1.000			0.060	0.030	0.020	0.150	0.440		
10-3	普通橡胶支座	10m²	**2258.18**	607.50	1650.68	4.50			14.300							0.039	0.196
10-4	搭板下氯丁橡胶条	10m	**1047.47**	17.55	1029.92	0.13				10.05							

工作内容：1.下料、熬油、涂油、砂浆找平、环氧树脂粘接支座、料具倒运。2.预埋钢板，铁件制作、安装，焊接，支座的安装连接等工作，料具倒运。

编号	项目	单位	预算基价				人工	材料							机械
			总价	人工费	材料费	机械费	综合工	辊轴钢支座	切线钢支座	摆式支座	型钢	铁件(含制作费)	钢筋 $D10$以外	电焊条	电焊机 30kV·A
			元	元	元	元	工日	t	t	t	kg	kg	t	kg	台班
							135.00	2116.52	2079.38	110.62	3.70	9.49	3799.94	7.59	87.97
10-5	辊轴钢支座	t	**4839.65**	2214.00	2608.94	16.71	16.40	1.000			60.000	13.200	0.037	0.600	0.190
10-6	切线钢支座	t	**9595.60**	5447.25	3138.45	1009.90	40.35		1.000				0.207	35.900	11.480
10-7	摆式支座	t	**5813.28**	4542.75	754.15	516.38	33.65			1.000			0.132	18.700	5.870

工作内容：1.下料、熬油、涂油、砂浆找平、环氧树脂粘接支座、料具倒运。2.预埋钢板，铁件制作、安装，焊接，支座的安装连接等工作，料具倒运。

编号	项目		单位	预算基价				人工	
				总价	人工费	材料费	机械费	综合工	钢盆式橡胶支座
				元	元	元	元	工日	个
								135.00	
10-8	钢盆式橡胶组合支座	3000kN 以内	个	**5601.19**	673.65	4752.38	175.16	4.99	1.000×4085.84
10-9		4000kN 以内		**7623.56**	962.55	6473.65	187.36	7.13	1.000×5606.19
10-10		5000kN 以内		**10627.70**	1539.00	8889.14	199.56	11.40	1.000×7787.61
10-11		7000kN 以内		**11047.93**	2304.45	8530.85	212.63	17.07	1.000×6982.30
10-12		10000kN 以内		**18181.12**	3670.65	14089.01	421.46	27.19	1.000×12026.55
10-13		15000kN 以内		**29406.12**	6069.60	22888.02	448.50	44.96	1.000×19884.96
10-14		20000kN 以内		**42112.47**	8351.10	33262.97	498.40	61.86	1.000×29429.20

材				料				机		械
预拌混凝土 AC40	螺纹钢 锰D14～32	热轧厚钢板 8～10	型钢	电焊条	组合钢模板	铁件（含制作费）	镀锌钢丝 0.7～1.2	汽车式起重机 20t	汽车式起重机 32t	电焊机 30kV·A
m^3	t	t	kg	kg	kg	kg	kg	台班	台班	台班
504.93	3719.82	3673.05	3.70	7.59	10.97	9.49	7.34	1043.80	1274.79	87.97
0.360	0.045	0.077	1.000	1.800	1.000	0.500	0.200	0.140		0.330
0.490	0.058	0.100	1.000	1.900	1.000	0.600	0.300	0.150		0.350
0.640	0.073	0.124	1.000	2.100	2.000	0.800	0.300	0.160		0.370
0.960	0.103	0.170	1.000	2.300	2.000	1.000	0.500	0.170		0.400
1.240	0.131	0.239	1.000	2.600	3.000	1.100	0.600	0.050	0.260	0.430
1.760	0.182	0.369	2.000	3.000	3.000	1.300	0.900	0.070	0.260	0.500
2.210	0.226	0.487	2.000	3.400	3.000	1.500	1.100	0.090	0.260	0.830

工作内容：1.下料、熬油、涂油、砂浆找平、环氧树脂粘接支座、料具倒运。2.预埋钢板，铁件制作、安装，焊接，支座的安装连接等工作，料具倒运。

编号	项目	单位	预算基价			人工	材料
			总价	人工费	材料费	综合工	油毡
			元	元	元	工日	m^2
						135.00	3.83
10-15	油毛毡支座	$10m^2$	**178.03**	99.90	78.13	0.74	20.400

81.伸缩缝制作与安装

工作内容：1.焊接、安装、切割临时接头。2.熬油拌沥青及油浸、混凝土拌和、沥青玛瑶脂嵌缝。3.薄钢板加工固定等。

编号	项目		单位	预算基价				人工	材料		
				总价	人工费	材料费	机械费	综合工	梳形钢板伸缩缝	钢板伸缩缝	橡胶板伸缩缝
				元	元	元	元	工日	m	m	m
								135.00			
10-16	制作、安装伸缩缝	梳形钢板	10m	**2069.12**	1220.40	543.46	305.26	9.04	(10.000)		
10-17		钢板		**1395.27**	908.55	215.77	270.95	6.73		(10.000)	
10-18		橡胶板		**1510.65**	1294.65	100.76	115.24	9.59			(10.000)
10-19		沥青麻丝		**303.30**	259.20	44.10		1.92			
10-20		镀锌薄钢板沥青玛瑶脂		**796.78**	298.35	498.43		2.21			

续前

编号	项目		单位	材料								机械
				油浸麻丝	石油沥青玛琋脂	石油沥青砂	石油沥青30#	圆钢	镀锌薄钢板	电焊条	环氧树脂6101	电焊机30kV·A
				kg	kg	t	kg	t	m²	kg	kg	台班
				23.00	4.42	305.83	6.00	3906.62	17.48	7.59	28.33	87.97
10-16	制作、安装伸缩缝	梳形钢板	10m			0.047	50.000	0.007		26.580		3.470
10-17		钢板						0.006		25.340		3.080
10-18		橡胶板						0.002		10.380	0.500	1.310
10-19		沥青麻丝		1.500			1.600					
10-20		镀锌薄钢板沥青玛琋脂			92.400				5.150			

工作内容：1.切缝、开槽、清除杂物。2.堵塞缝隙、安装镀锌铁件、槽底涂油。3.拌和、摊铺黏性骨料、平整压实。

编号	项目		单位	预算基价				人工	材料			机械					
				总价	人工费	材料费	机械费	综合工	改性沥青伸缩缝	镀锌薄钢板	风镐尖	振动平板夯 20kN	沥青加热釜	集料拌和机	混凝土切缝机	内燃空气压缩机 $9m^3/min$	发电机 24kW
				元	元	元	元	工日	$1000cm^3$	m^2	个	台班	台班	台班	台班	台班	台班
								135.00	17.52	17.48	12.98	34.71	567.03	192.17	31.10	450.35	361.41
10-21	制作、安装伸缩缝	改性沥青	m	**746.69**	48.60	639.17	58.92	0.36	34.450	2.000	0.050	0.036	0.036	0.036	0.036	0.036	0.036

工作内容：伸缩缝安装前的准备工作、剔除混凝土、清理现场、伸缩缝安装、锚固焊接混凝土铺筑及养护等工作。

编号	项目		单位	预算基价				人工	材料					机械				
				总价	人工费	材料费	机械费	综合工	伸缩缝	预拌混凝土 AC50	钢筋 *D*10以外	电焊条	乙炔气 5.5~6.5kg	电焊机 30kV·A	内燃空气压缩机 9m³/min	电动卷扬机 20kN	电动卷扬机 50kN	气焊设备 3m³
				元	元	元	元	工日	m	m³	t	kg	m³	台班	台班	台班	台班	台班
								135.00		565.12	3799.94	7.59	16.13	87.97	450.35	225.43	211.29	14.92
10-22	制作、安装伸缩缝	TS80	m	**917.25**	309.15	521.23	86.87	2.29	1.000×442.48	0.067	0.006	2.000	0.180	0.220	0.060	0.090	0.090	0.080
10-23	制作、安装伸缩缝	TS160	m	**1919.42**	383.40	1430.33	105.69	2.84	1.000×1327.43	0.089	0.008	2.500	0.200	0.280	0.070	0.110	0.110	0.100
10-24	制作、安装伸缩缝	TS240	m	**3013.66**	460.35	2428.81	124.50	3.41	1.000×2300.88	0.112	0.010	3.000	0.240	0.340	0.080	0.130	0.130	0.120
10-25	制作、安装伸缩缝	TS320	m	**3928.85**	535.95	3245.96	146.94	3.97	1.000×3097.35	0.134	0.011	3.500	0.280	0.390	0.100	0.150	0.150	0.140

82.隔 声 屏 障

工作内容：工具准备、挂线找平、构件安装焊接、油漆等。

编号	项目	单位	预算基价			人工	材料			
			总价	人工费	材料费	综合工	PC耐力板实心	矩形空心型钢立柱100×60×5	热轧等边角钢25×4	热轧扁钢20×4
			元	元	元	工日	m^2	t	t	t
						135.00	299.12	3274.34	3715.62	3676.67
10-26	隔声屏障	$10m^2$	**5263.87**	1038.15	4225.72	7.69	10.100	0.114	0.035	0.015

续前

编号	项目	单位	材								料
			热轧扁钢 60×4	冷拉薄壁管 ϕ89 4mm厚	拉铆钉 M30	橡胶压条	玻璃胶 310g	电焊条	厚膜环氧富锌漆	铁红环氧漆	丙烯酸聚氨酯磁漆
			t	t	100个	kg	支	kg	kg	kg	kg
			3639.62	4247.79	14.05	2.13	23.15	7.59	28.43	15.42	12.33
10-26	隔声屏障	10m^2	0.016	0.043	1.920	9.440	3.850	1.730	6.240	3.260	2.290

83.桥面泄水孔

工作内容：下料、安装、凿毛、抹砂浆。

编号	项目		单位	预算基价			人工	材料								
				总价	人工费	材料费	综合工	焊接钢管 $DN150$	铸铁管 $DN150$	硬塑料管 150	PVC塑料管 $DN160$	石油沥青 30#	钢管 $DN130$	热轧薄钢板 3.5~5.5	塑料弯头	铁件（含制作费）
				元	元	元	工日	m	m	m	m	kg	m	kg	个	kg
							135.00	68.51	124.42	87.20	36.09	6.00	50.42	3.70	51.12	9.49
10-27	安装泄水孔	钢管	10m	**975.19**	117.45	857.74	0.87	10.200				26.490				
10-28	安装泄水孔	铸铁管	10m	**1569.77**	141.75	1428.02	1.05		10.200			26.490				
10-29	安装泄水孔	塑料管	10m	**983.94**	94.50	889.44	0.70			10.200						
10-30	安装泄水管	UPVC泄水管	10m	**1037.35**	94.50	942.85	0.70				10.200		1.330	2.480	5.710	21.770

84.桥面防水层制作

工作内容：清扫桥面、调拌防水涂料、涂刷防水涂料两遍、料具场内运输。

编号	项目	单位	预算基价			人工	材料	
			总价	人工费	材料费	综合工	防水涂料	零星材料费
			元	元	元	工日	kg	元
						135.00	16.85	
10-31	桥面防水层	$10m^2$	**529.07**	270.00	259.07	2.00	15.000	6.32

85.沉降缝及滤层

工作内容：下料、熬油、刷油、安装。

编号	项目			单位	预算基价 总价	人工费	材料费	人工 综合工	材料 粗砂	碴石 2～4	油毡	石油沥青 30#	木丝板 25×610×1830	煤	木柴
					元	元	元	工日	t	t	m^2	kg	m^2	kg	kg
								135.00	86.63	85.12	3.83	6.00	46.24	0.53	1.03
10-32	砂石滤沟	断面积 $0.1m^2$ 以内		10m³	**4031.26**	2478.60	1552.66	18.36	12.956	5.055					
10-33	砂石滤沟	断面积 $0.1m^2$ 以外		10m³	**3999.62**	2511.00	1488.62	18.60	9.667	7.650					
10-34	砂滤层	厚度 10cm 以内		10m³	**2247.30**	572.40	1674.90	4.24	19.334						
10-35	砂滤层	厚度 20cm 以内		10m³	**2232.45**	557.55	1674.90	4.13	19.334						
10-36	砂滤层	厚度 30cm 以内		10m³	**2217.60**	542.70	1674.90	4.02	19.334						
10-37	碎石滤层	厚度 10cm 以内		10m³	**2186.59**	884.25	1302.34	6.55		15.300					
10-38	碎石滤层	厚度 20cm 以内		10m³	**2156.89**	854.55	1302.34	6.33		15.300					
10-39	碎石滤层	厚度 30cm 以内		10m³	**2093.44**	791.10	1302.34	5.86		15.300					
10-40	沉降缝	油毡	一毡	10m²	**43.12**	4.05	39.07	0.03			10.200				
10-41	沉降缝	油毡	一油	10m²	**153.29**	41.85	111.44	0.31				18.360		2.010	0.210
10-42	沉降缝	沥青木丝板		10m²	**1113.25**	59.40	1053.85	0.44				96.000	10.200	9.600	1.080

86.凿除桩顶钢筋混凝土

工作内容：1.拆除。2.旧料运输。

编号	项目		单位	预算基价				人工	材料	机械
				总价	人工费	材料费	机械费	综合工	风镐尖	电动空气压缩机 $1.0m^3/min$
				元	元	元	元	工日	个	台班
								135.00	12.98	52.31
10-43	凿除桩顶钢筋混凝土	打入桩	$10m^3$	**5178.65**	4797.90	77.88	302.87	35.540	6.000	5.790
10-44	凿除桩顶钢筋混凝土	钻孔灌注桩	$10m^3$	**2070.03**	1910.25	38.94	120.84	14.150	3.000	2.310

87.挂篮制作、安装、推移

工作内容：制作、安装、推移、拆除、清理等。

编号	项目	单位	预算基价				人工	材料						
			总价	人工费	材料费	机械费	综合工	型钢	乙炔气 5.5～6.5kg	氧气 $6m^3$	低合金钢焊条 E43	聚四氟乙烯板	黄油	红丹防锈漆
			元	元	元	元	工日	t	m^3	m^3	kg	kg	kg	kg
							135.00	3699.72	16.13	2.88	12.29	31.22	3.14	15.51
10-45	挂篮制作	t	**8558.04**	3240.00	4650.72	667.32	24.000	1.060	1.379	3.860	44.800			5.790
10-46	挂篮安拆	t	**1823.19**	147.15	1149.28	526.76	1.090	0.300	0.357	1.000	2.500			
10-47	挂篮推移	t•m	**21.75**	5.40	4.64	11.71	0.040	0.001				0.020	0.100	

续前

编号	项目	单位	材料		机械								
			调和漆	溶剂油	履带式起重机 25t	汽车式起重机 75t	电动卷扬机 50kN	普通车床 630×2000	龙门刨床 1000×3000	立式钻床 50mm	交流弧焊机 32kV·A	立式油压千斤顶 100t	电焊条烘干箱 45cm×35cm×45cm
			kg	kg	台班	台班	台班	台班	台班	台班	台班	台班	台班
			14.11	6.90	824.31	3175.79	292.19	242.35	403.35	20.33	87.97	10.21	17.33
10-45	挂篮制作	t	3.540	0.770	0.097			0.096	0.096	0.096	5.835		0.584
10-46	挂篮安拆	t				0.110	0.368				0.327	3.972	0.033
10-47	挂篮推移	t·m					0.029					0.317	

第四册　排水管道工程

册 说 明

一、本册预算基价包括沟槽土方、管道铺设、砌井、顶管、其他5章,共62节500条基价子目。

二、工程计价时应注意的问题:

1.沟槽土方:

(1)沟槽挖土按一、二类土综合考虑计算,出土按双侧出土考虑,如单侧出土时,其挖土和回填项目的人工和机械按下表系数调整。

单侧出土调整系数表

槽深	人工部分	机械部分
2.5m 以内	1.112	1.112
5.5m 以内	1.117	1.112
9.5m 以内	1.250	1.112

(2)沟槽土方不包括稀泥、河淤和粉质黏土,如发生时,其挖土项目人工和机械按下表系数调整。

沟槽挖土调整系数表

项目	人工部分	机械部分
稀泥、河淤	2.000	1.330
淤粉质黏土	1.430	1.180

(3)人工、人机明开槽、支撑槽、钢桩槽及钢桩卡板槽开挖土方、回填土方同时适用于双排管道及多排管道的合槽土方施工。

(4)半明开槽施工时,明开部分和支撑部分应分别套用明开槽和支撑槽相应的项目,明开槽的槽深为原地面至工作平台高程,支撑槽槽深为原地面至槽底高程。

(5)合槽施工沟槽深度以原地面高程至槽底最低高程的深度计算,套用相应的项目。

(6)排水沟土方及支护与沟槽土方及支护合并在一起计算,不再单列项目计算。

(7)钢桩槽及钢桩卡板槽不包括打钢桩,打钢桩项目套用相应的项目。

(8)人机回填土,一律按人机配合回填,分层夯实。回填土时,如需改换土壤,应在挖方剩余量内调剂,不足需外购时,允许增加费用。如槽基需要加固时,可套用相应项目。

(9)沟槽回填土的密实度,自管顶上平面40cm起,以下部分为90%,以上部分为95%;如密实度要求高于这一标准时,其增加的人工、拌和的材料及设备允许调整。

(10)支撑槽按1∶0.05放坡,明开槽可以根据不同的情况按操作规程或施工方案确定放坡系数。

2.管道铺设:

(1)混凝土管道下管部分包括管道铺设、管道接口、闭水试验。

(2)混凝土管道基础分为混凝土基础和砂石基础,实际使用时,应根据不同的图集和设计标准分别计算其消耗量。

(3)混凝土管道铺设应根据不同的管材及基础形式分别套用相应的基础和管道铺设项目。

(4)砂石基础中砂和渣石的消耗量综合考虑了各种因素,回填部分另行列项计算。

(5)混凝土管管径均指内径,塑料管管径按管材设计说明确定。

(6)塑料管管道铺设包括砂石基础的费用。其中玻璃钢夹砂管基础的厚度按15cm考虑:其中碎石厚10cm、粗砂厚5cm。其他塑料管基础的厚度,*DN*700以下为碎石厚10cm、粗砂厚5cm;*DN*700以上为碎石厚15cm、粗砂厚5cm。如施工图设计基础厚度与基价不符时,可套用砂石基础厚度每增减1cm项目调整。

(7)预算基价中增强聚丙烯(FRPP)管、玻璃钢夹砂管、硬聚氯乙烯(PVC-U)管、聚乙烯(HDPE)双壁波纹管接口是按胶圈接口考虑的,胶圈费用已含在管道价格中,高密度聚乙烯缠绕双壁中空肋管(HDPE)、钢带增强氯乙烯(PE)螺旋波纹管接口是按电熔和热熔两种方式考虑的,且这部分费用已含在管材价格中。

(8)混凝土变形缝的做法依据《国家建筑标准设计给排水标准图集》。变形缝镶嵌材料为低发泡聚乙烯,如实际使用材料与基价不同时,可按实际使用材料及用量调整,其他内容不得调整。

(9)各种管径的混凝土管材考虑了不同的铺管方法,与实际施工有差异时,各种费用不得调整。混凝土平口(企口)管*d*200~*d*900采用人工下管;*d*1000以上采用起重机下管。混凝土承插口管卷材全部为起重机下管,其中*d*300~*d*600采用卷扬机配合人工对口,*d*600以上采用卷扬机配合起重机对口。塑料管除*DN*200、*DN*225管径外,其余均采用起重机下管。

(10)拆砌管堵为管道闭水试验用,施工中旧管需要砌管堵时,可以根据不同管径和施工方法另行列项套用。

3.砌井:

(1)各型井的标准中,井深考虑如下:检查井中甲型井1.4m、乙型井2.5m、丙型井2.5m、丁型井3.5m、戊型井6m,砖砌卧泥部分均按1m考虑,预制卧泥分0.5m、0.75m和1m三种,闸井按5m计算。三通井、四通井、转弯井均按4m、6m两种深度和带卧泥、不带卧泥考虑。卧泥深度均按1m考虑。中型平箅收水井按1m考虑,大型平箅收水井按1.5m考虑。

(2)化粪池分为砖砌矩形化粪池和钢筋混凝土化粪池。砖砌矩形化粪池适用于采用《国家建筑标准设计给排水标准图集》02S701设计的,钢筋混凝土化粪池适用于采用《国家建筑标准设计给排水标准图集》03S702设计的。化粪池费用只包括自身的土建结构费用,不包括土方、支撑及排水、降水费。

4.顶管:

(1)预算基价顶管部分分为敞开式顶进和封闭式顶进两种不同的顶进方式,分别列项。

(2)土压平衡顶管中触变泥浆减阻,泥浆配比按水∶膨润土∶碱(Na_2CO_3)=84∶16∶0.32考虑,如与实际配合比不同时,泥浆可按实际调整。

(3)水泥的单位质量按1.15t/m^{3}考虑,水泥膜厚度按3cm计算。

(4)触变泥浆项目,消耗量已综合考虑了泥浆的损耗,泥浆的损耗按1.5倍计算。

5.其他:

(1)排水管道沟槽排水基价项目是在正常施工条件下,合理的施工工期,按照不同的管材、管径、深度、施工方法综合取定的。

(2)塑料管排水费执行混凝土承插口管相应管径及埋深的排水费项目。

(3)排水管道沟槽排水基价项目是按支撑槽考虑的,如果是明开槽,则排水费按支撑槽相应管材材质、管径及埋深项目乘以系数0.60计算。

(4)出水口只列八字式,砌筑材料为毛石和砖。

工程量计算规则

一、排水管道在计算沟槽土方还填数量时，按挖土量扣除管和基础所占的体积计算。

二、排水管道铺设槽底宽度按下列各表计算。

排水管道承插口混凝土管材铺设支撑槽槽底宽度表

管径（mm）	d300	d400	d500	d600	d700	d800	d900	d1000	d1100	d1200
槽底宽度（m）	1.15	1.30	1.60	1.70	1.85	2.00	2.10	2.20	2.40	2.65
管径（mm）	d1350	d1500	d1650	d1800	d2000	d2200	d2400	d2600	d2800	d3000
槽底宽度（m）	2.80	3.00	3.20	3.40	3.60	3.85	4.10	4.30	4.50	4.75

排水管道承插口混凝土管材铺设明开槽槽底宽度表

管径（mm）	d300	d400	d500	d600	d700	d800	d900	d1000	d1100	d1200
槽底宽度（m）	0.95	1.10	1.40	1.50	1.65	1.80	1.90	2.00	2.20	2.45
管径（mm）	d1350	d1500	d1650	d1800	d2000	d2200	d2400	d2600	d2800	d3000
槽底宽度（m）	2.60	2.80	3.00	3.20	3.40	3.65	3.90	4.10	4.30	4.55

排水管道平口(企口)混凝土管材铺设支撑槽槽底宽度表

管径(mm)	d200	d300	d400	d500	d600	d700	d800	d900	d1000	d1100	d1200
槽底宽度(m)	1.40	1.55	1.70	2.00	2.10	2.25	2.40	2.50	2.60	2.80	3.05
管径(mm)	d1300	d1500	d1650	d1800	d1960	d2000	d2200	d2400	d2600	d2800	d3000
槽底宽度(m)	3.20	3.40	3.60	3.75	3.90	3.90	4.10	4.35	4.55	4.75	5.00

排水管道平口(企口)混凝土管材铺设明开槽槽底宽度表

管径(mm)	d200	d300	d400	d500	d600	d700	d800	d900	d1000	d1100	d1200
槽底宽度(m)	1.20	1.35	1.50	1.80	1.90	2.05	2.20	2.30	2.40	2.60	2.85
管径(mm)	d1300	d1500	d1650	d1800	d1960	d2000	d2200	d2400	d2600	d2800	d3000
槽底宽度(m)	3.00	3.20	3.40	3.55	3.70	3.70	3.90	4.15	4.35	4.55	4.80

注：支撑槽已包括支撑材料的厚度,钢桩槽槽底宽度执行支撑槽槽底宽度。

排水管道玻璃钢夹砂管铺设支撑槽槽底宽度表

管径(mm)	DN900	DN1000	DN1200	DN1400	DN1500	DN1600	DN1800	DN2000	DN2200	DN2400
槽底宽度(m)	1.85	2.25	2.45	2.65	2.75	2.85	3.45	3.65	3.90	4.10

排水管道高密度聚乙烯缠绕管、聚丙烯管、钢带增强聚乙烯螺旋波纹管、聚乙烯双壁波纹管、硬聚氯乙烯管铺设支撑槽槽底宽度表

管径(mm)	DN200	DN225	DN315	DN400	DN500	DN600	DN700	DN800	DN900	DN1000
槽底宽度(m)	0.85	0.90	1.05	1.15	1.25	1.40	1.50	2.00	2.10	2.20
管径(mm)	DN1100	DN1200	DN1300	DN1400	DN1500	DN1600	DN1700	DN1800	DN2000	DN2200
槽底宽度(m)	2.35	2.45	2.65	2.75	2.95	3.15	3.25	3.35	3.55	3.75

排水管道混凝土管所占体积

管径(mm)	d200	d300	d400	d500	d600	d700	d800	d900	d1000	d1100	d1200
体积(m^3/m)	0.0452	0.1017	0.1809	0.2826	0.4069	0.5539	0.7235	0.9156	1.1304	1.3678	1.6278
管径(mm)	d1300	d1400	d1500	d1650	d1800	d2000	d2200	d2400	d2600	d2800	d3000
体积(m^3/m)	1.9104	2.2156	2.5434	3.0775	3.6625	4.5216	5.4711	6.4210	7.3985	8.6005	9.8930

三、管道铺设工程量以井间距(中至中的距离)计算,不扣除中间井所占的长度。

四、承插口混凝土管管口修理按全部工程总用量(节数)的5%计列。

五、敞开式顶管工作坑间距(中至中距离):单顶 d1000~d1500,间距为40.00m;单顶 d1650~d1960,间距为34.00m。

六、顶管工程中的工作坑尺寸按下表计算。

顶管工作坑底口尺寸表

顶进方法	管径(mm)	底口尺寸	
		长度(m)	宽度(m)
单顶	d1000~d1500	6.0	4.5
	d1650~d1960	6.0	5.0

七、排水管道沟槽的支护以沟槽单侧立面投影面积计算,预算基价中已综合考虑双面支撑的因素。预算基价中(沟槽土方支撑、拆撑和钢桩卡板、拆

撑)的材料消耗量是以摊销量计算费用的。下列表中的材料消耗量为实际使用量,仅供周转材料租赁方式使用的参考消耗量。

供沟槽土方支撑、拆撑项目,周转材料租赁方式使用的参考消耗量见下表。

项目		单位	材料				
			板材 (m^3)	方木 (m^2)	金属撑杠 635×60 (根)	金属撑杠 890×60 (根)	撑杠脚 (个)
井字支撑		100m²	3.46	1.18	141		141
井字加板支撑			5.20	1.18	141		141
排板撑	槽底宽3m以内		12.18	6.27		170	113
	槽底宽3m以外		12.18	14.12		237	113
草袋卧板撑	槽底宽3m以内		12.18	6.27		170	113
	槽底宽3m以外		12.18	14.12		237	113

供钢桩卡板、拆撑项目,周转材料租赁方式使用的参考消耗量见下表。

项目	单位	材料
		板材 (m^3)
沟槽深4.5m以内	100m²	10.40
沟槽深5.5m以内		10.40
沟槽深6.5m以内		10.40

八、排水管道的沟槽排水按沟槽长度以米计算。

九、砌井脚手架按砌井座数计算。

第一章　沟 槽 土 方

1.人工明开挖槽

工作内容：挖土、修坡、处理零星障碍、清底、清理工作道等全部工作。

编号	项目		单位	预算基价		人工
				总价	人工费	综合工
				元	元	工日
						113.00
1-1	人工明挖槽	深 1.5m 以内	100m³	**1969.59**	1969.59	17.43
1-2		深 2.5m 以内		**3602.44**	3602.44	31.88
1-3		深 3.5m 以内		**4073.65**	4073.65	36.05
1-4		深 4.5m 以内		**4566.33**	4566.33	40.41
1-5		深 5.5m 以内		**5022.85**	5022.85	44.45
1-6		深 6.5m 以内		**5690.68**	5690.68	50.36

2.人机明开挖槽

工作内容：挖土、修坡、开蹬、处理零星障碍、清底、做排水沟、清理工作道等全部工作。

编号	项目		单位	预算基价			人工	机械		
				总价	人工费	机械费	综合工	履带式单斗挖掘机 $1m^3$	履带式推土机 50kW	汽车式起重机 16t
				元	元	元	工日	台班	台班	台班
							113.00	1159.91	630.16	971.12
1-7	人机明挖槽	深 1.5m 以内	$100m^3$	**673.21**	197.75	475.46	1.75	0.16	0.46	
1-8	人机明挖槽	深 2.5m 以内	$100m^3$	**859.13**	360.47	498.66	3.19	0.18	0.46	
1-9	人机明挖槽	深 3.5m 以内	$100m^3$	**931.75**	421.49	510.26	3.73	0.19	0.46	
1-10	人机明挖槽	深 4.5m 以内	$100m^3$	**1401.53**	902.87	498.66	7.99	0.18	0.46	
1-11	人机明挖槽	深 5.5m 以内	$100m^3$	**3138.51**	1507.42	1631.09	13.34	0.16	0.46	1.19
1-12	人机明挖槽	深 6.5m 以内	$100m^3$	**4272.16**	2275.82	1996.34	20.14	0.14	0.46	1.59

3.人工支撑挖槽

工作内容：挖土、修帮、支撑、处理零星障碍、做排水沟、清底、清工作道。

编号	项目		单位	预算基价		人工
				总价	人工费	综合工
				元	元	工日
						113.00
1-13	人工支撑挖槽	深 1.5m 以内	$100m^3$	**2306.33**	2306.33	20.41
1-14	人工支撑挖槽	深 2.5m 以内	$100m^3$	**4266.88**	4266.88	37.76
1-15	人工支撑挖槽	深 3.5m 以内	$100m^3$	**7393.59**	7393.59	65.43
1-16	人工支撑挖槽	深 4.5m 以内	$100m^3$	**9673.93**	9673.93	85.61
1-17	人工支撑挖槽	深 5.5m 以内	$100m^3$	**12825.50**	12825.50	113.50
1-18	人工支撑挖槽	深 6.5m 以内	$100m^3$	**15022.22**	15022.22	132.94

4.人机支撑挖槽

工作内容：挖土、修帮、支撑、处理零星障碍、做排水沟、清底、清工作道。

编号	项目		单位	预算基价			人工	机械		
				总价	人工费	机械费	综合工	履带式推土机 50kW	履带式单斗挖掘机 $1m^3$	汽车式起重机 16t
				元	元	元	工日	台班	台班	台班
							113.00	630.16	1159.91	971.12
1-19	人机支撑挖槽	深 1.5m 以内	$100m^3$	**752.38**	230.52	521.86	2.04	0.46	0.20	
1-20		深 2.5m 以内		**925.80**	427.14	498.66	3.78	0.46	0.18	
1-21		深 3.5m 以内		**1248.15**	737.89	510.26	6.53	0.46	0.19	
1-22		深 4.5m 以内		**2351.56**	1864.50	487.06	16.50	0.46	0.17	
1-23		深 5.5m 以内		**5479.87**	3848.78	1631.09	34.06	0.46	0.16	1.19
1-24		深 6.5m 以内		**8005.68**	6009.34	1996.34	53.18	0.46	0.14	1.59

5.人机挖钢桩卡板槽土方

工作内容： 挖土、修帮、支撑、处理零星障碍、做排水沟、清底、清工作道。

编号	项目		单位	预算基价			人工	机械		
				总价	人工费	机械费	综合工	履带式单斗挖掘机 $1m^3$	履带式推土机 50kW	汽车式起重机 16t
				元	元	元	工日	台班	台班	台班
							113.00	1159.91	630.16	971.12
1-25	人机挖钢桩及钢桩卡板槽土方	深 4.5m 以内	$100m^3$	**2456.95**	1958.29	498.66	17.33	0.18	0.46	
1-26		深 5.5m 以内		**5742.97**	4042.01	1700.96	35.77	0.17	0.46	1.25
1-27		深 6.5m 以内		**8395.55**	6309.92	2085.63	55.84	0.15	0.46	1.67
1-28		深 7.5m 以内		**9810.94**	7445.57	2365.37	65.89	0.14	0.46	1.97
1-29		深 8.5m 以内		**11479.41**	8785.75	2693.66	77.75	0.13	0.46	2.32
1-30		深 9.5m 以内		**13457.68**	10367.75	3089.93	91.75	0.12	0.46	2.74

6.明开槽还土

工作内容：场内运土、攒堆、夯实、清理路面。

编号	项目		单位	预算基价			人工	机械	
				总价	人工费	机械费	综合工	电动夯实机 20～62N•m	履带式推土机 50kW
				元	元	元	工日	台班	台班
							113.00	27.11	630.16
1-31	明开槽还土	槽深 1.5m 以内	$100m^3$	**1346.26**	1275.77	70.49	11.29	2.60	
1-32	明开槽还土	槽深 2.5m 以内	$100m^3$	**1820.32**	1459.96	360.36	12.92	2.60	0.46
1-33	明开槽还土	槽深 3.5m 以内	$100m^3$	**2074.57**	1714.21	360.36	15.17	2.60	0.46
1-34	明开槽还土	槽深 4.5m 以内	$100m^3$	**2323.17**	1962.81	360.36	17.37	2.60	0.46
1-35	明开槽还土	槽深 5.5m 以内	$100m^3$	**2698.33**	2337.97	360.36	20.69	2.60	0.46
1-36	明开槽还土	槽深 6.5m 以内	$100m^3$	**3734.54**	3374.18	360.36	29.86	2.60	0.46

7.支撑槽还土

工作内容：场内运土、攒堆、夯实、清理路面。

编号	项目		单位	预算基价			人工	机械	
				总价	人工费	机械费	综合工	电动夯实机 20～62N·m	履带式推土机 50kW
				元	元	元	工日	台班	台班
							113.00	27.11	630.16
1-37	支撑槽还土	槽深 1.5m 以内	$100m^3$	**1600.51**	1530.02	70.49	13.54	2.60	
1-38	支撑槽还土	槽深 2.5m 以内	$100m^3$	**2111.86**	1751.50	360.36	15.50	2.60	0.46
1-39	支撑槽还土	槽深 3.5m 以内	$100m^3$	**2418.09**	2057.73	360.36	18.21	2.60	0.46
1-40	支撑槽还土	槽深 4.5m 以内	$100m^3$	**2621.49**	2261.13	360.36	20.01	2.60	0.46
1-41	支撑槽还土	槽深 5.5m 以内	$100m^3$	**4057.72**	3697.36	360.36	32.72	2.60	0.46
1-42	支撑槽还土	槽深 6.5m 以内	$100m^3$	**4108.57**	3748.21	360.36	33.17	2.60	0.46

8.钢桩卡板槽还土

工作内容：场内运土、攒堆、夯实、清理路面。

编号	项目		单位	预算基价			人工	机械	
				总价	人工费	机械费	综合工	电动夯实机 20～62N·m	履带式推土机 50kW
				元	元	元	工日	台班	台班
							113.00	27.11	630.16
1-43	人机钢桩及钢桩卡板槽还土	槽深 4.5m 以内	100m³	**2715.28**	2354.92	360.36	20.84	2.60	0.46
1-44		槽深 5.5m 以内		**4250.95**	3890.59	360.36	34.43	2.60	0.46
1-45		槽深 6.5m 以内		**4409.15**	4048.79	360.36	35.83	2.60	0.46
1-46		槽深 7.5m 以内		**5138.00**	4777.64	360.36	42.28	2.60	0.46
1-47		槽深 8.5m 以内		**5999.06**	5638.70	360.36	49.90	2.60	0.46
1-48		槽深 9.5m 以内		**7013.80**	6653.44	360.36	58.88	2.60	0.46

第二章　管 道 铺 设

9.混凝土平(企)口管管道铺设

工作内容：下管、抹箍、养护、闭水试验、场内材料运输。

编号	项目		单位	总价	人工费	材料费	综合工	平口水泥管	水泥 32.5级	粗砂	机砖	水	零星材料费	水泥砂浆 1:2.5
				预算基价			人工	材料						
				元	元	元	工日	m	t	t	千块	m^3	元	m^3
							135.00		357.47	86.63	441.10	7.62		
2-1	混凝土平(企)口管管道铺设	d200	100m	**5771.67**	2384.10	3387.57	17.66	102.60×32.04	0.055	0.166	0.018	1.080	50.06	(0.112)
2-2	混凝土平(企)口管管道铺设	d300	100m	**6873.77**	2648.70	4225.07	19.62	102.60×39.81	0.082	0.249	0.040	1.260	62.44	(0.168)
2-3	混凝土平(企)口管管道铺设	d400	100m	**9761.49**	3117.15	6644.34	23.09	100.50×64.08	0.100	0.302	0.073	1.575	98.19	(0.204)
2-4	混凝土平(企)口管管道铺设	d500	100m	**12812.34**	3923.10	8889.24	29.06	100.50×85.73	0.125	0.377	0.113	1.945	131.37	(0.255)
2-5	混凝土平(企)口管管道铺设	d600	100m	**16130.66**	4831.65	11299.01	35.79	100.50×108.93	0.152	0.460	0.165	2.310	166.98	(0.311)
2-6	混凝土平(企)口管管道铺设	d700	100m	**19821.33**	5316.30	14505.03	39.38	100.50×139.90	0.182	0.551	0.222	2.625	214.36	(0.372)
2-7	混凝土平(企)口管管道铺设	d800	100m	**22295.96**	5668.65	16627.31	41.99	100.50×160.19	0.213	0.642	0.290	2.995	245.72	(0.434)
2-8	混凝土平(企)口管管道铺设	d900	100m	**26787.06**	6309.90	20477.16	46.74	100.50×197.38	0.243	0.733	0.367	3.360	302.62	(0.495)

工作内容：下管、抹箍、养护、闭水试验、场内材料运输。

编号	项目		单位	预算基价				人工	材料							机械	
				总价	人工费	材料费	机械费	综合工	平口水泥管	水泥 32.5级	粗砂	机砖	水	零星材料费	水泥砂浆 1:2.5	汽车式起重机 8t	汽车式起重机 16t
				元	元	元	元	工日	m	t	t	千块	m^3	元	m^3	台班	台班
								135.00		357.47	86.63	441.10	7.62			767.15	971.12
2-9	混凝土平（企）口管管道铺设	*d*1000	100m	**42256.41**	6727.05	34079.45	1449.91	49.83	100.50×330.10	0.277	0.838	0.456	3.675	503.64	(0.566)	1.89	
2-10		*d*1100		**53142.34**	7474.95	44217.48	1449.91	55.37	100.50×428.16	0.422	1.276	0.548	4.045	653.46	(0.862)	1.89	
2-11		*d*1200		**72869.54**	7844.85	63413.67	1611.02	58.11	100.50×615.53	0.472	1.427	0.657	4.410	937.15	(0.964)	2.10	
2-12		*d*1300		**82129.41**	8856.00	71662.39	1611.02	65.60	100.50×695.15	0.590	1.782	0.766	4.935	1059.05	(1.204)	2.10	
2-13		*d*1500		**145902.74**	10353.15	133631.71	1917.88	76.69	100.50×1300.97	0.670	2.023	1.027	5.460	1974.85	(1.367)	2.50	
2-14		*d*1650		**159191.00**	12289.05	144474.15	2427.80	91.03	100.50×1402.91	0.755	2.279	1.890	5.985	2135.09	(1.540)		2.50
2-15		*d*1800		**181397.01**	14567.85	163818.69	3010.47	107.91	100.50×1590.29	0.857	2.589	2.251	6.565	2420.97	(1.749)		3.10
2-16		*d*1960		**229697.35**	18114.30	208261.82	3321.23	134.18	100.50×2022.33	1.065	3.216	2.778	7.245	3077.76	(2.173)		3.42

工作内容： 下管、抹箍、养护、闭水试验、场内材料运输。

编号	项目		单位	预算基价				人工	材料							机械	
				总价	人工费	材料费	机械费	综合工	企口管	水泥 32.5级	粗砂	机砖	水	零星材料费	水泥砂浆 1∶2.5	汽车式起重机 16t	履带式起重机 30t
				元	元	元	元	工日	m	t	t	千块	m^3	元	m^3	台班	台班
								135.00		357.47	86.63	441.10	7.62			971.12	934.85
2-17	混凝土平（企）口管管道铺设	*d*2000	100m	**278234.52**	18619.20	256294.09	3321.23	137.92	100.50×2493.20	1.065	3.216	2.778	7.245	3787.60	(2.173)	3.42	
2-18	混凝土平（企）口管管道铺设	*d*2200	100m	**293722.33**	21338.10	268710.27	3673.96	158.06	100.50×2611.65	1.171	3.537	3.361	7.980	3971.09	(2.390)		3.93
2-19	混凝土平（企）口管管道铺设	*d*2400	100m	**313983.07**	25207.20	283634.19	5141.68	186.72	100.50×2754.37	1.288	3.891	4.001	8.665	4191.64	(2.629)		5.50
2-20	混凝土平（企）口管管道铺设	*d*2600	100m	**342200.73**	26947.35	308055.03	7198.35	199.61	100.50×2990.29	1.417	4.280	4.600	9.445	4552.54	(2.892)		7.70
2-21	混凝土平（企）口管管道铺设	*d*2800	100m	**435217.34**	29506.95	395632.71	10077.68	218.57	100.50×3844.66	1.559	4.708	5.335	10.390	5846.79	(3.181)		10.78
2-22	混凝土平（企）口管管道铺设	*d*3000	100m	**551225.72**	32086.80	505032.03	14106.89	237.68	100.50×4912.62	1.715	5.180	6.124	11.429	7463.53	(3.500)		15.09

10.混凝土承插口管管道铺设

工作内容：下管、槽内排运管、刨窝、安装胶圈、对口、闭水试验、场内材料运输。

编号	项目		单位	预算基价				人工	材料				机械	
				总价	人工费	材料费	机械费	综合工	承插口水泥管	氯丁橡胶圈	机砖	零星材料费	汽车式起重机20t	电动卷扬机30kN
				元	元	元	元	工日	m	个	千块	元	台班	台班
								135.00			441.10		1043.80	205.84
2-23	混凝土承插口管管道铺设	*d*300	100m	**11135.70**	1513.35	8722.61	899.74	11.21	101.00×82.52	26×9.29	0.040	128.91	0.72	0.72
2-24		*d*400		**15326.01**	1772.55	12653.72	899.74	13.13	101.00×119.42	26×14.35	0.073	187.00	0.72	0.72
2-25		*d*500		**19498.74**	2162.70	16436.30	899.74	16.02	101.00×155.34	26×17.47	0.113	242.90	0.72	0.72
2-26		*d*600		**24103.53**	2709.45	20494.34	899.74	20.07	101.00×194.17	26×19.52	0.165	302.87	0.72	0.72
2-27		*d*700		**33678.98**	3130.65	28698.86	1849.47	23.19	101.00×271.84	26×27.73	0.222	424.12	1.48	1.48
2-28		*d*800		**47731.17**	3634.20	42247.50	1849.47	26.92	101.00×402.91	26×30.82	0.290	624.35	1.48	1.48
2-29		*d*900		**52226.93**	4376.70	45313.46	2536.77	32.42	101.00×430.10	26×40.07	0.367	669.66	2.03	2.03
2-30		*d*1000		**63956.05**	5061.15	55645.84	3249.06	37.49	101.00×529.71	26×43.14	0.456	822.35	2.60	2.60

工作内容：下管、槽内排运管、刨窝、安装胶圈、对口、闭水试验、场内材料运输。

编号	项目		单位	预算基价				人工	材料				机械		
				总价	人工费	材料费	机械费	综合工	承插口水泥管	氯丁橡胶圈	机砖	零星材料费	电动卷扬机30kN	汽车式起重机20t	汽车式起重机32t
				元	元	元	元	工日	m	个	千块	元	台班	台班	台班
								135.00			441.10		205.84	1043.80	1274.79
2-31	混凝土承插口管管道铺设	*d*1100	100m	**65343.43**	5548.50	57258.16	2536.77	41.10	101.00×544.66	26×44.60	0.548	846.18	2.03	2.03	
2-32	混凝土承插口管管道铺设	*d*1200	100m	**88233.56**	5702.40	79282.10	3249.06	42.24	101.00×757.28	26×51.36	0.657	1171.66	2.60	2.60	
2-33	混凝土承插口管管道铺设	*d*1350	100m	**120821.83**	6347.70	111225.07	3249.06	47.02	101.00×1067.96	26×52.04	0.826	1643.72	2.60	2.60	
2-34	混凝土承插口管管道铺设	*d*1500	100m	**140129.27**	7450.65	129429.56	3249.06	55.19	101.00×1242.72	26×59.58	1.027	1912.75	2.60	2.60	
2-35	混凝土承插口管管道铺设	*d*1650	100m	**171855.52**	9277.20	157954.65	4623.67	68.72	101.00×1514.56	26×69.85	1.890	2334.31	3.70	3.70	
2-36	混凝土承插口管管道铺设	*d*1800	100m	**199010.30**	10898.55	183488.08	4623.67	80.73	101.00×1747.57	42×78.07	2.251	2711.65	3.70	3.70	
2-37	混凝土承插口管管道铺设	*d*2000	100m	**264224.14**	12604.95	244276.40	7342.79	93.37	101.00×2337.86	42×78.98	2.778	3610.00			5.760
2-38	混凝土承插口管管道铺设	*d*2200	100m	**330242.27**	14584.05	308315.43	7342.79	108.03	101.00×2959.22	42×80.84	3.361	4556.39			5.760

工作内容：下管、槽内排运管、刨窝、安装胶圈、对口、闭水试验、场内材料运输。

编号	项目		单位	预算基价				人工	材料				机械
				总价	人工费	材料费	机械费	综合工	承插口水泥管	承插口管胶圈	机砖	零星材料费	汽车式起重机 32t
				元	元	元	元	工日	m	个	千块	元	台班
								135.00			441.10		1274.79
2-39	混凝土承插口管管道铺设	*d*2400	100m	**390121.41**	16807.50	366047.61	7266.30	124.50	101.00×3514.56	42×92.92	4.001	5409.57	5.70
2-40	混凝土承插口管管道铺设	*d*2600	100m	**481142.94**	19446.75	451752.83	9943.36	144.05	101.00×4344.66	42×100.88	4.600	6676.15	7.80
2-41	混凝土承插口管管道铺设	*d*2800	100m	**577749.24**	22540.95	541440.56	13767.73	166.97	101.00×5213.01	42×108.85	5.335	8001.58	10.80
2-42	混凝土承插口管管道铺设	*d*3000	100m	**663957.41**	26134.65	618445.95	19376.81	193.59	101.00×5956.31	42×119.47	6.124	9139.60	15.20

11. 管道混凝土基础

工作内容： 清积水、放线、打平基、做管座、材料场内运输。

编号	项目		单位	预算基价				人工	材料				机械
				总价	人工费	材料费	机械费	综合工	预拌混凝土 AC15	木模板	草袋	水	机动翻斗车 1t
				元	元	元	元	工日	m^3	m^3	m^2	m^3	台班
								135.00	439.88	1982.88	3.34	7.62	207.17
2-43	管道混凝土基础	*d*900 以内	$10m^3$	**7658.54**	2594.70	4898.10	165.74	19.22	10.20	0.150	14	8.810	0.80
2-44	管道混凝土基础	*d*900 以外	$10m^3$	**6879.59**	1815.75	4898.10	165.74	13.45	10.20	0.150	14	8.810	0.80

12.管道砂石基础

工作内容：清积水、铺设砂石基础、做管座、材料场内运输。

编号	项目		单位	预算基价				人工	材料		机械
				总价	人工费	材料费	机械费	综合工	粗砂	碴石 0.5～2	机动翻斗车 1t
				元	元	元	元	工日	t	t	台班
								135.00	86.63	83.90	207.17
2-45	管道砂石基础	*d*900 以下	$10m^3$	**2709.18**	857.25	1686.19	165.74	6.35	3.000	17.000	0.80
2-46		*d*900 以上		**2717.37**	857.25	1694.38	165.74	6.35	6.000	14.000	0.80

13.高密度聚乙烯(HDPE)缠绕双壁矩形中空肋管铺设

工作内容：清理槽基、铺设砂石基础、找平、下管、槽内排运管、对口、做管座、闭水试验、场内材料运输。

编号	项目		单位	预算基价 总价	预算基价 人工费	预算基价 材料费	预算基价 机械费	人工 综合工	材料 高密度聚乙烯缠绕双壁中空肋管(HDPE)	材料 粗砂	材料 碴石 0.5～2	材料 碴石 2～4	材料 零星材料费	机械 汽车式起重机 8t	机械 机动翻斗车 1t
				元	元	元	元	工日	m	t	t	t	元	台班	台班
								135.00		86.63	83.90	85.12		767.15	207.17
2-47	高密度聚乙烯(HDPE)缠绕双壁矩形中空肋管铺设	*DN*300	100m	**18346.42**	3233.25	14513.81	599.36	23.95	100.00×111.50	8.980	15.990	13.770	72.21	0.36	1.56
2-48		*DN*400		**25003.79**	3362.85	21014.65	626.29	24.91	100.00×173.45	10.510	17.670	13.770	104.55	0.36	1.69
2-49		*DN*500		**33569.28**	3449.25	29464.73	655.30	25.55	100.00×254.58	12.250	19.390	13.770	146.59	0.36	1.83
2-50		*DN*600		**40462.58**	3515.40	36256.67	690.51	26.04	100.00×318.58	14.670	21.160	13.770	180.38	0.36	2.00
2-51		*DN*700		**61075.46**	3651.75	56407.08	1016.63	27.05	100.00×516.26	16.300	22.840	13.770	280.63	0.75	2.13
2-52		*DN*800		**83175.79**	4745.25	77175.66	1254.88	35.15	100.00×698.76	21.750	46.000	13.770	383.96	0.75	3.28
2-53		*DN*900		**97722.09**	5701.05	90720.58	1300.46	42.23	100.00×828.85	24.340	48.910	13.770	451.35	0.75	3.50
2-54		*DN*1000		**116631.92**	5876.55	108991.55	1763.82	43.53	100.00×1006.46	26.950	51.210	13.770	542.25	1.30	3.70
2-55		*DN*1200		**178403.34**	7095.60	169450.69	1857.05	52.56	100.00×1598.50	32.940	56.400	13.770	843.04	1.30	4.15

14.增强聚丙烯(FRPP)管铺设

工作内容：清理槽基、铺设砂石基础、找平、下管、槽内排运管、对口、做管座、闭水试验、场内材料运输。

编号	项目		单位	预算基价				人工	材料					机械	
				总价	人工费	材料费	机械费	综合工	增强聚丙烯管(FRPP)	粗砂	碴石 0.5～2	碴石 2～4	零星材料费	汽车式起重机 8t	机动翻斗车 1t
				元	元	元	元	工日	m	t	t	t	元	台班	台班
								135.00		86.63	83.90	85.12		767.15	207.17
2-56	增强聚丙烯(FRPP)管铺设	*DN*300	100m	**17836.70**	3570.75	13666.59	599.36	26.45	100.00×103.07	8.980	15.990	13.770	67.99	0.36	1.56
2-57		*DN*400		**24591.56**	3700.35	20264.92	626.29	27.41	100.00×165.99	10.510	17.670	13.770	100.82	0.36	1.69
2-58		*DN*500		**35666.10**	3773.25	31237.55	655.30	27.95	100.00×272.22	12.250	19.390	13.770	155.41	0.36	1.83
2-59		*DN*600		**46864.82**	3839.40	42334.91	690.51	28.44	100.00×379.06	14.670	21.160	13.770	210.62	0.36	2.00
2-60		*DN*700		**59654.78**	3975.75	54662.40	1016.63	29.45	100.00×498.90	16.300	22.840	13.770	271.95	0.75	2.13
2-61		*DN*800		**76502.98**	5069.25	70178.85	1254.88	37.55	100.00×629.14	21.750	46.000	13.770	349.15	0.75	3.28
2-62		*DN*900		**93784.65**	6264.00	86220.19	1300.46	46.40	100.00×784.07	24.340	48.910	13.770	428.96	0.75	3.50
2-63		*DN*1000		**98865.68**	6439.50	90662.36	1763.82	47.70	100.00×824.08	26.950	51.210	13.770	451.06	1.30	3.70

15. 高密度聚乙烯中空肋管(双壁波纹管)、增强聚丙烯管、钢带增强聚乙烯螺旋波纹管、PVC-U双壁波纹管砂基础每增减1cm

工作内容：铺设砂基础、找平、场内材料运输。

编号	项目		单位	预算基价				人工	材料	机械
				总价	人工费	材料费	机械费	综合工	粗砂	机动翻斗车 1t
				元	元	元	元	工日	t	台班
								135.00	86.63	207.17
2-64	高密度聚乙烯中空肋管(双壁波纹管)、增强聚丙烯管、钢带增强聚乙烯螺旋波纹管、PVC-U双壁波纹管砂基础每增减1cm	*DN*300	100m	**202.00**	51.30	140.34	10.36	0.38	1.620	0.05
2-65		*DN*400		**222.13**	56.70	155.07	10.36	0.42	1.790	0.05
2-66		*DN*500		**245.19**	62.10	170.66	12.43	0.46	1.970	0.06
2-67		*DN*600		**263.48**	64.80	186.25	12.43	0.48	2.150	0.06
2-68		*DN*700		**285.68**	70.20	200.98	14.50	0.52	2.320	0.07
2-69		*DN*800		**382.57**	94.50	269.42	18.65	0.70	3.110	0.09
2-70		*DN*900		**401.97**	94.50	286.75	20.72	0.70	3.310	0.10
2-71		*DN*1000		**419.01**	98.55	299.74	20.72	0.73	3.460	0.10
2-72		*DN*1200		**462.20**	109.35	330.06	22.79	0.81	3.810	0.11

16. 高密度聚乙烯中空肋管(双壁波纹管)、增强聚丙烯管、钢带增强聚乙烯螺旋波纹管、PVC-U双壁波纹管碎石基础每增减1cm

工作内容：铺设碎石基础、找平、场内材料运输。

编号	项目		单位	预算基价 总价	人工费	材料费	机械费	人工 综合工	材料 碴石 0.5～2	机械 机动翻斗车 1t
				元	元	元	元	工日	t	台班
								135.00	83.90	207.17
2-73	高密度聚乙烯中空肋管(双壁波纹管)、增强聚丙烯管、钢带增强聚乙烯螺旋波纹管、PVC-U双壁波纹管碎石基础每增减1cm	*DN*300	100m	**197.97**	51.30	134.24	12.43	0.38	1.600	0.06
2-74		*DN*400		**219.70**	56.70	148.50	14.50	0.42	1.770	0.07
2-75		*DN*500		**239.37**	62.10	162.77	14.50	0.46	1.940	0.07
2-76		*DN*600		**259.24**	64.80	177.87	16.57	0.48	2.120	0.08
2-77		*DN*700		**280.14**	70.20	191.29	18.65	0.52	2.280	0.09
2-78		*DN*800		**373.51**	93.15	257.57	22.79	0.69	3.070	0.11
2-79		*DN*900		**391.52**	93.15	273.51	24.86	0.69	3.260	0.12
2-80		*DN*1000		**410.23**	97.20	286.10	26.93	0.72	3.410	0.13
2-81		*DN*1200		**452.46**	108.00	315.46	29.00	0.80	3.760	0.14

17.玻璃钢夹砂管铺设

工作内容：清理槽基、铺设砂石基础、找平、下管、槽内排运管、对口、做管座、闭水试验、场内材料运输。

编号	项目		单位	预算基价				人工	材料					机械		
				总价	人工费	材料费	机械费	综合工	玻璃钢夹砂管	粗砂	碴石 0.5～2	碴石 2～4	零星材料费	汽车式起重机 8t	电动卷扬机 30kN	机动翻斗车 1t
				元	元	元	元	工日	m	t	t	t	元	台班	台班	台班
								135.00		86.63	83.90	85.12		767.15	205.84	207.17
2-82	玻璃钢夹砂管铺设	*DN*900	100m	**83376.27**	6021.00	75918.22	1437.05	44.60	100.00×707.96	14.120	28.000	13.770	377.70	1.00	1.00	2.24
2-83	玻璃钢夹砂管铺设	*DN*1000	100m	**174515.25**	6432.75	165837.80	2244.70	47.65	100.00×1592.92	17.980	35.650	13.770	825.06	1.73	1.73	2.71

工作内容：清理槽基、铺设砂石基础、找平、下管、槽内排运管、对口、做管座、闭水试验、场内材料运输。

编号	项目		单位	预算基价				人工	材料
				总价	人工费	材料费	机械费	综合工	玻璃钢夹砂管
				元	元	元	元	工日	m
								135.00	
2-84	玻璃钢夹砂管铺设	*DN*1200	100m	**149563.51**	7573.50	139371.72	2618.29	56.10	100.00×1327.43
2-85		*DN*1400		**193130.43**	7996.05	182474.66	2659.72	59.23	100.00×1752.21
2-86		*DN*1500		**196433.48**	9305.55	184449.56	2678.37	68.93	100.00×1769.91
2-87		*DN*1600		**227882.42**	9389.25	215794.09	2699.08	69.55	100.00×2079.65
2-88		*DN*1800		**285329.06**	11103.75	270333.73	3891.58	82.25	100.00×2610.62
2-89		*DN*2000		**343695.95**	11199.60	328555.05	3941.30	82.96	100.00×3185.84
2-90		*DN*2200		**390006.58**	12598.20	373436.00	3972.38	93.32	100.00×3628.32
2-91		*DN*2400		**454256.87**	14161.50	436085.70	4009.67	104.90	100.00×4247.79

续前

编号	项目		单位	材料 粗砂	碴石 0.5~2	碴石 2~4	零星材料费	机械 汽车式起重机 16t	汽车式起重机 20t	机动翻斗车 1t	电动卷扬机 30kN	电动卷扬机 50kN
				t	t	t	元	台班	台班	台班	台班	台班
				86.63	83.90	85.12		971.12	1043.80	207.17	205.84	211.29
2-84	玻璃钢夹砂管铺设	*DN*1200	100m	18.830	37.330	13.770	693.39	1.73		2.81	1.73	
2-85	玻璃钢夹砂管铺设	*DN*1400	100m	20.450	40.550	13.770	907.83	1.73		3.01	1.73	
2-86	玻璃钢夹砂管铺设	*DN*1500	100m	21.220	42.080	13.770	917.66	1.73		3.10	1.73	
2-87	玻璃钢夹砂管铺设	*DN*1600	100m	22.070	43.760	13.770	1073.60	1.73		3.20	1.73	
2-88	玻璃钢夹砂管铺设	*DN*1800	100m	26.700	52.940	13.770	1344.94		2.48	3.76		2.48
2-89	玻璃钢夹砂管铺设	*DN*2000	100m	28.320	56.150	13.770	1634.60		2.48	4.00		2.48
2-90	玻璃钢夹砂管铺设	*DN*2200	100m	29.940	59.360	13.770	1857.89		2.48	4.15		2.48
2-91	玻璃钢夹砂管铺设	*DN*2400	100m	31.490	62.420	13.770	2169.58		2.48	4.33		2.48

18.玻璃钢夹砂管砂基础每增减1cm

工作内容：铺设砂基础、找平、场内材料运输。

编号	项目		单位	预算基价				人工	材料	机械
				总价	人工费	材料费	机械费	综合工	粗砂	机动翻斗车 1t
				元	元	元	元	工日	t	台班
								135.00	86.63	207.17
2-92	玻璃钢夹砂管砂基础每增减1cm	*DN*900	100m	**350.16**	81.00	244.30	24.86	0.60	2.820	0.12
2-93		*DN*1000		**445.55**	102.60	311.87	31.08	0.76	3.600	0.15
2-94		*DN*1200		**465.68**	108.00	326.60	31.08	0.80	3.770	0.15

工作内容：铺设砂基础、找平、场内材料运输。

编号	项目		单位	预算基价				人工	材料	机械
				总价	人工费	材料费	机械费	综合工	粗砂	机动翻斗车 1t
				元	元	元	元	工日	t	台班
								135.00	86.63	207.17
2-95	玻璃钢夹砂管砂基础每增减1cm	*DN*1400	100m	**501.59**	112.05	354.32	35.22	0.83	4.090	0.17
2-96		*DN*1500		**518.63**	116.10	367.31	35.22	0.86	4.240	0.17
2-97		*DN*1600		**539.48**	120.15	382.04	37.29	0.89	4.410	0.18
2-98		*DN*1800		**653.98**	145.80	462.60	45.58	1.08	5.340	0.22
2-99		*DN*2000		**689.18**	151.20	490.33	47.65	1.12	5.660	0.23
2-100		*DN*2200		**729.28**	160.65	518.91	49.72	1.19	5.990	0.24
2-101		*DN*2400		**768.38**	168.75	545.77	53.86	1.25	6.300	0.26

19.玻璃钢夹砂管碎石基础每增减1cm

工作内容：铺设碎石基础、找平、场内材料运输。

编号	项目		单位	预算基价				人工	材料	机械
				总价	人工费	材料费	机械费	综合工	碴石 0.5～2	机动翻斗车 1t
				元	元	元	元	工日	t	台班
								135.00	83.90	207.17
2-102	玻璃钢夹砂管碎石基础每增减 1cm	*DN*900	100m	**340.78**	81.00	234.92	24.86	0.60	2.800	0.12
2-103	玻璃钢夹砂管碎石基础每增减 1cm	*DN*1000	100m	**433.20**	102.60	299.52	31.08	0.76	3.570	0.15

工作内容：铺设碎石基础、找平、场内材料运输。

编号	项目		单位	预算基价				人工	材料	机械
				总价	人工费	材料费	机械费	综合工	碴石 0.5~2	机动翻斗车 1t
				元	元	元	元	工日	t	台班
								135.00	83.90	207.17
2-104	玻璃钢夹砂管碎石基础每增减 1cm	*DN*1200	100m	**452.03**	108.00	312.95	31.08	0.80	3.730	0.15
2-105		*DN*1400		**487.90**	112.05	340.63	35.22	0.83	4.060	0.17
2-106		*DN*1500		**504.54**	116.10	353.22	35.22	0.86	4.210	0.17
2-107		*DN*1600		**524.92**	120.15	367.48	37.29	0.89	4.380	0.18
2-108		*DN*1800		**635.21**	145.80	443.83	45.58	1.08	5.290	0.22
2-109		*DN*2000		**670.37**	151.20	471.52	47.65	1.12	5.620	0.23
2-110		*DN*2200		**708.74**	160.65	498.37	49.72	1.19	5.940	0.24
2-111		*DN*2400		**720.98**	168.75	498.37	53.86	1.25	5.940	0.26

20.钢带增强聚乙烯(PE)螺旋波纹管铺设

工作内容：管道砂石基础铺筑,现场内管道运输,管道铺设,管道接口处理,管道粗砂基座铺筑等主要工作。

编号	项目		单位	预算基价				人工	材料				机械	
				总价	人工费	材料费	机械费	综合工	钢带增强PE管	粗砂	碴石 0.5～2	碴石 2～4	汽车式起重机 8t	机动翻斗车 1t
				元	元	元	元	工日	m	t	t	t	台班	台班
								135.00		86.63	83.90	85.12	767.15	207.17
2-112	钢带增强聚乙烯(PE)螺旋波纹管铺设	*DN*500	100m	**49590.27**	3123.90	45815.22	651.15	23.14	100.00×418.79	13.380	19.130	13.770	0.36	1.81
2-113		*DN*600		**57424.29**	3311.55	53438.80	673.94	24.53	100.00×492.68	13.870	21.420	13.770	0.36	1.92
2-114		*DN*700		**69408.22**	3541.05	65166.30	700.87	26.23	100.00×607.06	15.730	22.950	13.770	0.36	2.05
2-115		*DN*800		**82752.76**	5233.95	76590.05	928.76	38.77	100.00×697.64	20.870	45.840	13.770	0.36	3.15
2-116		*DN*900		**97430.10**	5741.55	90722.50	966.05	42.53	100.00×835.07	23.080	48.200	13.770	0.36	3.33
2-117		*DN*1000		**104802.36**	6054.75	97445.08	1302.53	44.85	100.00×898.33	25.440	50.490	13.770	0.75	3.51
2-118		*DN*1100		**116727.03**	6484.05	108888.66	1354.32	48.03	100.00×1007.35	28.360	53.930	13.770	0.75	3.76
2-119		*DN*1200		**147330.76**	6821.55	139115.53	1393.68	50.53	100.00×1305.35	31.060	56.230	13.770	0.75	3.95

工作内容：管道砂石基础铺筑，现场内管道运输，管道铺设，管道接口处理，管道粗砂基座铺筑等主要工作。

编号	项目		单位	预算基价				人工	材料				机械		
				总价	人工费	材料费	机械费	综合工	钢带增强PE管	粗砂	碴石 0.5~2	碴石 2~4	汽车式起重机 8t	汽车式起重机 12t	机动翻斗车 1t
				元	元	元	元	工日	m	t	t	t	台班	台班	台班
								135.00		86.63	83.90	85.12	767.15	864.36	207.17
2-120	钢带增强聚乙烯(PE)螺旋波纹管铺设	*DN*1300	100m	**167767.39**	7169.85	159162.42	1435.12	53.11	100.00×1501.42	33.920	58.520	13.770	0.75		4.15
2-121		*DN*1400		**205390.58**	7528.95	196383.01	1478.62	55.77	100.00×1869.13	36.950	60.750	13.770	0.75		4.36
2-122		*DN*1500		**216100.41**	7898.85	206677.36	1524.20	58.51	100.00×1967.33	40.140	63.110	13.770	0.75		4.58
2-123		*DN*1600		**242393.09**	8280.90	232542.41	1569.78	61.34	100.00×2221.14	43.500	65.410	13.770	0.75		4.80
2-124		*DN*1800		**287934.66**	9906.30	276188.86	1839.50	73.38	100.00×2637.12	53.810	79.180	13.770		0.75	5.75
2-125		*DN*2000		**301237.50**	10752.75	288545.81	1938.94	79.65	100.00×2749.96	61.750	83.770	13.770		0.75	6.23
2-126		*DN*2200		**507968.55**	11743.65	494167.87	2057.03	86.99	100.00×4793.62	70.690	89.510	13.770		0.75	6.80

21.高密度聚乙烯(HDPE)双壁波纹管铺设

工作内容：管道砂石基础铺筑,现场内管道运输,管道铺设,管道接口处理,管道粗砂基座铺筑等主要工作。

编号	项目		单位	预算基价				人工	材料				机械	
				总价	人工费	材料费	机械费	综合工	HDPE 管	粗砂	碴石 0.5～2	碴石 2～4	汽车式起重机 8t	机动翻斗车 1t
				元	元	元	元	工日	m	t	t	t	台班	台班
								135.00		86.63	83.90	85.12	767.15	207.17
2-127	高密度聚乙烯(HDPE)双壁波纹管铺设	*DN*200	100m	**13385.31**	1499.85	11705.22	180.24	11.11	100.00×98.20	7.680	14.540			0.87
2-128	高密度聚乙烯(HDPE)双壁波纹管铺设	*DN*225	100m	**14205.73**	1544.40	12474.88	186.45	11.44	100.00×105.33	8.150	14.730			0.90
2-129	高密度聚乙烯(HDPE)双壁波纹管铺设	*DN*300	100m	**31261.84**	2739.15	27931.62	591.07	20.29	100.00×246.42	8.870	16.080	13.770	0.36	1.52
2-130	高密度聚乙烯(HDPE)双壁波纹管铺设	*DN*400	100m	**52475.29**	3072.60	48788.83	613.86	22.76	100.00×452.53	10.240	17.600	13.770	0.36	1.63
2-131	高密度聚乙烯(HDPE)双壁波纹管铺设	*DN*500	100m	**78599.27**	3123.90	74824.22	651.15	23.14	100.00×708.88	13.380	19.130	13.770	0.36	1.81
2-132	高密度聚乙烯(HDPE)双壁波纹管铺设	*DN*600	100m	**104177.29**	3311.55	100191.80	673.94	24.53	100.00×960.21	13.870	21.420	13.770	0.36	1.92
2-133	高密度聚乙烯(HDPE)双壁波纹管铺设	*DN*700	100m	**132848.22**	3541.05	128606.30	700.87	26.23	100.00×1241.46	15.730	22.950	13.770	0.36	2.05

22.硬聚氯乙烯(PVC-U)双壁波纹管铺设

工作内容：管道砂石基础铺筑,现场内管道运输,管道铺设,管道接口处理,管道粗砂基座铺筑等主要工作。

编号	项目		单位	预算基价				人工	材料				机械	
				总价	人工费	材料费	机械费	综合工	PVC-U 管	粗砂	碴石 0.5～2	碴石 2～4	汽车式起重机 8t	机动翻斗车 1t
				元	元	元	元	工日	m	t	t	t	台班	台班
								135.00		86.63	83.90	85.12	767.15	207.17
2-134	硬聚氯乙烯(PVC-U)双壁波纹管铺设	DN200	100m	**12642.31**	1499.85	10962.22	180.24	11.11	100.00×90.77	7.680	14.540			0.87
2-135		DN315		**17451.84**	2739.15	14121.62	591.07	20.29	100.00×108.32	8.870	16.080	13.770	0.36	1.52
2-136		DN400		**23349.29**	3072.60	19662.83	613.86	22.76	100.00×161.27	10.240	17.600	13.770	0.36	1.63
2-137		DN500		**34911.27**	3123.90	31136.22	651.15	23.14	100.00×272.00	13.380	19.130	13.770	0.36	1.81

第三章　砌　　井

工作内容：拌和砂浆、砌井、断管、浇筑井口、抹井里、井外搓缝、清理现场、场内材料运输。

编号	项目		单位	预算基价				人工
				总价	人工费	材料费	机械费	综合工
				元	元	元	元	工日
								135.00
3-1	甲型检查井		座	**2031.89**	1135.35	872.50	24.04	8.41
3-2	乙型检查井		座	**3134.69**	1682.10	1423.75	28.84	12.46
3-3	丙型检查井		座	**4345.53**	2485.35	1812.11	48.07	18.41
3-4	丁型检查井		座	**8060.38**	4865.40	3057.41	137.57	36.04
3-5	甲型检查井	每增减1m	座	**642.10**	344.25	297.85		2.55
3-6	乙、丙、丁型检查井	每增减1m	座	**757.24**	426.60	330.64		3.16
3-7	戊型井（井高6m通入）	$d1650$	座	**12503.61**	7599.15	4694.07	210.39	56.29
3-8	戊型井（井高6m通入）	$d1800$	座	**13423.04**	8262.00	4938.70	222.34	61.20
3-9	戊型井（井高6m通入）	$d1960$	座	**14501.60**	8968.05	5292.38	241.17	66.43

检查井

材									料	
机　砖	铸铁井盖 *D*520	铸铁井盖 *D*650	水　泥 32.5级	水　泥 42.5级	粗　砂	碴　石 0.5～2	碴　石 2～4	水	木模板	钢　筋 *D*10以内
千块	套	套	t	t	t	t	t	m^3	m^3	kg
441.10	371.86	495.28	357.47	398.99	86.63	83.90	85.12	7.62	1982.88	3.97
0.542	1		0.250	0.030	1.050	0.280	0.280	0.407	0.003	
1.124		1	0.450	0.040	1.900	0.350	0.350	0.671	0.003	
1.656		1	0.610	0.040	2.600	0.520	0.520	0.852	0.003	
3.291		1	1.170	0.040	5.060	1.050	1.050	2.004		
0.447			0.130		0.560			0.170		
0.500			0.140		0.620			0.190		
5.544		1	1.860	0.120	7.710	1.320	1.320	3.164	0.008	6.20
5.854		1	1.970	0.130	8.160	1.400	1.400	3.388	0.009	7.40
6.291		1	2.110	0.160	8.800	1.550	1.550	3.672	0.010	9.60

续前

编号	项目		单位	材料		机械			
				钢筋 D10以外	零星材料费	机动翻斗车 1t	混凝土搅拌机 500L	少先吊 1t	小型机具
				kg	元	台班	台班	台班	元
				3.80		207.17	273.53	197.91	
3-1	甲型检查井		座		12.89	0.05	0.05		
3-2	乙型检查井				21.04	0.06	0.06		
3-3	丙型检查井				26.78	0.10	0.10		
3-4	丁型检查井				45.18	0.40	0.20		
3-5	甲型检查井	每增减1m			4.40				
3-6	乙、丙、丁型检查井				4.89				
3-7	戊型井（井高6m通入）	*d*1650		4.10	69.37	0.46	0.25	0.23	1.19
3-8		*d*1800		4.10	72.99	0.49	0.27	0.23	1.45
3-9		*d*1960		4.10	78.21	0.54	0.30	0.23	1.72

24.安装预制检查井

工作内容：井底制作、安装，井节、井颈安装，清理现场等。

编号	项目		单位	预算基价				人工	材料		
				总价	人工费	材料费	机械费	综合工	混凝土预制井颈	检查井砌块 360×140×170	检查井砌块 360×300×170
				元	元	元	元	工日	个	块	块
								135.00		7.35	13.23
3-10	安装预制检查井	支管检查井	座	**526.72**	44.55	482.17		0.33	1×44.27		
3-11	安装预制检查井	甲型检查井	座	**1060.83**	48.60	1012.23		0.36	1×208.93		
3-12	安装预制检查井	乙型检查井	座	**2460.09**	558.90	1812.22	88.97	4.14	1×296.70	63	
3-13	安装预制检查井	丙型检查井	座	**3859.51**	957.15	2766.34	136.02	7.09	1×296.70	33	42
3-14	安装预制检查井	丁型检查井	座	**6897.93**	2037.15	4557.15	303.63	15.09	1×296.70	30	57
3-15	安装预制检查井	*d*650 井颈	座	**861.29**	13.50	804.06	43.73	0.10	1×296.70		
3-16	安装预制检查井	每增减一节砌块	节	**200.33**	89.10	111.23		0.66		10	

编号	项目		单位	材						
				管口砌块(乙型井)	管口砌块(丙型井)	管口砌块(丁型井)	混凝土预制主井筒 $D500$ $h=100$	混凝土预制主井筒 $D500$ $h=200$	混凝土预制井底筒	混凝土弧形槽井底基座 $D500$ $h=60$
				块	块	块	个	个	个	个
				135.73	203.59	271.46	25.24	47.14		74.76
3-10	安装预制检查井	支管检查井	座				1	1	1×119.42	1
3-11		甲型检查井							1×429.13	
3-12		乙型检查井		2						
3-13		丙型检查井			2					
3-14		丁型检查井				2				
3-15		$d650$ 井颈								
3-16		每增减一节砌块	节							

								料						
铸铁井盖	水泥 32.5级	水泥 42.5级	粗砂	优质砂	碴石 0.5～2	碴石 2～4	钢筋 *D*10以内	水	木模板	防水粉	草袋 840×760	零星卡具	内防水橡胶止水带	钢模板
套	t	t	t	t	t	t	t	m^3	m^3	kg	条	kg	m	kg
	357.47	398.99	86.63	92.45	83.90	85.12	3970.73	7.62	1982.88	4.21	2.13	7.57	38.50	9.80
1×169.03	0.004		0.010					0.002						
1×371.86	0.004		0.010					0.002						
1×495.28	0.206		0.453	0.063	0.051	0.051		0.652	0.002	3.700	0.264	0.016	3.460	
1×495.28	0.224	0.063	0.442	0.038	0.298	0.270	0.051	0.853	0.066	3.564	0.890	0.002	5.520	0.011
1×495.28	0.283	0.323	0.446	2.000	1.700	1.700	0.204	2.690	0.213	3.577	2.920	0.040	5.520	0.260
1×495.28	0.009		0.020					0.005		0.240				
	0.054		0.131					0.034		1.620				

续前

编号	项目		单位	材料				机械					
				铁件（含制作费）	圆钉	镀锌钢丝 2.8～4.0	隔离剂	电动夯实机 20～62N•m	混凝土搅拌机 400L	木工圆锯机 500mm	汽车式起重机 8t	钢筋弯曲机 40mm	电焊机 30kV•A
				kg	kg	kg	kg	台班	台班	台班	台班	台班	台班
				9.49	6.68	7.08	4.20	27.11	248.56	26.53	767.15	26.22	87.97
3-10	安装预制检查井	支管检查井	座										
3-11	安装预制检查井	甲型检查井	座										
3-12	安装预制检查井	乙型检查井	座					0.005	0.005	0.005	0.114		
3-13	安装预制检查井	丙型检查井	座	0.125	0.024	0.350	0.172	0.010	0.036	0.201	0.127	0.041	0.261
3-14	安装预制检查井	丁型检查井	座	0.300	0.303	1.500	0.407	0.023	0.124	0.504	0.300	0.164	0.277
3-15	安装预制检查井	*d*650 井颈	座		0.911						0.057		
3-16	安装预制检查井	每增减一节砌块	节										

25.卧 泥 井

工作内容：拌和砂浆,预制安装混凝土卧泥室,砌井,断管,浇筑井口,抹井里、井外搓缝,清理现场,场内材料运输。

编号	项目			单位	预算基价				人工	材料			
					总价	人工费	材料费	机械费	综合工	机砖	铸铁井盖	水泥 32.5级	水泥 42.5级
					元	元	元	元	工日	千块	套	t	t
									135.00	441.10		357.47	398.99
3-17	甲型井深 1.4m	砖砌卧泥室	深 1m 以内	座	**3401.47**	1989.90	1349.08	62.49	14.74	1.022	1×371.86	0.540	0.030
3-18	乙型井深 2.5m				**4289.51**	2327.40	1899.62	62.49	17.24	1.657	1×495.28	0.720	0.040
3-19	甲型卧泥井	预制混凝土卧泥室	深 0.50m		**3885.30**	2556.90	1170.57	157.83	18.94	0.562	1×371.86	0.210	0.150
3-20			深 0.75m		**4071.97**	2674.35	1229.95	167.67	19.81	0.562	1×371.86	0.210	0.190
3-21			深 1.00m		**4206.54**	2728.35	1300.69	177.50	20.21	0.562	1×371.86	0.210	0.240
3-22	乙型卧泥井		深 0.50m		**4739.00**	2894.40	1681.96	162.64	21.44	1.124	1×495.28	0.380	0.160
3-23			深 0.75m		**4928.24**	3011.85	1743.92	172.47	22.31	1.124	1×495.28	0.380	0.200
3-24			深 1.00m		**5147.99**	3157.65	1808.03	182.31	23.39	1.124	1×495.28	0.380	0.240

续前

编号	项目			单位	粗砂	碴石 0.5~2	碴石 2~4	钢筋 D10以内	水	零星材料费	机动翻斗车 1t	混凝土搅拌机 500L	汽车式起重机 8t	小型机具
					材料						机械			
					t	t	t	kg	m^3	元	台班	台班	台班	元
					86.63	83.90	85.12	3.97	7.62		207.17	273.53	767.15	
3-17	甲型井深 1.4m	砖砌卧泥室	深 1m 以内	座	2.160	0.650	0.650		0.589	19.94	0.13	0.13		
3-18	乙型井深 2.5m				2.930	0.660	0.660		0.873	28.07	0.13	0.13		
3-19	甲型卧泥井	预制混凝土卧泥室	深 0.50m		1.210	0.390	0.390	56.60	0.414	17.30	0.07	0.07	0.16	1.44
3-20			深 0.75m		1.310	0.480	0.480	61.30	0.414	18.18	0.09	0.09	0.16	1.66
3-21			深 1.00m		1.420	0.570	0.570	67.60	0.414	19.22	0.11	0.11	0.16	1.88
3-22	乙型卧泥井		深 0.50m		1.950	0.400	0.400	56.60	0.671	24.86	0.08	0.08	0.16	1.44
3-23			深 0.75m		2.060	0.500	0.500	61.30	0.671	25.77	0.10	0.10	0.16	1.66
3-24			深 1.00m		2.160	0.580	0.580	67.60	0.671	26.72	0.12	0.12	0.16	1.88

26.支管检查井

工作内容：拌和砂浆、砌井、断管、浇筑井口、抹井里、井外搓缝、清理现场、场内材料运输。

编号	项目			单位	预算基价				人工	材料		
					总价	人工费	材料费	机械费	综合工	机砖	铸铁井盖 D450	水泥 32.5级
					元	元	元	元	工日	千块	套	t
									135.00	441.10	169.03	357.47
3-25	支管检查井	圆形	深 1.2m 以内	座	**1296.32**	766.80	517.04	12.48	5.68	0.342	1	0.150
3-26	支管检查井	方形	深 1.2m 以内	座	**1452.20**	899.10	536.46	16.64	6.66	0.400	1	0.190

续前

编号	项目			单位	材料						机械	
					水泥 42.5级	粗砂	碴石 0.5～2	碴石 2～4	水	零星材料费	机动翻斗车 1t	灰浆搅拌机 200L
					t	t	t	t	m^3	元	台班	台班
					398.99	86.63	83.90	85.12	7.62		207.17	208.76
3-25	支管检查井	圆形	深1.2m以内	座	0.020	1.160	0.150	0.150	0.271	7.64	0.03	0.03
3-26	支管检查井	方形	深1.2m以内	座	0.020	0.860	0.180	0.180	0.293	7.93	0.04	0.04

27.闸　　井

工作内容：拌和砂浆、预制安装混凝土卧泥室、砌井、断管、浇筑井口、抹井里、井外搓缝、清理现场、场内材料运输。

编号	项目		单位	预算基价				人工	材料					
				总价	人工费	材料费	机械费	综合工	铸铁闸门	机砖	水泥 32.5级	水泥 42.5级	粗砂	碴石 0.5～2
				元	元	元	元	工日	个	千块	t	t	t	t
								135.00		441.10	357.47	398.99	86.63	83.90
3-27	闸井（井高5m通入）	d700	座	**25845.40**	11165.85	14375.30	304.25	82.71	1×9203.54	5.754	2.130	0.080	8.820	1.930
3-28		d800		**26975.01**	11211.75	15449.28	313.98	83.05	1×10088.50	5.928	2.200	0.080	9.120	2.020
3-29		d900		**28678.08**	11502.00	16857.19	318.89	85.20	1×11327.43	6.096	2.280	0.080	9.420	2.100
3-30		d1000		**30725.98**	11831.40	18565.96	328.62	87.64	1×12831.86	6.265	2.350	0.090	9.730	2.200
3-31		d1100		**33145.94**	12479.40	20328.09	338.45	92.44	1×14424.78	6.433	2.420	0.090	10.010	2.270
3-32		d1200		**34959.47**	12730.50	21850.11	378.86	94.30	1×15752.21	6.601	2.490	0.100	10.310	2.360
3-33		d1300		**36988.25**	13162.50	23442.08	383.67	97.50	1×17168.39	6.770	2.570	0.100	10.610	2.450
3-34		d1500		**39975.75**	13825.35	25751.54	398.86	102.41	1×19115.04	7.112	2.720	0.110	11.220	2.630

续前

编号	项目		单位	材料									机械			
				碴石 2～4	水	板材	木模板	钢筋 D10以内	铸铁踏步 D25	螺栓 M16	沥青清漆	零星材料费	汽车式起重机 8t	机动翻斗车 1t	混凝土搅拌机 500L	小型机具
				t	m^3	m^3	m^3	kg	kg	套	kg	元	台班	台班	台班	元
				85.12	7.62	2302.20	1982.88	3.97	3.85	0.62	6.89		767.15	207.17	273.53	
3-27	闸井（井高5m通入）	*d*700	座	1.930	3.244	0.095	0.027	15.300	43.400	4.000	1.500	212.44	0.16	0.37	0.37	3.65
3-28		*d*800		2.020	3.416	0.105	0.028	16.100	43.400	4.000	1.600	228.31	0.16	0.39	0.39	3.76
3-29		*d*900		2.100	3.586	0.105	0.028	17.100	43.400	4.000	1.700	249.12	0.16	0.40	0.40	3.87
3-30		*d*1000		2.200	3.756	0.116	0.029	17.900	43.400	4.000	1.700	274.37	0.16	0.42	0.42	3.98
3-31		*d*1100		2.270	3.926	0.116	0.030	18.900	43.400	4.000	1.800	300.42	0.16	0.44	0.44	4.20
3-32		*d*1200		2.360	4.096	0.126	0.030	19.600	43.400	4.000	1.900	322.91	0.20	0.46	0.46	4.31
3-33		*d*1300		2.450	4.265	0.126	0.031	20.600	43.400	4.000	2.000	346.43	0.20	0.47	0.47	4.31
3-34		*d*1500		2.630	4.501	0.137	0.032	22.400	43.400	4.000	2.100	380.56	0.20	0.50	0.50	5.08

工作内容：拌和砂浆、砌井、断管、浇筑井口、抹井里、井外搓缝、清理现场、场内材料运输。

编号	项目		单位	预算基价			人工
				总价	人工费	材料费	综合工
				元	元	元	工日
							135.00
3-35	闸井 （井深每增减1m通入）	$d700$	座	**2290.99**	1443.15	847.84	10.69
3-36		$d800$		**2363.45**	1491.75	871.70	11.05
3-37		$d900$		**2427.74**	1532.25	895.49	11.35
3-38		$d1000$		**2495.23**	1572.75	922.48	11.65
3-39		$d1100$		**2566.26**	1620.00	946.26	12.00
3-40		$d1200$		**2635.10**	1661.85	973.25	12.31
3-41		$d1300$		**2741.70**	1740.15	1001.55	12.89
3-42		$d1500$		**2807.32**	1755.00	1052.32	13.00

续前

编号	项目		单位	材料				
				机砖	水泥 32.5级	粗砂	水	零星材料费
				千块	t	t	m^3	元
				441.10	357.47	86.63	7.62	
3-35	闸井（井深每增减1m通入）	*d*700	座	1.325	0.330	1.490	0.50	12.53
3-36		*d*800		1.362	0.340	1.530	0.52	12.88
3-37		*d*900		1.399	0.350	1.570	0.53	13.23
3-38		*d*1000		1.441	0.360	1.620	0.55	13.63
3-39		*d*1100		1.478	0.370	1.660	0.56	13.98
3-40		*d*1200		1.520	0.380	1.710	0.58	14.38
3-41		*d*1300		1.557	0.400	1.760	0.59	14.80
3-42		*d*1500		1.636	0.420	1.850	0.62	15.55

28.三通交汇井

工作内容：拌和砂浆、砌井、断管、浇筑井口、抹井里、井外搓缝、清理现场、场内材料运输。

编号	项目				单位	预算基价				人工	材料				
						总价	人工费	材料费	机械费	综合工	机砖	铸铁井盖 $D650$	水泥 32.5级	水泥 42.5级	粗砂
						元	元	元	元	工日	千块	套	t	t	t
										135.00	441.10	495.28	357.47	398.99	86.63
3-43	三通交汇井	$d900 \sim d1000$	不带卧泥	井深4m以内	座	**11283.57**	7169.85	3812.57	301.15	53.11	4.045	1.000	1.410	0.200	6.370
3-44	三通交汇井	$d900 \sim d1000$	带卧泥	井深4m以内	座	**14110.32**	8995.05	4814.12	301.15	66.63	5.602	1.000	1.810	0.200	8.130
3-45	三通交汇井	$d1100 \sim d1400$	不带卧泥	井深4m以内	座	**15278.83**	9234.00	5596.19	448.64	68.40	5.523	1.000	2.110	0.340	9.530
3-46	三通交汇井	$d1100 \sim d1400$	带卧泥	井深4m以内	座	**18866.03**	11503.35	6914.04	448.64	85.21	7.574	1.000	2.630	0.340	11.860
3-47	三通交汇井	$d1500 \sim d1650$	不带卧泥	井深4m以内	座	**21148.12**	12907.35	7671.97	568.80	95.61	7.643	1.000	3.120	0.570	13.010
3-48	三通交汇井	$d1500 \sim d1650$	带卧泥	井深4m以内	座	**25269.13**	15519.60	9180.73	568.80	114.96	9.989	1.000	3.720	0.570	15.670
3-49	三通交汇井	$d1800 \sim d1960$	不带卧泥	井深4m以内	座	**35544.68**	21820.05	12863.83	860.80	161.63	13.450	1.000	5.140	0.800	21.700
3-50	三通交汇井	$d1800 \sim d1960$	带卧泥	井深4m以内	座	**42116.57**	26046.90	15208.87	860.80	192.94	17.121	1.000	6.050	0.800	25.800

续前

编号	项目				单位	材料						机械			
						碴石 0.5～2	碴石 2～4	钢筋 D10以内	钢筋 D10以外	水	零星材料费	汽车式起重机 8t	机动翻斗车 1t	混凝土搅拌机 500L	小型机具
						t	t	kg	kg	m^3	元	台班	台班	台班	元
						83.90	85.12	3.97	3.80	7.62		767.15	207.17	273.53	
3-43	三通交汇井	d900～d1000	不带卧泥	井深4m以内	座	1.440	1.440	20.200		2.290	56.34	0.16	0.48	0.28	2.38
3-44	三通交汇井	d900～d1000	带卧泥	井深4m以内	座	1.440	1.440	20.200		2.881	71.14	0.16	0.48	0.28	2.38
3-45	三通交汇井	d1100～d1400	不带卧泥	井深4m以内	座	2.660	2.660	77.100	23.300	2.926	82.70	0.16	0.88	0.51	4.09
3-46	三通交汇井	d1100～d1400	带卧泥	井深4m以内	座	2.660	2.660	77.100	23.300	3.705	102.18	0.16	0.88	0.51	4.09
3-47	三通交汇井	d1500～d1650	不带卧泥	井深4m以内	座	3.680	3.680	123.000	21.500	3.962	113.38	0.16	1.18	0.71	7.39
3-48	三通交汇井	d1500～d1650	带卧泥	井深4m以内	座	3.680	3.680	123.000	21.500	4.844	135.68	0.16	1.18	0.71	7.39
3-49	三通交汇井	d1800～d1960	不带卧泥	井深4m以内	座	6.010	6.010	251.600	38.400	6.379	190.11	0.16	1.98	1.16	10.56
3-50	三通交汇井	d1800～d1960	带卧泥	井深4m以内	座	6.010	6.010	251.600	38.400	7.773	224.76	0.16	1.98	1.16	10.56

工作内容：拌和砂浆、砌井、断管、浇筑井口、抹井里、井外搓缝、清理现场、场内材料运输。

编号	项目				单位	预算基价				人工	材料					
						总价	人工费	材料费	机械费	综合工	机砖	铸铁井盖 D650	水泥 32.5级	水泥 42.5级	粗砂	碴石 0.5～2
						元	元	元	元	工日	千块	套	t	t	t	t
										135.00	441.10	495.28	357.47	398.99	86.63	83.90
3-51	三通交汇井	d900～d1000	不带卧泥	井深6m以内	座	**13449.75**	8444.25	4678.90	326.60	62.55	5.044	1	1.750	0.20	7.780	1.650
3-52	三通交汇井	d900～d1000	带卧泥	井深6m以内	座	**16276.97**	10270.80	5679.57	326.60	76.08	6.601	1	2.150	0.20	9.530	1.650
3-53	三通交汇井	d1100～d1400	不带卧泥	井深6m以内	座	**18013.56**	10852.65	6657.96	502.95	80.39	6.522	1	2.700	0.30	10.840	2.980
3-54	三通交汇井	d1100～d1400	带卧泥	井深6m以内	座	**21483.33**	13000.50	7979.88	502.95	96.30	8.574	1	3.230	0.30	13.170	2.980
3-55	三通交汇井	d1500～d1650	不带卧泥	井深6m以内	座	**25196.17**	15138.90	9423.73	633.54	112.14	8.642	1	2.280	2.10	15.090	4.430
3-56	三通交汇井	d1500～d1650	带卧泥	井深6m以内	座	**29337.08**	17767.35	10936.19	633.54	131.61	10.988	1	2.890	2.10	17.750	4.430
3-57	三通交汇井	d1800～d1960	不带卧泥	井深6m以内	座	**40858.30**	25478.55	14524.43	855.32	188.73	14.449	1	3.490	3.07	23.540	6.500
3-58	三通交汇井	d1800～d1960	带卧泥	井深6m以内	座	**47302.86**	29578.50	16869.04	855.32	219.10	18.121	1	4.400	3.07	27.630	6.500

续前

编号	项目				单位	材料						机械				
						碴石 2～4	水	木模板	钢筋 D10以内	钢筋 D10以外	零星材料费	汽车式起重机 8t	汽车式起重机 16t	机动翻斗车 1t	混凝土搅拌机 500L	小型机具
						t	m^3	m^3	kg	kg	元	台班	台班	台班	台班	元
						85.12	7.62	1982.88	3.97	3.80		767.15	971.12	207.17	273.53	
3-51	三通交汇井	*d*900～*d*1000	不带卧泥	井深6m以内	座	1.650	2.670	0.022	36.70	5.70	69.15	0.16		0.55	0.32	2.38
3-52	三通交汇井	*d*900～*d*1000	带卧泥	井深6m以内	座	1.650	3.261	0.022	36.70	5.70	83.93	0.16		0.55	0.32	2.38
3-53	三通交汇井	*d*1100～*d*1400	不带卧泥	井深6m以内	座	2.980	3.306	0.032	112.00	33.30	98.39	0.16		1.01	0.57	15.05
3-54	三通交汇井	*d*1100～*d*1400	带卧泥	井深6m以内	座	2.980	4.085	0.032	112.00	33.30	117.93	0.16		1.01	0.57	15.05
3-55	三通交汇井	*d*1500～*d*1650	不带卧泥	井深6m以内	座	4.430	4.341	0.040	254.40	38.40	139.27		0.16	1.03	0.87	26.80
3-56	三通交汇井	*d*1500～*d*1650	带卧泥	井深6m以内	座	4.430	5.232	0.040	254.40	38.40	161.62		0.16	1.03	0.87	26.80
3-57	三通交汇井	*d*1800～*d*1960	不带卧泥	井深6m以内	座	6.500	6.758	0.050	87.50	350.70	214.65		0.16	1.51	1.27	39.73
3-58	三通交汇井	*d*1800～*d*1960	带卧泥	井深6m以内	座	6.500	8.153	0.050	87.50	350.70	249.30		0.16	1.51	1.27	39.73

29.四通交汇井

工作内容：拌和砂浆、砌井、断管、浇筑井口、抹井里、井外搓缝、清理现场、场内材料运输。

编号	项目				单位	预算基价 总价	人工费	材料费	机械费	人工 综合工	材料 机砖	铸铁井盖 $D650$	水泥 32.5级	水泥 42.5级	粗砂
						元	元	元	元	工日	千块	套	t	t	t
										135.00	441.10	495.28	357.47	398.99	86.63
3-59	四通交汇井	$d900$～$d1000$	不带卧泥	井深4m以内	座	**13074.31**	8424.00	4294.53	355.78	62.40	4.366	1	1.630	0.230	7.290
3-60			带卧泥			**16153.39**	10416.60	5381.01	355.78	77.16	6.060	1	2.060	0.230	9.190
3-61		$d1000$～$d1400$	不带卧泥			**14361.17**	9228.60	4733.53	399.04	68.36	4.608	1	1.770	0.270	7.940
3-62			带卧泥			**17727.20**	11406.15	5922.01	399.04	84.49	6.459	1	2.240	0.270	10.030
3-63		$d1500$～$d1650$	不带卧泥			**19064.42**	11574.90	6949.45	540.07	85.74	6.885	1	2.750	0.530	11.660
3-64			带卧泥			**23044.26**	14088.60	8415.59	540.07	104.36	9.158	1	3.340	0.530	14.250
3-65		$d1800$～$d1960$	不带卧泥			**26747.29**	16289.10	9716.32	741.87	120.66	9.500	1	3.900	0.760	16.450
3-66			带卧泥			**32241.05**	19769.40	11729.78	741.87	146.44	12.645	1	4.690	0.760	19.970

续前

编号	项目				单位	材料							机械			
						碴石0.5～2	碴石2～4	水	木模板	钢筋D10以内	钢筋D10以外	零星材料费	汽车式起重机8t	机动翻斗车1t	混凝土搅拌机500L	小型机具
						t	t	m^3	m^3	kg	kg	元	台班	台班	台班	元
						83.90	85.12	7.62	1982.88	3.97	3.80		767.15	207.17	273.53	
3-59	四通交汇井	*d*900～*d*1000	不带卧泥	井深4m以内	座	1.880	1.880	2.412	0.024	22.82	7.80	63.47	0.16	0.64	0.36	1.98
3-60			带卧泥			1.880	1.880	3.055	0.024	22.82	7.80	79.52	0.16	0.64	0.36	1.98
3-61		*d*1000～*d*1400	不带卧泥			2.200	2.200	2.579	0.027	50.30	16.50	69.95	0.16	0.75	0.43	3.30
3-62			带卧泥			2.200	2.200	3.282	0.027	50.30	16.50	87.52	0.16	0.75	0.43	3.30
3-63		*d*1500～*d*1650	不带卧泥			3.440	3.440	3.674	0.037	87.00	21.50	102.70	0.16	1.11	0.66	6.84
3-64			带卧泥			3.440	3.440	4.537	0.037	87.00	21.50	124.37	0.16	1.11	0.66	6.84
3-65		*d*1800～*d*1960	不带卧泥			5.070	5.070	4.879	0.045	169.60	28.40	143.59	0.16	1.65	0.98	9.24
3-66			带卧泥			5.070	5.070	6.073	0.045	169.60	28.40	173.35	0.16	1.65	0.98	9.24

工作内容：拌和砂浆、砌井、断管、浇筑井口、抹井里、井外搓缝、清理现场、场内材料运输。

编号	项目				单位	预算基价 总价	人工费	材料费	机械费	人工 综合工	材料 机砖	铸铁井盖 D650	水泥 32.5级	水泥 42.5级	粗砂	碴石 0.5~2
						元	元	元	元	工日	千块	套	t	t	t	t
										135.00	441.10	495.28	357.47	398.99	86.63	83.90
3-67	四通交汇井	d900~d1000	不带卧泥	井深6m以内	座	**15136.70**	9683.55	5097.37	355.78	71.73	5.365	1	2.030	0.230	8.290	1.880
3-68			带卧泥			**18207.24**	11672.10	6179.36	355.78	86.46	7.059	1	2.450	0.230	10.180	1.880
3-69		d1100~d1400	不带卧泥			**16465.94**	10403.10	5634.21	428.63	77.06	5.607	1	2.310	0.270	9.230	2.470
3-70			带卧泥			**19832.41**	12580.65	6823.13	428.63	93.19	7.459	1	2.780	0.270	11.320	2.470
3-71		d1500~d1650	不带卧泥			**22768.49**	13834.80	8326.48	607.21	102.48	7.885	1	1.990	1.600	12.800	3.380
3-72			带卧泥			**26746.48**	16347.15	9792.12	607.21	121.09	10.157	1	2.580	1.600	15.390	3.380
3-73		d1800~d1960	不带卧泥			**30927.85**	19433.25	10683.19	811.41	143.95	10.499	1	2.630	2.630	17.590	4.990
3-74			带卧泥			**36312.26**	22913.55	12587.30	811.41	169.73	13.644	1	3.420	2.360	21.110	4.990

编号	项目				单位	材料						机械				
						碴石 2～4	水	木模板	钢筋 D10以内	钢筋 D10以外	零星材料费	机动翻斗车 1t	混凝土搅拌机 500L	汽车式起重机 8t	汽车式起重机 16t	小型机具
						t	m^3	m^3	kg	kg	元	台班	台班	台班	台班	元
						85.12	7.62	1982.88	3.97	3.80		207.17	273.53	767.15	971.12	
3-67	四通交汇井	*d*900～*d*1000	不带卧泥	井深6m以内	座	1.880	2.791	0.024	45.70	14.90	75.33	0.64	0.36	0.16		1.98
3-68	四通交汇井	*d*900～*d*1000	带卧泥	井深6m以内	座	1.880	3.435	0.024	45.70	14.90	91.32	0.64	0.36	0.16		1.98
3-69	四通交汇井	*d*1100～*d*1400	不带卧泥	井深6m以内	座	2.470	2.958	0.027	61.00	29.90	83.26	0.84	0.47	0.16		3.30
3-70	四通交汇井	*d*1100～*d*1400	带卧泥	井深6m以内	座	2.470	3.662	0.027	61.00	29.90	100.83	0.84	0.47	0.16		3.30
3-71	四通交汇井	*d*1500～*d*1650	不带卧泥	井深6m以内	座	3.380	4.053	0.037	145.30	136.60	123.05	1.20	0.66		0.16	22.70
3-72	四通交汇井	*d*1500～*d*1650	带卧泥	井深6m以内	座	3.380	4.909	0.037	145.30	136.60	144.71	1.20	0.66		0.16	22.70
3-73	四通交汇井	*d*1800～*d*1960	不带卧泥	井深6m以内	座	4.990	5.258	0.045	5.30	234.70	157.88	1.73	0.98		0.16	29.57
3-74	四通交汇井	*d*1800～*d*1960	带卧泥	井深6m以内	座	4.990	6.453	0.045	5.30	234.70	186.02	1.73	0.98		0.16	29.57

30.砖砌矩形化粪池

工作内容：铺筑垫层、调制砂浆、砌体、抹面、勾缝、混凝土搅拌、浇筑、钢筋加工、井盖安放、混凝土构件吊装、材料场内运输等全部工作内容。

编号	项目			单位	预算基价 总价	人工费	材料费	机械费	人工 综合工	材料 机砖	铸铁井盖 D650	水泥 32.5级	水泥 42.5级	粗砂	碴石 0.5～2	碴石 2～4	钢筋 D10以内	钢筋 D10以外
					元	元	元	元	工日	千块	套	t	t	t	t	t	t	t
									135.00	441.10	495.28	357.47	398.99	86.63	83.90	85.12	3970.73	3799.94
3-75	砖砌矩形1号化粪池	有效容积	$2m^3$	座	**13314.67**	5606.55	7452.34	255.78	41.53	3.860	2	1.460	1.194	7.570	2.280	2.460	0.030	0.180
3-76	砖砌矩形2号化粪池	有效容积	$4m^3$	座	**17658.26**	7701.75	9607.86	348.65	57.05	4.840	2	2.078	1.700	10.460	3.740	3.740	0.060	0.270
3-77	砖砌矩形3号化粪池	有效容积	$6m^3$	座	**22390.02**	9859.05	12049.03	481.94	73.03	6.640	2	2.667	2.182	13.560	4.940	5.000	0.080	0.360
3-78	砖砌矩形4号化粪池	有效容积	$9m^3$	座	**25575.36**	11326.50	13636.36	612.50	83.90	7.140	2	3.112	2.546	15.540	6.140	6.120	0.100	0.450
3-79	砖砌矩形5号化粪池	有效容积	$12m^3$	座	**28038.46**	12483.45	14884.87	670.14	92.47	8.940	2	3.375	2.761	17.360	6.140	6.120	0.100	0.450
3-80	砖砌矩形6号化粪池	有效容积	$16m^3$	座	**39561.07**	17676.90	20870.48	1013.69	130.94	10.970	3	4.879	3.992	24.130	10.330	9.200	0.180	0.720

编号	项目			单位	材													
					排水铸铁三通 *DN*200	水	钢材	木模板	铸铁管 *DN*150	石油沥青 10#	钢模板	电焊条	钢支撑	零星卡具	汽油 90#	草袋	圆钉	镀锌钢丝 0.7~1.2
					m	m^3	kg	m^3	m	kg	kg	kg	kg	kg	kg	m^2	kg	kg
					85.71	7.62	3.77	1982.88	124.42	4.04	9.80	7.59	7.46	7.57	7.16	3.34	6.68	7.34
3-75	砖砌矩形 1号化粪池	有效容积	$2m^3$	座	2.04	5.010	20.00	0.080	5.10	90.56	10.31	2.33	0.75	0.93	15.22	4.79	5.48	0.88
3-76	砖砌矩形 2号化粪池	有效容积	$4m^3$	座	2.04	7.660	20.00	0.110	5.10	114.95	15.48	3.38	0.93	1.29	19.32	7.40	8.40	1.58
3-77	砖砌矩形 3号化粪池	有效容积	$6m^3$	座	2.04	10.010	20.00	0.150	5.10	132.57	20.93	4.46	1.51	1.87	22.28	9.75	11.12	2.10
3-78	砖砌矩形 4号化粪池	有效容积	$9m^3$	座	2.04	12.130	20.00	0.180	5.10	143.99	26.10	5.44	2.61	2.70	24.20	11.97	13.29	2.64
3-79	砖砌矩形 5号化粪池	有效容积	$12m^3$	座	2.04	12.460	20.00	0.180	5.10	162.32	26.10	5.44	2.61	2.70	27.28	11.97	13.29	2.64
3-80	砖砌矩形 6号化粪池	有效容积	$16m^3$	座	2.04	19.600	20.00	0.300	5.10	200.16	46.78	8.60	12.74	8.88	33.64	19.38	17.50	4.43

续前

料							机													
镀锌钢丝 2.8～4.0	稀料	调和漆	醇酸防锈漆	氧气 $6m^3$	钢丝绳	零星材料费	汽车式起重机 8t	载重汽车 6t	载重汽车 8t	混凝土搅拌机 500L	钢筋调直机 14mm	钢筋弯曲机 40mm	木工圆锯机 500mm	钢筋切断机 40mm	电焊机 30kV·A	电动夯实机 20～62N·m	对焊机 75kV·A	灰浆搅拌机 200L	灰浆搅拌机 400L	小型机具
kg	kg	kg	kg	m^3	kg	元	台班	台班	台班	台班	台班	台班	台班	台班	台班	台班	台班	台班	台班	元
7.08	10.88	14.11	13.20	2.88	6.67		767.15	461.82	521.59	273.53	37.25	26.22	26.53	42.81	87.97	27.11	113.07	208.76	215.11	
5.81	0.02	0.12	0.09	0.01		110.13	0.01	0.03		0.18	0.04	0.04	0.05	0.05	0.12	0.03	0.01	0.31	0.45	5.00
8.91	0.02	0.12	0.09	0.01	0.01	141.99	0.05	0.05	0.05	0.09	0.07	0.07	0.08	0.03	0.16	0.05	0.02	0.40	0.56	7.00
11.82	0.02	0.12	0.09	0.01	0.01	178.06	0.06	0.07	0.06	0.24	0.10	0.10	0.11	0.02	0.21	0.07	0.03	0.47	0.77	9.00
14.08	0.02	0.12	0.09	0.01	0.02	201.52	0.08	0.09	0.09	0.45	0.12	0.12	0.13	0.06	0.24	0.08	0.04	0.52	0.83	11.00
14.08	0.02	0.12	0.09	0.01	0.02	219.97	0.08	0.09	0.09	0.45	0.12	0.12	0.13	0.06	0.24	0.08	0.04	0.59	1.03	11.00
18.02	0.02	0.12	0.09	0.01	0.04	308.43	0.16	0.19	0.17	0.73	0.20	0.19	0.18	0.09	0.37	0.13	0.06	0.77	1.27	17.00

工作内容：铺筑垫层、调制砂浆、砌体、抹面、勾缝、混凝土搅拌、浇筑、钢筋加工、井盖安放、混凝土构件吊装、材料场内运输等全部工作内容。

编号	项目			单位	预算基价				人工	材								
					总价	人工费	材料费	机械费	综合工	机砖	铸铁井盖 D650	水泥 32.5级	水泥 42.5级	粗砂	碴石 0.5～2	碴石 2～4	钢筋 D10以内	钢筋 D10以外
					元	元	元	元	工日	千块	套	t	t	t	t	t	t	t
									135.00	441.10	495.28	357.47	398.99	86.63	83.90	85.12	3970.73	3799.94
3-81	砖砌矩形 7号化粪池	有效容积	$20m^3$	座	**43240.36**	19367.10	22717.89	1155.37	143.46	11.740	3	5.413	4.429	26.630	11.490	10.600	0.210	0.810
3-82	砖砌矩形 8号化粪池	有效容积	$25m^3$	座	**46316.42**	20811.60	24273.85	1230.97	154.16	14.010	3	5.740	4.696	28.900	11.490	10.600	0.210	0.810
3-83	砖砌矩形 9号化粪池	有效容积	$30m^3$	座	**48595.21**	21776.85	25533.61	1284.75	161.31	16.220	3	5.921	4.845	30.520	11.490	10.600	0.210	0.810
3-84	砖砌矩形 10号化粪池	有效容积	$40m^3$	座	**56504.30**	25540.65	29429.87	1533.78	189.19	18.640	3	7.026	5.748	36.050	13.200	12.590	0.250	0.940
3-85	砖砌矩形 11号化粪池	有效容积	$50m^3$	座	**63959.67**	28966.95	33214.01	1778.71	214.57	20.750	3	8.058	6.593	41.160	15.210	15.160	0.300	1.090
3-86	砖砌矩形 12号化粪池	有效容积	$75m^3$	座	**95076.32**	42758.55	49814.53	2503.24	316.73	26.680	3	12.398	10.143	60.850	24.000	29.570	0.450	2.210
3-87	砖砌矩形 13号化粪池	有效容积	$100m^3$	座	**111820.84**	50479.20	58342.76	2998.88	373.92	28.640	3	14.818	12.124	71.240	30.370	36.350	0.590	2.730

料																				
排水铸铁三通 *DN*200	水	木模板	钢模板	钢材	钢丝绳	铸铁管 *DN*150	石油沥青 10#	电焊条	钢支撑	零星卡具	汽油 90#	草袋	圆钉	镀锌钢丝 0.7～1.2	镀锌钢丝 2.8～4.0	稀料	调和漆	醇酸防锈漆	氧气 $6m^3$	零星材料费
m	m^3	m^3	kg	kg	kg	m	kg	kg	kg	kg	kg	m^2	kg	kg	kg	kg	kg	kg	m^3	元
85.71	7.62	1982.88	9.80	3.77	6.67	124.42	4.04	7.59	7.46	7.57	7.16	3.34	6.68	7.34	7.08	10.88	14.11	13.20	2.88	
2.04	22.070	0.320	50.72	20.00	0.05	5.10	213.25	9.59	13.84	9.65	35.840	21.84	19.02	5.08	19.51	0.02	0.12	0.09	0.01	335.73
2.04	22.470	0.320	50.72	20.00	0.05	5.10	233.95	9.59	13.84	9.65	39.320	21.84	19.02	5.08	19.51	0.02	0.12	0.09	0.01	358.73
2.04	22.710	0.320	50.72	20.00	0.05	5.10	233.95	9.59	13.84	9.65	39.320	21.84	19.02	5.08	19.51	0.02	0.12	0.09	0.01	377.34
2.04	26.630	0.370	56.82	20.00	0.06	5.10	290.84	11.10	15.29	10.81	48.880	25.23	21.52	6.02	22.06	0.02	0.12	0.09	0.01	434.92
2.04	31.140	0.420	63.98	20.00	0.08	5.10	327.01	12.85	17.08	12.00	54.960	29.90	24.45	7.12	24.95	0.02	0.12	0.09	0.01	490.85
2.04	50.800	0.670	110.42	20.00	0.09	5.10	426.02	25.59	22.45	19.44	71.600	46.79	47.52	12.29	51.63	0.02	0.12	0.09	0.01	736.18
2.04	62.470	0.840	137.89	20.00	0.13	5.10	480.76	31.66	26.50	23.54	80.800	57.96	60.51	15.53	65.89	0.02	0.12	0.09	0.01	862.21

续前

编号	项目			单位	机械													
					汽车式起重机 8t	载重汽车 6t	载重汽车 8t	混凝土搅拌机 500L	钢筋调直机 14mm	钢筋弯曲机 40mm	木工圆锯机 500mm	钢筋切断机 40mm	电焊机 30kV•A	电动夯实机 20～62N•m	对焊机 75kV•A	灰浆搅拌机 200L	灰浆搅拌机 400L	小型机具
					台班	台班	台班	台班	台班	台班	台班	台班	台班	台班	台班	台班	台班	元
					767.15	461.82	521.59	273.53	37.25	26.22	26.53	42.81	87.97	27.11	113.07	208.76	215.11	
3-81	砖砌矩形7号化粪池	有效容积	$20m^3$	座	0.20	0.22	0.23	0.81	0.23	0.22	0.20	0.10	0.40	0.14	0.07	0.85	1.36	18.00
3-82	砖砌矩形8号化粪池	有效容积	$25m^3$	座	0.20	0.22	0.23	0.81	0.23	0.22	0.20	0.10	0.41	0.14	0.07	0.94	1.62	18.00
3-83	砖砌矩形9号化粪池	有效容积	$30m^3$	座	0.20	0.22	0.23	0.81	0.23	0.22	0.20	0.10	0.41	0.14	0.07	0.94	1.87	18.00
3-84	砖砌矩形10号化粪池	有效容积	$40m^3$	座	0.25	0.25	0.30	0.94	0.27	0.25	0.24	0.12	0.47	0.17	0.08	1.18	2.15	21.00
3-85	砖砌矩形11号化粪池	有效容积	$50m^3$	座	0.30	0.29	0.39	1.09	0.32	0.30	0.28	0.14	0.54	0.20	0.09	1.33	2.39	25.00
3-86	砖砌矩形12号化粪池	有效容积	$75m^3$	座	0.39	0.43	0.44	1.95	0.59	0.56	0.46	0.27	1.04	0.29	0.18	1.72	3.07	43.00
3-87	砖砌矩形13号化粪池	有效容积	$100m^3$	座	0.49	0.54	0.59	2.44	0.73	0.70	0.57	0.34	1.28	0.35	0.23	1.97	3.30	54.00

31.现浇钢筋混凝土化粪池

工作内容：铺筑垫层、混凝土搅拌、支模、混凝土浇筑、钢筋加工、井盖安放、混凝土构件吊装、材料场内运输等全部工作内容。

编号	项目			单位	预算基价				人工	材料								
					总价	人工费	材料费	机械费	综合工	预拌混凝土 AC10	预拌混凝土 AC25	预拌混凝土 BC20 P6	水泥砂浆 1∶2	铸铁井盖 *D*650	水泥 32.5级	水泥 42.5级	粗砂	碴石 0.5～2
					元	元	元	元	工日	m³	m³	m³	m³	套	t	t	t	t
									135.00	430.17	461.24	466.09	350.77	495.28	357.47	398.99	86.63	83.90
3-88	现浇钢筋混凝土 1号化粪池	有效容积	2m³	座	**15166.11**	7240.05	7650.51	275.55	53.63	0.410	4.570	0.690		2		0.339	0.825	0.660
3-89	现浇钢筋混凝土 2号化粪池	有效容积	4m³	座	**23182.83**	10741.95	12021.35	419.53	79.57	0.660	6.320	1.350	0.435	2	0.341	0.424	1.488	0.826
3-90	现浇钢筋混凝土 3号化粪池	有效容积	6m³	座	**25794.02**	11985.30	13332.41	476.31	88.78	0.790	7.060	1.640	0.465	2	0.365	0.447	1.575	0.870
3-91	现浇钢筋混凝土 4号化粪池	有效容积	9m³	座	**30141.77**	14103.45	15478.86	559.46	104.47	1.030	8.070	2.230	0.529	2	0.415	0.491	1.749	0.957
3-92	现浇钢筋混凝土 5号化粪池	有效容积	12m³	座	**34996.25**	16036.65	18287.35	672.25	118.79	1.030	9.460	2.230	0.529	2	0.415	0.491	1.749	0.957
3-93	现浇钢筋混凝土 6号化粪池	有效容积	16m³	座	**44105.92**	20461.95	22831.37	812.60	151.57	1.630	11.390	3.550	0.663	2	0.520	0.374	1.606	0.728

编号	项目			单位	材													
					碴石 2～4	木模板	镀锌钢丝 2.8～4.0	铁件（含制作费）	钢筋 D10以内	钢筋 D10以外	螺纹钢锰D14以内	钢支撑	圆钉	电焊条	钢模板	零星卡具	隔离剂	草袋 840×760
					t	m^3	kg	kg	t	t	t	kg	kg	kg	kg	kg	kg	条
					85.12	1982.88	7.08	9.49	3970.73	3799.94	3748.26	7.46	6.68	7.59	9.80	7.57	4.20	2.13
3-88	现浇钢筋混凝土 1号化粪池	有效容积	$2m^3$	座	1.456	0.036	6.140	4.030	0.028		0.464	17.05	2.22	2.27	44.10	31.81	6.57	7.28
3-89	现浇钢筋混凝土 2号化粪池	有效容积	$4m^3$	座	2.119	0.058	24.380	5.490	0.035		0.792	23.21	3.53	3.88	60.17	43.33	9.08	10.63
3-90	现浇钢筋混凝土 3号化粪池	有效容积	$6m^3$	座	2.402	0.068	26.440	6.200	0.035		0.896	26.24	4.09	4.39	67.86	48.95	10.27	12.75
3-91	现浇钢筋混凝土 4号化粪池	有效容积	$9m^3$	座	2.965	0.088	30.170	7.440	0.042		1.044	31.48	5.20	5.12	81.14	58.65	12.37	16.84
3-92	现浇钢筋混凝土 5号化粪池	有效容积	$12m^3$	座	2.965	0.088	33.690	8.420	0.042		1.541	35.64	5.24	7.56	91.56	66.31	13.82	16.84
3-93	现浇钢筋混凝土 6号化粪池	有效容积	$16m^3$	座	3.911	0.026	43.550	11.750	0.196	0.450	1.404	49.70	2.03	9.09	127.39	92.40	17.98	26.95

料							机械													
水	板材	原木	木支撑	排水铸铁三通 *DN*200	排水铸铁管 *DN*100	零星材料费	电动夯实机 20~62N·m	滚筒式混凝土搅拌机 400L	钢筋调直机 14mm	钢筋弯曲机 40mm	钢筋冷拉机 900kN	钢筋切断机 40mm	木工圆锯机 500mm	木工压刨床 600mm单面	电焊机 30kV·A	对焊机 75kV·A	汽车式起重机 8t	载重汽车 5t	灰浆搅拌机 200L	小型机具
m^3	m^3	m^3	m^3	个	m	元	台班	台班	台班	台班	台班	台班	台班	台班	台班	台班	台班	台班	台班	元
7.62	2302.20	1686.44	2211.82	111.32	51.62		27.11	248.56	37.25	26.22	40.81	42.81	26.53	32.70	87.97	113.07	767.15	443.55	208.76	
7.604	0.016	0.009	0.062	2	4.000	113.06	0.05	0.11	0.01	0.36	0.10	0.11	0.04	0.02	0.56	0.08	0.10	0.19		7.24
11.907	0.225	0.173	0.100	2	4.000	177.66	0.08	0.14	0.01	0.61	0.17	0.18	0.07	0.04	0.94	0.14	0.14	0.26	0.08	10.44
13.524	0.242	0.185	0.116	2	4.000	197.03	0.10	0.15	0.01	0.69	0.19	0.20	0.08	0.05	1.06	0.16	0.16	0.30	0.09	11.84
16.153	0.275	0.210	0.148	2	4.000	228.75	0.13	0.17	0.01	0.80	0.22	0.23	0.10	0.06	1.23	0.18	0.19	0.36	0.10	14.02
17.825	0.275	0.210	0.148	2	4.000	270.26	0.13	0.17	0.01	1.17	0.32	0.34	0.10	0.06	1.79	0.27	0.21	0.40	0.10	15.80
23.591	0.359		0.272	2	4.000	337.41	0.20	0.14	0.04	1.32	0.35	0.40	0.04	0.01	2.19	0.26	0.30	0.46	0.13	20.11

工作内容：铺筑垫层、混凝土搅拌、支模、混凝土浇筑、钢筋加工、井盖安放、混凝土构件吊装、材料场内运输等全部工作内容。

编号	项目			单位	预算基价				人工	材									
					总价	人工费	材料费	机械费	综合工	预拌混凝土 AC10	预拌混凝土 AC25	预拌混凝土 BC20 P6	水泥砂浆 1∶2	铸铁井盖 *D*650	水泥 32.5级	水泥 42.5级	粗砂	碴石 0.5～2	碴石 2～4
					元	元	元	元	工日	m³	m³	m³	m³	套	t	t	t	t	t
									135.00	430.17	461.24	466.09	350.77	495.28	357.47	398.99	86.63	83.90	85.12
3-94	现浇钢筋混凝土 7号化粪池	有效容积	20m³	座	**52953.28**	23942.25	28019.23	991.80	177.35	1.938	13.720	4.289	0.744	3	0.583	0.922	3.023	1.796	5.575
3-95	现浇钢筋混凝土 8号化粪池	有效容积	25m³	座	**56799.17**	25623.00	30103.98	1072.19	189.80	1.938	15.393	4.289	0.744	3	0.583	0.922	3.023	1.796	5.575
3-96	现浇钢筋混凝土 9号化粪池	有效容积	30m³	座	**60679.88**	27313.20	32213.35	1153.33	202.32	1.938	17.127	4.289	0.744	3	0.583	0.922	3.023	1.796	5.575
3-97	现浇钢筋混凝土 10号化粪池	有效容积	40m³	座	**71620.29**	31849.20	38439.75	1331.34	235.92	2.346	19.832	5.324	0.857	3	0.672	1.064	3.488	2.074	6.648
3-98	现浇钢筋混凝土 11号化粪池	有效容积	50m³	座	**83187.73**	36620.10	45030.49	1537.14	271.26	2.856	22.461	6.508	0.983	3	0.771	1.229	4.022	2.394	7.964
3-99	现浇钢筋混凝土 12号化粪池	有效容积	75m³	座	**115598.81**	50757.30	62885.49	1956.02	375.98	3.917	37.937	10.832	1.845	3	1.446	1.748	6.190	3.406	11.044
3-100	现浇钢筋混凝土 13号化粪池	有效容积	100m³	座	**134144.35**	58133.70	73779.79	2230.86	430.62	5.059	42.849	14.137	2.141	3	1.679	2.046	7.225	3.987	13.852

料																				
木模板	镀锌钢丝 2.8～4.0	铁件（含制作费）	钢筋 D10以内	钢筋 D10以外	螺纹钢 锰D14以内	螺纹钢 锰D14～32	钢支撑	圆钉	电焊条	钢模板	零星卡具	隔离剂	草袋 840×760	水	板材	原木	木支撑	排水铸铁三通 DN200	排水铸铁管 DN100	零星材料费
m^3	kg	kg	t	t	t	t	kg	kg	kg	kg	kg	kg	条	m^3	m^3	m^3	m^3	个	m	元
1982.88	7.08	9.49	3970.73	3799.94	3748.26	3719.82	7.46	6.68	7.59	9.80	7.57	4.20	2.13	7.62	2302.20	1686.44	2211.82	111.32	51.62	
0.158	48.732	12.776	0.234	0.495	1.427	0.221	54.042	9.230	10.508	138.446	100.453	21.221	37.008	29.248	0.393	0.297	0.265	2	4.000	414.08
0.159	50.674	13.855	0.276	0.555	1.593	0.221	58.608	9.276	11.609	149.883	108.869	22.813	36.637	31.206	0.393	0.297	0.265	2	4.000	444.89
0.159	52.618	14.934	0.319	0.614	1.758	0.221	63.173	9.322	12.710	161.320	117.286	24.405	36.637	33.280	0.393	0.297	0.265	2	4.000	476.06
0.192	63.248	16.628	0.331	0.122	1.879	1.396	70.338	11.192	16.648	179.761	130.627	27.381	43.025	39.168	0.455	0.342	0.319	2	4.000	568.08
0.235	74.776	18.255	0.331		2.166	2.075	77.221	13.677	20.788	197.569	143.468	30.413	50.131	45.367	0.525	0.394	0.393	2	4.000	665.48
0.750	98.339	23.555			3.092	2.558	104.706	9.821	27.696	261.511	190.282	39.899	82.066	74.091	0.709	0.531	0.081	2	4.000	929.34
0.974	114.056	25.977			3.599	3.163	109.883	12.382	33.147	282.335	204.475	43.936	101.936	87.345	0.828	0.617	0.097	2	4.000	1090.34

续前

编号	项目			单位	机械													
					电动夯实机 20～62N·m	滚筒式混凝土搅拌机 400L	灰浆搅拌机 200L	钢筋调直机 14mm	钢筋弯曲机 40mm	钢筋冷拉机 900kN	钢筋切断机 40mm	木工圆锯机 500mm	木工压刨床 600mm单面	电焊机 30kV·A	对焊机 75kV·A	汽车式起重机 8t	载重汽车 5t	小型机具
					台班	台班	台班	台班	台班	台班	台班	台班	台班	台班	台班	台班	台班	元
					27.11	248.56	208.76	37.25	26.22	40.81	42.81	26.53	32.70	87.97	113.07	767.15	443.55	
3-94	现浇钢筋混凝土 7号化粪池	有效容积	20m³	座	0.24	0.32	0.14	0.04	1.44	0.39	0.45	0.18	0.11	2.48	0.27	0.32	0.62	24.54
3-95	现浇钢筋混凝土 8号化粪池	有效容积	25m³	座	0.24	0.32	0.14	0.05	1.61	0.43	0.50	0.18	0.11	2.77	0.30	0.35	0.66	26.67
3-96	现浇钢筋混凝土 9号化粪池	有效容积	30m³	座	0.24	0.32	0.14	0.06	1.79	0.48	0.55	0.18	0.11	3.06	0.33	0.38	0.70	28.88
3-97	现浇钢筋混凝土 10号化粪池	有效容积	40m³	座	0.29	0.37	0.16	0.06	2.08	0.57	0.66	0.22	0.13	3.78	0.36	0.42	0.79	33.89
3-98	现浇钢筋混凝土 11号化粪池	有效容积	50m³	座	0.35	0.43	0.19	0.06	2.46	0.68	0.79	0.26	0.16	4.57	0.42	0.46	0.90	39.07
3-99	现浇钢筋混凝土 12号化粪池	有效容积	75m³	座	0.48	0.60	0.35		3.03	0.89	0.97	0.36	0.19	5.57	0.60	0.61	1.03	65.10
3-100	现浇钢筋混凝土 13号化粪池	有效容积	100m³	座	0.62	0.71	0.41		3.58	1.05	1.15	0.45	0.25	6.63	0.70	0.66	1.13	76.00

32.砖砌收水井

工作内容：拌和砂浆、砌井、断管、浇筑井口、抹井里、井外搓缝、清理现场、场内材料运输。

编号	项目		单位	预算基价				人工	材料			
				总价	人工费	材料费	机械费	综合工	机砖	铸铁井箅子 300×500	铸铁井箅子 450×750	水泥 32.5级
				元	元	元	元	工日	千块	套	套	t
								135.00	441.10	125.59	249.36	357.47
3-101	中型平箅收水井	深 1.0m	座	**707.41**	337.50	360.30	9.61	2.50	0.301	1		0.100
3-102	大型平箅收水井	深 1.5m	座	**1199.28**	506.25	683.42	9.61	3.75	0.568		1	0.190
3-103	大型双箅收水井	深 1.5m	座	**2161.21**	1012.50	1129.48	19.23	7.50	0.810		2	0.280

续前

编号	项目		单位	材料							机械	
				水泥 42.5级	粗砂	碴石 0.5～2	碴石 2～4	水	木模板	零星材料费	机动翻斗车 1t	混凝土搅拌机 500L
				t	t	t	t	m^3	m^3	元	台班	台班
				398.99	86.63	83.90	85.12	7.62	1982.88		207.17	273.53
3-101	中型平箅收水井	深 1.0m	座	0.010	0.440	0.080	0.080	0.168	0.002	5.32	0.02	0.02
3-102	大型平箅收水井	深 1.5m	座	0.020	0.820	0.120	0.120	0.293	0.002	10.10	0.02	0.02
3-103	大型双箅收水井	深 1.5m	座	0.030	1.190	0.180	0.180	0.430	0.004	16.69	0.04	0.04

33.安装预制收水井

工作内容：拼装收水井井室，勾缝，安装井框、井盖，清理现场，场内运输等。

编号	项目		单位	预算基价				人工	材料							机械	
				总价	人工费	材料费	机械费	综合工	收水井预制混凝土井室	收水井预制混凝土腰节	铸铁井箅子	水泥 32.5级	粗砂	防水粉	水	机动翻斗车 1t	载重汽车 5t
				元	元	元	元	工日	套	节	套	t	t	kg	m^3	台班	台班
号			位					135.00				357.47	86.63	4.21	7.62	207.17	443.55
3-104	安装预制收水井	中型	座	**686.95**	294.30	383.12	9.53	2.18	1×160.19	1×32.04	1×125.59	0.068	0.460	0.094	0.098	0.031	0.007
3-105	安装预制收水井	大型	座	**1030.28**	342.90	664.86	22.52	2.54	1×179.61	4×32.04	1×249.36	0.077	0.900	0.360	0.095	0.068	0.019
3-106	安装预制收水井	每增减一节	节	**67.51**	36.45	28.84	2.22	0.27		1×21.36		0.013	0.032		0.008		0.005

34.砖砌井筒

工作内容：筛砂子、调制砂浆、抹灰、养护。

编号	项目			单位	预算基价				人工	材料										机械
					总价	人工费	材料费	机械费	综合工	机砖	水泥 32.5级	粗砂	水	生石灰	零星材料费	石灰膏	水泥砂浆 M5	水泥石灰砂浆 M7.5	水泥砂浆 M10	灰浆搅拌机 200L
					元	元	元	元	工日	千块	t	t	m^3	t	元	m^3	m^3	m^3	m^3	台班
									135.00	441.10	357.47	86.63	7.62	309.26						208.76
3-107	砖砌井筒	矩形	M5	m^3	**592.06**	286.20	289.58	16.28	2.12	0.533	0.049	0.364	0.150		4.28		(0.228)			0.078
3-108			M7.5		**598.27**	286.20	295.79	16.28	2.12	0.533	0.060	0.350	0.150	0.011	4.37	(0.016)		(0.228)		0.078
3-109			M10		**597.11**	286.20	294.63	16.28	2.12	0.533	0.069	0.339	0.150		4.35				(0.228)	0.078
3-110		圆形	M5		**590.12**	287.55	286.29	16.28	2.13	0.511	0.055	0.413	0.160		4.23		(0.259)			0.078
3-111			M7.5		**597.51**	287.55	293.68	16.28	2.13	0.511	0.068	0.397	0.160	0.013	4.34	(0.019)		(0.259)		0.078
3-112			M10		**596.01**	287.55	292.18	16.28	2.13	0.511	0.078	0.385	0.160		4.32				(0.259)	0.078

35.稳 井 盖

工作内容：筛洗砂石，调制砂浆或搅拌混凝土，坐稳井盖座。

编号	项目		单位	预算基价			人工	材料				
				总价	人工费	材料费	综合工	铸铁井盖 D650	水泥 32.5级	水泥 42.5级	粗砂	优质砂
				元	元	元	工日	套	t	t	t	t
							135.00	495.28	357.47	398.99	86.63	92.45
3-113	稳井盖	水泥砂浆稳井盖	套	**802.27**	270.00	532.27	2.00	1	0.064		0.155	
3-114	稳井盖	砖稳井盖	套	**796.06**	270.00	526.06	2.00	1	0.014		0.081	
3-115	稳井盖	混凝土稳井盖	套	**797.24**	270.00	527.24	2.00	1		0.027		0.073

续前

编号	项目		单位	材						料
				碴石 0.5～2	机砖	粉煤灰	水	水泥砂浆 1:2	水泥砂浆 M7.5	水泥混凝土 C20(0.5～2cm)
				t	千块	t	m^3	m^3	m^3	m^3
				83.90	441.10	97.03	7.62			
3-113	稳井盖	水泥砂浆稳井盖	套				0.090	(0.113)		
3-114	稳井盖	砖稳井盖	套		0.042		0.030		(0.053)	
3-115	稳井盖	混凝土稳井盖	套	0.119		0.030	0.203			(0.099)

第四章　顶　　管

36.钢套环制作、安装

工作内容：钢套环制作、安装。

编号	项目		单位	预算基价				人工	材料						机械				
				总价	人工费	材料费	机械费	综合工	热轧厚钢板 8～10	醇酸防锈漆	电焊条	氧气 $6m^3$	乙炔气 5.5～6.5kg	零星材料费	门式起重机 10t	电动卷扬机 50kN	刨边机 9000mm	剪板机 20×2500	直流电焊机 30kW
				元	元	元	元	工日	t	kg	kg	m^3	m^3	元	台班	台班	台班	台班	台班
								135.00	3673.05	13.20	7.59	2.88	16.13		465.57	292.19	516.01	329.03	92.43
4-1	钢套环制作、安装	d1650	10个	**9588.71**	4837.05	4265.02	486.64	35.83	1.070	6.76	19.13	4.53	1.51	63.03	0.33	0.16	0.08	0.09	2.33
4-2	钢套环制作、安装	d1800	10个	**10287.98**	5097.60	4663.59	526.79	37.76	1.170	7.39	20.92	4.95	1.65	68.92	0.36	0.18	0.08	0.09	2.55
4-3	钢套环制作、安装	d2000	10个	**11429.39**	5614.65	5221.72	593.02	41.59	1.310	8.28	23.42	5.54	1.85	77.17	0.41	0.20	0.09	0.10	2.86
4-4	钢套环制作、安装	d2200	10个	**12449.90**	6107.40	5700.11	642.39	45.24	1.430	9.04	25.57	6.05	2.02	84.24	0.44	0.21	0.10	0.11	3.12
4-5	钢套环制作、安装	d2400	10个	**13547.86**	6628.50	6218.18	701.18	49.10	1.560	9.86	27.89	6.60	2.20	91.89	0.48	0.23	0.11	0.12	3.40

37.安拆顶进后座、坑内平台

工作内容：1.方木后座：安装顶进后座、安装人工操作平台及千斤顶平台，清理现场。2.钢筋混凝土后座：模板制作、安拆，钢筋制作，混凝土拌和、浇筑、养护，安拆钢板后靠，安装操作平台及千斤顶平台，拆除混凝土后座，清理现场等全部工作。

编号	项目		单位	预算基价				人工	材料				
				总价	人工费	材料费	机械费	综合工	热轧厚钢板 8～10	板材	方木	水泥 42.5级	粗砂
				元	元	元	元	工日	t	m^3	m^3	t	t
								135.00	3673.05	2302.20	3266.74	398.99	86.63
4-6	顶进后座及坑内平台安拆	*d*1400～*d*1800	座	**6045.49**	2859.30	1397.50	1788.69	21.18	0.150	0.004	0.250		
4-7	顶进后座及坑内平台安拆	*d*2000～*d*2400	座	**7704.65**	3613.95	1792.65	2298.05	26.77	0.202	0.005	0.310		
4-8	钢筋混凝土后座		m^3	**1740.65**	697.95	508.51	534.19	5.17	0.020	0.016	0.010	0.310	0.750

续前

编号	项目		单位	材料			机械						
				碴石 0.5～2	钢筋 D10以外	零星材料费	载重汽车 4t	汽车式起重机 8t	混凝土搅拌机 500L	电动空气压缩机 $6m^3/min$	钢筋切断机 40mm	钢筋弯曲机 40mm	机动翻斗车 1t
				t	t	元	台班	台班	台班	台班	台班	台班	台班
				83.90	3799.94		417.41	767.15	273.53	217.48	42.81	26.22	207.17
4-6	顶进后座及坑内平台安拆	d1400～d1800	座			20.65	1.51	1.51					
4-7	顶进后座及坑内平台安拆	d2000～d2400	座			26.49	1.94	1.94					
4-8	钢筋混凝土后座		m^3	0.660	0.030	7.51	0.20	0.45	0.07	0.33	0.001	0.001	0.07

38.安拆封闭式顶管设备、附属设施

工作内容：安装工具管、千斤顶、顶铁、油泵、配电设备、进水泵、出泥泵、仪表、操作台、油管闸阀、压力表、出泥管及铁梯等全部工序。

编号	项目		单位	预算基价 总价	人工费	材料费	机械费	人工 综合工	材料 热轧槽钢 25#～36#	钢撑板	方木	零星材料费	机械 刀盘式土压平衡顶管掘进机	汽车式起重机 16t	汽车式起重机 50t	汽车式起重机 75t	平板拖车组 20t	平板拖车组 30t
				元	元	元	元	工日	t	t	m^3	元	台班	台班	台班	台班	台班	台班
								135.00	3631.86	4907.52	3266.74			971.12	2492.74	3175.79	1101.26	1263.97
4-9	安拆封闭式顶管设备及附属设施	*d*1650	套	**28863.71**	9369.00	9168.13	10326.58	69.40	1.600	0.530	0.190	135.49	4.20×481.48	3.00	1.50		1.50	
4-10	安拆封闭式顶管设备及附属设施	*d*1800	套	**30985.61**	10176.30	9551.70	11257.61	75.38	1.650	0.570	0.190	141.16	4.80×615.26	3.00	1.50		1.50	
4-11	安拆封闭式顶管设备及附属设施	*d*2000	套	**33787.20**	10473.30	10193.30	13120.60	77.58	1.770	0.610	0.190	150.64	5.16×687.52	3.00		1.50		1.50
4-12	安拆封闭式顶管设备及附属设施	*d*2200	套	**35731.15**	11333.25	10687.45	13710.45	83.95	1.850	0.650	0.190	157.94	5.57×742.81	3.00		1.50		1.50
4-13	安拆封闭式顶管设备及附属设施	*d*2400	套	**40500.12**	11681.55	11218.47	17600.10	86.53	1.940	0.690	0.190	165.79	6.00×1337.85	3.00		1.50		1.50

39. 中继间安拆

工作内容： 安装吊装中继间、装油泵及油管、接缝防水、拆除中继间内的全部设备、吊出井口。

编号	项目		单位	预算基价				人工	材料		机械				
				总价	人工费	材料费	机械费	综合工	中继间	零星材料费	汽车式起重机 12t	汽车式起重机 16t	汽车式起重机 20t	载重汽车 4t	高压油泵 50MPa
				元	元	元	元	工日	套	元	台班	台班	台班	台班	台班
								135.00			864.36	971.12	1043.80	417.41	110.93
4-14	中继间安拆	*d*1650	套	**52591.46**	1379.70	49582.30	1629.46	10.22	1×48849.56	732.74	1.17			1.17	1.17
4-15	中继间安拆	*d*1800	套	**65516.47**	1505.25	61977.88	2033.34	11.15	1×61061.95	915.93	1.46			1.46	1.46
4-16	中继间安拆	*d*2000	套	**78895.08**	1672.65	74373.46	2848.97	12.39	1×73274.34	1099.12		1.90		1.90	1.90
4-17	中继间安拆	*d*2200	套	**91814.90**	1838.70	86769.03	3207.17	13.62	1×85486.73	1282.30			2.04	2.04	2.04
4-18	中继间安拆	*d*2400	套	**104630.77**	2007.45	99164.61	3458.71	14.87	1×97699.12	1465.49			2.20	2.20	2.20

40.混凝土管道顶进(封闭式)

工作内容：卸管、接拆照明设备、掘进、切削土、出土、测量纠偏及管材场内运输等全部工序。

编号	项目		单位	预算基价				人工	材料	
				总价	人工费	材料费	机械费	综合工	混凝土顶管	氯丁橡胶圈
				元	元	元	元	工日	m	个
								135.00		
4-19	混凝土管道顶进(封闭式)	*d*1650	100m	**303579.35**	34597.80	225182.35	43799.20	256.28	100.50×2165.05	50×69.85
4-20		*d*1800		**404693.74**	38533.05	316712.61	49448.08	285.43	100.50×3058.25	50×78.07
4-21		*d*2000		**455310.02**	40315.05	361325.87	53669.10	298.63	100.50×3495.15	50×78.98
4-22		*d*2200		**493010.52**	44176.05	392751.86	56082.61	327.23	100.50×3802.30	50×80.84
4-23		*d*2400		**551738.43**	48720.15	423254.78	79763.50	360.89	100.50×4098.55	50×86.42

续前

编号	项目		单位	材料		机械					
				衬垫	零星材料费	刀盘式土压平衡顶管掘进机	汽车式起重机 16t	汽车式起重机 20t	汽车式起重机 32t	自卸汽车 5t	高压油泵 50MPa
				个	元	台班	台班	台班	台班	台班	台班
				15.49			971.12	1043.80	1274.79	515.50	110.93
4-19	混凝土管道顶进（封闭式）	d1650	100m	50	3327.82	20.00×481.48	20.00			20.00	40.00
4-20		d1800		50	4680.48	21.28×615.26	21.28			21.28	42.55
4-21		d2000		50	5339.79	21.74×687.52		21.74		21.74	43.48
4-22		d2200		50	5804.21	22.22×742.81		22.22		22.22	44.44
4-23		d2400		50	6255.00	23.81×1337.85			23.81	23.81	47.62

41.触变泥浆及水泥置换

工作内容：1.触变泥浆调制、管壁外周注入等。2.水泥浆调制、管壁外周注入等。

编号	项目	单位	预算基价				人工
			总价	人工费	材料费	机械费	综合工
			元	元	元	元	工日
							135.00
4-24	触变泥浆减阻	$10m^3$	**5432.36**	1777.95	1033.16	2621.25	13.17
4-25	水泥置换	$10m^3$	**6322.21**	1777.95	1923.01	2621.25	13.17

续前

编号	项目	单位	材料				机械	
			膨润土	纯碱	水泥 32.5级	零星材料费	电动灌浆机	泥浆拌和机 100～150L
			kg	kg	t	元	台班	台班
			0.39	8.16	357.47		25.28	208.76
4-24	触变泥浆减阻	10m³	1840.00	36.80		15.27	11.20	11.20
4-25	水泥置换	10m³			5.300	28.42	11.20	11.20

42.管壁涂石蜡

工作内容：熬蜡、配料、喷涂、烤匀、找平。

编号	项目		单位	预算基价			人工	材料			
				总价	人工费	材料费	综合工	石蜡	煤	机油（综合）	零星材料费
				元	元	元	工日	kg	kg	kg	元
							135.00	5.01	0.53	7.21	
4-26	管壁涂石蜡	厚度 3mm	$100m^2$	**1890.22**	1687.50	202.72	12.50	33.00	20.00	3.30	3.00

43.混凝土管道顶进(敞开式)顶管设备安拆调头

工作内容：顶管设备安装、拆除、调头、场内材料运输。

编号	项目			单位	预算基价			人工	机械
					总价	人工费	机械费	综合工	汽车式起重机 8t
					元	元	元	工日	台班
								135.00	767.15
4-27	混凝土管道顶进(敞开式)	顶管设备安拆调头	单顶	坑·次	**16414.96**	15018.75	1396.21	111.25	1.82
4-28	混凝土管道顶进(敞开式)	顶管设备安拆调头	双顶	坑·次	**19130.35**	17381.25	1749.10	128.75	2.28

44.混凝土管道顶进(敞开式)

工作内容：挖土、运管、送土、装填油麻辫、上胀圈、顶管、打口接头、100m运输。

编号	项目			单位	预算基价 总价	人工费	材料费	机械费	人工 综合工	材料 混凝土顶管	水泥 32.5级
					元	元	元	元	工日	m	kg
									135.00		0.36
4-29	混凝土管道顶进(敞开式)	单顶	*d*1000	100m	**223037.89**	83956.50	102397.97	36683.42	621.90	100.50×985.44	492.10
4-30	混凝土管道顶进(敞开式)	单顶	*d*1100	100m	**245557.34**	88344.00	120299.92	36913.42	654.40	100.50×1158.74	567.80
4-31	混凝土管道顶进(敞开式)	单顶	*d*1200	100m	**270316.20**	88519.50	136102.48	45694.22	655.70	100.50×1310.68	590.80
4-32	混凝土管道顶进(敞开式)	单顶	*d*1300	100m	**302920.77**	92394.00	161090.23	49436.54	684.40	100.50×1553.40	670.90

续前

编号	项目			单位	材料							机械		
					粗砂	石棉绒	石油沥青 10#	煤	大麻	松三股	零星材料费	汽车式起重机 8t	高压油泵 50MPa	立式油压千斤顶 200t
					kg	kg	kg	kg	kg	kg	元	台班	台班	台班
					0.08	12.32	4.04	0.53	12.60	5.96		767.15	110.93	11.50
4-29	混凝土管道顶进（敞开式）	单顶	d1000	100m	699.20	62.70	51.30	172.00	3.30	84.30	1513.27	40.20	40.20	120.40
4-30			d1100		839.10	69.60	57.20	192.00	3.70	94.00	1777.83	40.20	40.20	140.40
4-31			d1200		839.10	75.30	66.50	205.00	4.10	122.70	2011.37	50.20	50.20	140.40
4-32			d1300		978.90	81.60	74.30	222.00	4.40	133.30	2380.64	54.20	54.20	160.40

工作内容：挖土、运管、送土、装填油麻辫、上胀圈、顶管、打口接头、100m运输。

编号	项目			单位	预算基价				人工	材料		
					总价	人工费	材料费	机械费	综合工	混凝土顶管	水泥 32.5级	粗砂
					元	元	元	元	工日	m	kg	kg
									135.00		0.36	0.08
4-33	混凝土管道顶进（敞开式）	单顶	d1500	100m	**382748.03**	116613.00	206069.83	60065.20	863.80	100.50×1990.29	764.90	1118.90
4-34			d1650		**414685.95**	116950.50	224412.20	73323.25	866.30	100.50×2165.05	851.70	1258.60
4-35			d1800		**560812.70**	153225.00	315878.38	91709.32	1135.00	100.50×3058.25	944.00	1371.70
4-36			d1960		**636150.88**	190012.50	331341.38	114797.00	1407.50	100.50×3203.88	1100.00	1598.40

续前

编号	项目			单位	材料						机械				
					石棉绒	石油沥青 10#	煤	大麻	松三股	零星材料费	汽车式起重机 8t	汽车式起重机 16t	高压油泵 50MPa	立式油压千斤顶 200t	立式油压千斤顶 300t
					kg	kg	kg	kg	kg	元	台班	台班	台班	台班	台班
					12.32	4.04	0.53	12.60	5.96		767.15	971.12	110.93	11.50	16.48
4-33	混凝土管道顶进（敞开式）	单顶	*d*1500	100m	94.20	86.00	263.00	5.10	155.00	3045.37	65.00		65.00	260.00	
4-34	混凝土管道顶进（敞开式）	单顶	*d*1650	100m	103.40	103.40	283.00	6.10	198.40	3316.44		65.00	65.00	260.00	
4-35	混凝土管道顶进（敞开式）	单顶	*d*1800	100m	112.90	114.40	313.00	6.20	219.70	4668.15		81.30	81.30	325.10	
4-36	混凝土管道顶进（敞开式）	单顶	*d*1960	100m	130.00	140.00	350.00	7.00	250.00	4896.67		100.00	100.00		400.00

45.小口径顶管

工作内容：机具安装、试顶、完工后拆除、涂沥青打口、留管、机顶、排除泥浆、场内运输。

编号	项目			单位	预算基价				人工	材料			
					总价	人工费	材料费	机械费	综合工	平口水泥管	玻璃布油毡	石油沥青10#	清油
					元	元	元	元	工日	m	m²	kg	kg
									135.00		3.57	4.04	15.06
4-37	混凝土管道顶进	小口径顶管	d200	100m	**19592.86**	8437.50	4644.10	6511.26	62.50	102.60×32.04	22.00	134.00	1.40
4-38	混凝土管道顶进	小口径顶管	d300	100m	**23592.89**	11313.00	5768.63	6511.26	83.80	102.60×39.81	22.00	176.00	1.80
4-39	混凝土管道顶进	小口径顶管	d400	100m	**29734.94**	13500.00	8389.19	7845.75	100.00	100.50×64.08	28.00	193.00	2.00
4-40	混凝土管道顶进	小口径顶管	d500	100m	**35538.12**	16875.00	10817.37	7845.75	125.00	100.50×85.73	30.00	217.00	2.20

续前

编号	项目			单位	材料							机械			
					汽油 90#	滑石粉	石棉绒	劈材	麻绳	羊毛	零星材料费	电动单级离心清水泵 50mm	泥浆泵 100mm	高压油泵 50MPa	立式油压千斤顶 200t
					kg	kg	kg	kg	kg	kg	元	台班	台班	台班	台班
					7.16	0.59	12.32	1.15	9.28	45.00		28.19	204.13	110.93	11.50
4-37	混凝土管道顶进	小口径顶管	*d*200	100m	10.00	1.00	29.50	90.00	3.40	1.70	68.63	10.90	10.90	32.50	32.50
4-38	混凝土管道顶进	小口径顶管	*d*300	100m	10.00	1.30	38.00	95.00	3.60	2.20	85.25	10.90	10.90	32.50	32.50
4-39	混凝土管道顶进	小口径顶管	*d*400	100m	15.00	1.30	42.50	118.00	4.30	2.40	123.98	10.90	10.90	43.40	43.40
4-40	混凝土管道顶进	小口径顶管	*d*500	100m	15.00	1.60	46.90	146.00	5.30	2.70	159.86	10.90	10.90	43.40	43.40

46.环氧树脂里箍

工作内容：刷洗管口、调配树脂、做箍支活、材料领退。

编号	项目		单位	预算基价			人工	材料								
				总价	人工费	材料费	综合工	环氧树脂6101	玻璃布	水泥32.5级	二丁酯	乙二胺	聚酰胺651	氯苯	煤焦油	零星材料费
				元	元	元	工日	kg	kg	kg	kg	kg	kg	kg	kg	元
							135.00	28.33	30.08	0.36	13.87	21.96	30.61	8.12	1.15	
4-41	环氧树脂里箍	d1000	个	**324.86**	282.15	42.71	2.09	0.33	0.80	0.67	0.02	0.01	0.25	0.02	0.10	0.63
4-42	环氧树脂里箍	d1100	个	**329.42**	282.15	47.27	2.09	0.37	0.88	0.73	0.02	0.01	0.28	0.02	0.11	0.70
4-43	环氧树脂里箍	d1200	个	**333.39**	282.15	51.24	2.09	0.40	0.96	0.80	0.02	0.01	0.30	0.02	0.12	0.76
4-44	环氧树脂里箍	d1300	个	**337.94**	282.15	55.79	2.09	0.44	1.04	0.87	0.02	0.01	0.33	0.02	0.13	0.82
4-45	环氧树脂里箍	d1400	个	**362.46**	282.15	80.31	2.09	0.63	1.50	1.25	0.03	0.02	0.47	0.03	0.19	1.19
4-46	环氧树脂里箍	d1500	个	**498.63**	410.40	88.23	3.04	0.69	1.65	1.38	0.03	0.02	0.52	0.03	0.21	1.30
4-47	环氧树脂里箍	d1650	个	**506.48**	410.40	96.08	3.04	0.75	1.80	1.50	0.04	0.02	0.56	0.04	0.23	1.42
4-48	环氧树脂里箍	d1960	个	**550.09**	410.40	139.69	3.04	1.09	2.61	2.18	0.06	0.03	0.82	0.06	0.33	2.06

47.铺 设 盲 沟

编号	项目		单位	预算基价			人工	材料				
				总 价	人工费	材料费	综合工	平口水泥管	粗 砂	碴 石 0.5~2	碴 石 2~4	零星材料费
				元	元	元	工日	m	t	t	t	元
							135.00		86.63	83.90	85.12	
4-49	铺 设 盲 沟	*d*200	10m	**1487.56**	591.30	896.26	4.38	10.20×32.04	3.730	0.130	2.610	13.25
4-50	铺 设 盲 沟	*d*300	10m	**1755.57**	675.00	1080.57	5.00	10.20×39.81	4.470	0.190	3.000	15.97

48.铺 设 拉 锚

编号	项目		单位	预算基价				人工	材料					机械	
				总价	人工费	材料费	机械费	综合工	钢筋 D10以外	热轧槽钢 25# ~36#	原木	花篮螺钉	零星材料费	电焊机 30kV•A	井点钻机 汽车式
				元	元	元	元	工日	kg	kg	m^3	套	元	台班	台班
								135.00	3.80	3.63	1686.44	14.75		87.97	444.30
4-51	铺设拉锚	15m 以内	道	**1866.21**	1719.90	137.51	8.80	12.74	12.35	3.14	0.037	1	2.03	0.10	
4-52	铺设拉锚	25m 以内	道	**2605.43**	2411.10	185.53	8.80	17.86	24.80	3.14	0.037	1	2.74	0.10	
4-53	钻机拉锚	15m 以内	道	**1679.42**	1004.40	137.51	537.51	7.44	12.35	3.14	0.037	1	2.03	0.10	1.19
4-54	钻机拉锚	25m 以内	道	**2113.82**	1341.90	185.53	586.39	9.94	24.80	3.14	0.037	1	2.74	0.10	1.30

第五章　其　　他

49.沟槽土方支撑、拆撑

工作内容：支撑、拆撑、倒撑、支撑材料场内运输、卧草袋。

编号	项目			单位	预算基价 总价	人工费	材料费	人工 综合工	材料 板材	方木	金属撑杠 635×60	金属撑杠 890×60	撑杠脚	草袋 840×760	零星材料费
					元	元	元	工日	m^3	m^3	根	根	个	条	元
								113.00	2302.20	3266.74	293.10	793.81	85.49	2.13	
5-1	沟槽土方支撑、拆撑	井字支撑		100m²	**5458.06**	2698.44	2759.62	23.88	0.17	0.06	5.63		5.63		40.78
5-2	沟槽土方支撑、拆撑	井字加板支撑		100m²	**7719.32**	4749.39	2969.93	42.03	0.26	0.06	5.63		5.63		43.89
5-3	沟槽土方支撑、拆撑	排板撑	槽底宽3m以内	100m²	**14382.97**	5706.50	8676.47	50.50	0.63	0.32		7.14	4.50		128.22
5-4	沟槽土方支撑、拆撑	排板撑	槽底宽3m以外	100m²	**17569.55**	5706.50	11863.05	50.50	0.63	0.71		9.49	4.50		175.32
5-5	沟槽土方支撑、拆撑	草袋卧板撑	槽底宽3m以内	100m²	**18696.41**	9676.19	9020.22	85.63	0.63	0.32		7.14	4.50	159.00	133.30
5-6	沟槽土方支撑、拆撑	草袋卧板撑	槽底宽3m以外	100m²	**21882.99**	9676.19	12206.80	85.63	0.63	0.71		9.49	4.50	159.00	180.40

50. 钢桩卡板、拆除

工作内容：量尺裁料、卡板、拆除、卧草袋、支撑材料场内运输。

编号	项目		单位	预算基价			人工	材料		
				总价	人工费	材料费	综合工	板材	草袋	零星材料费
				元	元	元	工日	m^3	m^2	元
							113.00	2302.20	3.34	
5-7	钢桩卡板、拆除	4.5m 以内	$100m^2$	**8907.02**	7152.90	1754.12	63.30	0.52	159.00	25.92
5-8	钢桩卡板、拆除	5.5m 以内	$100m^2$	**10087.87**	8333.75	1754.12	73.75	0.52	159.00	25.92
5-9	钢桩卡板、拆除	6.5m 以内	$100m^2$	**11771.57**	10017.45	1754.12	88.65	0.52	159.00	25.92
5-10	钢桩卡板、拆除	6.5m 以上	$100m^2$	**12675.57**	10921.45	1754.12	96.65	0.52	159.00	25.92

51.管道基础处理及沟槽回填

工作内容：铺料、摊平、夯实、材料场内运输。

编号	项目	单位	预算基价				人工	材料				机械
			总价	人工费	材料费	机械费	综合工	粗砂	碴石 2～4	土石屑	零星材料费	机动翻斗车 1t
			元	元	元	元	工日	t	t	t	元	台班
							113.00	86.63	85.12	82.75		207.17
5-11	管道基础松软碴石处理	m^3	**281.96**	84.75	161.99	35.22	0.75		1.875		2.39	0.17
5-12	管道沟槽还填土石屑	m^3	**237.10**	33.90	167.98	35.22	0.30			2.000	2.48	0.17
5-13	管道沟槽还填中砂	m^3	**241.59**	30.51	175.86	35.22	0.27	2.00			2.60	0.17

52.变　形　缝

工作内容：清理管口、调制砂浆、拌和、浇筑混凝土、钢筋制作、嵌缝材料填充、安装止水带、内外抹口、压实、养护等。

编号	项目		单位	预算基价				人工	材料					
				总价	人工费	材料费	机械费	综合工	低泡沫聚乙烯	橡胶止水带	水泥32.5级	粗砂	碴石0.5～2	碴石2～4
				元	元	元	元	工日	m^3	m	t	t	t	t
								135.00	601.77	38.50	357.47	86.63	83.90	85.12
5-14	变形缝	*d*1500	10个	**24928.89**	15140.25	9342.39	446.25	112.15	0.60	65.71	1.700	4.120	3.560	3.560
5-15	变形缝	*d*1650	10个	**27312.44**	16653.60	10177.92	480.92	123.36	0.65	71.17	1.850	4.500	3.880	3.880
5-16	变形缝	*d*1800	10个	**29279.76**	17716.05	11042.02	521.69	131.23	0.71	77.04	2.020	4.890	4.220	4.220
5-17	变形缝	*d*2000	10个	**33322.39**	20398.50	12349.22	574.67	151.10	0.78	84.46	2.230	5.400	4.670	4.670
5-18	变形缝	*d*2200	10个	**36674.15**	22450.50	13597.68	625.97	166.30	0.85	92.19	2.460	5.960	5.150	5.150
5-19	变形缝	*d*2400	10个	**39964.58**	24517.35	14770.23	677.00	181.61	0.91	99.29	2.670	6.480	5.600	5.600

续前

编号	项目		单位	材料						机械					
				草袋 840×760	钢筋 D10以内	水	木模板	石油沥青 30#	零星材料费	灰浆搅拌机 200L	机动翻斗车 1t	电焊机 30kV·A	钢筋切断机 40mm	钢筋调直机 14mm	钢筋弯曲机 40mm
				条	t	m^3	m^3	kg	元	台班	台班	台班	台班	台班	台班
				2.13	3970.73	7.62	1982.88	6.00		208.76	207.17	87.97	42.81	37.25	26.22
5-14	变形缝	*d*1500	10个	21.51	0.680	3.085	0.840	63.43	69.55	0.76	0.76	0.67	0.67	0.67	0.67
5-15	变形缝	*d*1650	10个	23.09	0.730	3.259	0.920	77.85	75.77	0.82	0.82	0.72	0.72	0.72	0.72
5-16	变形缝	*d*1800	10个	24.74	0.790	3.442	0.960	98.03	82.20	0.89	0.89	0.78	0.78	0.78	0.78
5-17	变形缝	*d*2000	10个	26.85	0.870	3.700	1.110	123.50	91.93	0.98	0.98	0.86	0.86	0.86	0.86
5-18	变形缝	*d*2200	10个	29.08	0.930	3.960	1.230	157.61	101.22	1.08	1.08	0.91	0.91	0.91	0.91
5-19	变形缝	*d*2400	10个	31.11	1.000	4.235	1.340	183.56	109.95	1.17	1.17	0.98	0.98	0.98	0.98

53.承插口管管口修理

工作内容：准备料具、配料、洗刷管口、涂料修理管口。

编号	项目			单位	预算基价 总价	人工费	材料费	人工 综合工	材料 环氧树脂6101	二丁酯	乙二胺	水泥42.5级	汽油90[#]	零星材料费
					元	元	元	工日	kg	kg	kg	t	kg	元
								135.00	28.33	13.87	21.96	398.99	7.16	
5-20	承插口管材	环氧胶泥修理管口	$d300 \sim d400$	个	**105.96**	85.05	20.91	0.63	0.40	0.06	0.04	0.001	1.00	0.31
5-21			$d500 \sim d600$		**123.23**	85.05	38.18	0.63	0.80	0.12	0.08	0.002	1.50	0.56
5-22			$d700 \sim d800$		**190.06**	135.00	55.06	1.00	1.20	0.18	0.12	0.002	2.00	0.81
5-23			$d900 \sim d1000$		**228.52**	152.55	75.97	1.13	1.60	0.24	0.16	0.003	3.00	1.12
5-24			$d1200 \sim d1400$		**283.18**	186.30	96.88	1.38	2.00	0.30	0.20	0.004	4.00	1.43
5-25			$d1600 \sim d1800$		**332.44**	214.65	117.79	1.59	2.40	0.36	0.24	0.005	5.00	1.74
5-26			$d2000 \sim d2200$		**385.75**	247.05	138.70	1.83	2.80	0.42	0.28	0.006	6.00	2.05
5-27			$d2400 \sim d2600$		**443.11**	283.50	159.61	2.10	3.20	0.48	0.32	0.007	7.00	2.36
5-28			$d2800 \sim d3000$		**507.23**	326.70	180.53	2.42	3.60	0.54	0.36	0.008	8.00	2.67

54.铺设承插口管倒替撑

工作内容：钢桩槽、支撑槽、铺设承插口管前倒替撑及运料。

编号	项目			单位	预算基价 总价	预算基价 人工费	人工 综合工
					元	元	工日
							135.00
5-29	铺设承插口管	倒替撑 5.5m以内	d1000 以内	100m	**1350.00**	1350.00	10.00
5-30	铺设承插口管	倒替撑 5.5m以内	d1000 以外	100m	**2025.00**	2025.00	15.00
5-31	铺设承插口管	倒替撑 5.5m以外	d1000 以内	100m	**2430.00**	2430.00	18.00
5-32	铺设承插口管	倒替撑 5.5m以外	d1000 以外	100m	**3645.00**	3645.00	27.00

55.砌拆管堵

工作内容：拌和砂浆、砌砖、抹面、闭水后拆除，500m场内运输等。

编号	项目		单位	预算基价				人工	材料					机械
				总价	人工费	材料费	机械费	综合工	机砖	水泥 32.5级	粗砂	风镐尖	零星材料费	内燃空气压缩机 9m³/min
				元	元	元	元	工日	千块	kg	kg	个	元	台班
								135.00	441.10	0.36	0.08	12.98		450.35
5-33	砌拆管堵	d200～d300	个	**130.48**	126.90	3.58		0.94	0.007	0.65	2.61		0.05	
5-34		d400～d500		**263.53**	253.80	9.73		1.88	0.019	1.65	7.66		0.14	
5-35		d600～d900		**457.64**	422.55	35.09		3.13	0.070	5.04	23.48		0.52	
5-36		d1000～d1200		**971.26**	591.30	87.23	292.73	4.38	0.147	10.55	49.12	1.03	1.29	0.65
5-37		d1300～d1500		**1124.61**	675.00	156.88	292.73	5.00	0.293	16.32	75.92	1.03	2.32	0.65
5-38		d1650～d2000		**1380.66**	843.75	244.18	292.73	6.25	0.442	25.76	119.88	2.06	3.61	0.65

工作内容：清底、铺装垫层、混凝土搅拌、浇筑、养护、调制砂浆、砌砖、抹灰、勾缝、场内材料运输等全部工序。

编号	项目					单位	预算基价 总价	人工费	材料费	机械费	人工 综合工	材 机砖	水泥 32.5级	水泥 42.5级	优质砂
							元	元	元	元	工日	千块	t	t	t
											135.00	441.10	357.47	398.99	92.45
5-39	出水口	H×L1 (m以内)	0.83×1.11	砖砌出水八字	d300	处	**2447.09**	1066.50	1255.34	125.25	7.90	0.903	0.136	0.607	1.667
5-40			0.94×1.32		d400		**2919.88**	1271.70	1499.51	148.67	9.42	1.111	0.163	0.713	1.959
5-41			1.04×1.53		d500		**3437.71**	1509.30	1758.41	170.00	11.18	1.334	0.192	0.820	2.251
5-42			1.15×1.75		d600		**4011.45**	1742.85	2071.02	197.58	12.91	1.619	0.228	0.948	2.603
5-43			1.26×1.96		d700		**4678.59**	2027.70	2420.26	230.63	15.02	1.942	0.271	1.085	2.978
5-44			1.37×2.18		d800		**5420.90**	2347.65	2812.30	260.95	17.39	2.315	0.319	1.235	3.389
5-45			1.47×2.39		d900		**6224.05**	2691.90	3234.00	298.15	19.94	2.715	0.371	1.397	3.832

口（砖砌）

料											机械		
碴石 0.5～2	粗砂	水	草袋 840×760	粉煤灰	零星材料费	水泥混凝土 C15（0.5～2cm）	水泥混凝土 C20（0.5～2cm）	水泥砂浆 M7.5	水泥砂浆 1∶2	水泥砂浆 1∶3	机动翻斗车 1t	混凝土搅拌机 500L	灰浆搅拌机 200L
t	t	m^3	条	t	元	m^3	m^3	m^3	m^3	m^3	台班	台班	台班
83.90	86.63	7.62	2.13	97.03							207.17	273.53	208.76
2.720	0.730	3.044	5.98	0.682	18.55	（0.653）	（1.612）	（0.420）	（0.010）	（0.049）	0.18	0.23	0.12
3.195	0.881	3.537	6.75	0.801	22.16	（0.826）	（1.836）	（0.513）	（0.010）	（0.055）	0.21	0.27	0.15
3.672	1.045	4.568	8.12	0.921	25.99	（1.010）	（2.050）	（0.615）	（0.010）	（0.060）	0.24	0.31	0.17
4.246	1.255	4.836	9.73	1.065	30.61	（1.224）	（2.315）	（0.748）	（0.010）	（0.064）	0.28	0.35	0.21
4.858	1.499	5.608	11.42	1.219	35.77	（1.469）	（2.581）	（0.902）	（0.010）	（0.069）	0.32	0.41	0.25
5.529	1.773	6.437	13.28	1.388	41.56	（1.734）	（2.876）	（1.076）	（0.010）	（0.074）	0.36	0.46	0.29
6.251	2.069	7.342	15.24	1.569	47.79	（2.020）	（3.193）	（1.261）	（0.013）	（0.080）	0.41	0.52	0.34

工作内容：清底、铺装垫层、混凝土搅拌、浇筑、养护、调制砂浆、砌砖、抹灰、勾缝、场内材料运输等全部工序。

编号	项目					单位	预算基价				人工	材			
							总价	人工费	材料费	机械费	综合工	机砖	水泥 32.5级	水泥 42.5级	优质砂
							元	元	元	元	工日	千块	t	t	t
											135.00	441.10	357.47	398.99	92.45
5-46	出水口	H×L1（m以内）	1.58×2.60	砖砌出水八字	d1000	处	**7108.17**	3071.25	3699.47	337.45	22.75	3.183	0.431	1.564	4.289
5-47			1.69×2.82		d1100		**8872.08**	3819.15	4617.17	435.76	28.29	3.712	0.498	2.083	5.710
5-48			1.79×3.03		d1200		**9902.62**	4259.25	5163.51	479.86	31.55	4.242	0.566	2.288	6.273
5-49			1.96×3.36		d1350		**11895.34**	5111.10	6211.35	572.89	37.86	5.285	0.699	2.671	7.320
5-50			2.12×3.68		d1500		**14806.91**	6826.95	7318.85	661.11	50.57	6.421	0.844	3.059	8.383
5-51			2.28×4.00		d1650		**16630.27**	7384.50	8479.91	765.86	54.70	7.652	0.997	3.450	9.453
5-52			2.44×4.33		d1800		**19169.10**	8473.95	9838.98	856.17	62.77	9.121	1.182	3.893	10.665
5-53			2.66×4.76		d2000		**23180.40**	10285.65	11870.95	1023.80	76.19	11.379	1.463	4.530	12.409
5-54			2.88×5.20		d2200		**27652.64**	12275.55	14176.02	1201.07	90.93	14.016	1.796	5.213	14.280
5-55			3.09×5.62		d2400		**32551.41**	14458.50	16701.43	1391.48	107.10	16.955	2.162	5.943	16.277

料											机械		
碴石 0.5～2	粗砂	水	草袋 840×760	粉煤灰	零星材料费	水泥混凝土 C15(0.5～2cm)	水泥混凝土 C20(0.5～2cm)	水泥砂浆 M7.5	水泥砂浆 1∶2	水泥砂浆 1∶3	机动翻斗车 1t	混凝土搅拌机 500L	灰浆搅拌机 200L
t	t	m^3	条	t	元	m^3	m^3	m^3	m^3	m^3	台班	台班	台班
83.90	86.63	7.62	2.13	97.03							207.17	273.53	208.76
6.996	2.409	8.299	17.32	1.756	54.67	(2.326)	(3.509)	(1.476)	(0.015)	(0.085)	0.46	0.58	0.40
9.316	2.795	10.568	20.35	2.339	68.23	(3.315)	(4.457)	(1.722)	(0.017)	(0.089)	0.61	0.78	0.46
10.233	3.183	11.688	22.62	2.570	76.31	(3.703)	(4.835)	(1.968)	(0.018)	(0.095)	0.67	0.85	0.52
11.942	3.939	13.779	26.66	3.000	91.79	(4.468)	(5.498)	(2.450)	(0.023)	(0.102)	0.79	1.00	0.65
13.675	4.773	15.927	30.79	3.436	108.16	(5.233)	(6.181)	(2.983)	(0.026)	(0.110)	0.90	1.14	0.78
15.421	5.654	18.135	35.09	3.874	125.32	(5.987)	(6.885)	(3.547)	(0.029)	(0.118)	1.03	1.31	0.93
17.400	6.722	20.633	39.86	4.372	145.40	(6.875)	(7.650)	(4.233)	(0.033)	(0.125)	1.14	1.45	1.07
20.245	8.335	24.276	46.64	5.088	175.43	(8.150)	(8.752)	(5.270)	(0.039)	(0.135)	1.33	1.69	1.37
23.297	10.260	28.262	54.00	5.855	209.50	(9.527)	(9.925)	(6.509)	(0.045)	(0.146)	1.53	1.95	1.68
26.556	12.373	32.522	61.73	6.675	246.82	(11.016)	(11.159)	(7.872)	(0.051)	(0.155)	1.75	2.22	2.02

工作内容：清底、铺装垫层、混凝土搅拌、浇筑、养护、调制砂浆、砌石、抹灰、勾缝、场内材料运输等全部工序。

编号	项目					单位	预算基价				人工	材			
							总价	人工费	材料费	机械费	综合工	片石	水泥 32.5级	水泥 42.5级	优质砂
							元	元	元	元	工日	t	t	t	t
											135.00	89.21	357.47	398.99	92.45
5-56	出水口	H×L1 (m以内)	0.83×1.26	石砌出水八字	d300	处	**3380.97**	1701.00	1509.24	170.73	12.60	5.243	0.453	0.519	1.425
5-57	出水口	H×L1 (m以内)	0.94×1.47	石砌出水八字	d400	处	**3974.54**	1998.00	1771.96	204.58	14.80	6.110	0.528	0.615	1.688
5-58	出水口	H×L1 (m以内)	1.04×1.68	石砌出水八字	d500	处	**4528.99**	2272.05	2025.41	231.53	16.83	6.987	0.603	0.703	1.929
5-59	出水口	H×L1 (m以内)	1.15×1.90	石砌出水八字	d600	处	**5208.82**	2612.25	2329.10	267.47	19.35	8.048	0.694	0.806	2.214
5-60	出水口	H×L1 (m以内)	1.26×2.11	石砌出水八字	d700	处	**5878.24**	2947.05	2629.84	301.35	21.83	9.160	0.791	0.899	2.469
5-61	出水口	H×L1 (m以内)	1.37×2.33	石砌出水八字	d800	处	**6626.42**	3327.75	2962.03	336.64	24.65	10.384	0.897	1.003	2.754
5-62	出水口	H×L1 (m以内)	1.47×2.54	石砌出水八字	d900	处	**7399.30**	3716.55	3303.27	379.48	27.53	11.648	1.005	1.110	3.047
5-63	出水口	H×L1 (m以内)	1.58×2.75	石砌出水八字	d1000	处	**8257.27**	4136.40	3699.18	421.69	30.64	13.036	1.140	1.222	3.355

口(石砌)

料										机	械	
碴　石 0.5~2	粗　砂	水	草　袋 840×760	粉煤灰	零　星 材料费	水泥混凝土 C15(0.5~2cm)	水泥混凝土 C20(0.5~2cm)	水泥砂浆 M7.5	水泥砂浆 1∶2	机　动 翻斗车 1t	混凝土 搅拌机 500L	灰　浆 搅拌机 200L
t	t	m^3	条	t	元	m^3	m^3	m^3	m^3	台班	台班	台班
83.90	86.63	7.62	2.13	97.03						207.17	273.53	208.76
2.325	2.596	3.066	8.72	0.583	22.30	(0.694)	(1.244)	(1.671)	(0.024)	0.15	0.19	0.42
2.753	3.027	3.717	10.30	0.691	26.19	(0.806)	(1.489)	(1.948)	(0.028)	0.18	0.23	0.50
3.146	3.455	4.277	11.92	0.789	29.93	(0.898)	(1.724)	(2.224)	(0.032)	0.21	0.26	0.56
3.611	3.981	4.905	13.73	0.906	34.42	(1.010)	(1.999)	(2.563)	(0.036)	0.24	0.30	0.65
4.027	4.537	5.508	15.60	1.010	38.86	(1.112)	(2.244)	(2.921)	(0.041)	0.26	0.34	0.74
4.492	5.143	6.191	17.61	1.127	43.77	(1.224)	(2.519)	(3.311)	(0.047)	0.29	0.37	0.84
4.970	5.764	6.877	19.66	1.246	48.82	(1.336)	(2.805)	(3.711)	(0.052)	0.33	0.42	0.94
5.472	6.484	7.617	21.82	1.372	72.53	(1.438)	(3.121)	(4.151)	(0.085)	0.36	0.46	1.06

工作内容：清底、铺装垫层、混凝土搅拌、浇筑、养护、调制砂浆、砌石、抹灰、勾缝、场内材料运输等全部工序。

编号	项目					单位	预算基价				人工	材			
							总价	人工费	材料费	机械费	综合工	片石	水泥 32.5级	水泥 42.5级	优质砂
							元	元	元	元	工日	t	t	t	t
											135.00	89.21	357.47	398.99	92.45
5-64	出水口	$H \times L1$（m以内）	1.69×2.97	石砌出水八字	$d1100$	处	**10306.18**	5177.25	4602.14	526.79	38.35	16.483	1.423	1.517	4.164
5-65			1.79×3.08		$d1200$		**11253.43**	5653.80	5028.55	571.08	41.88	18.095	1.562	1.646	4.517
5-66			1.96×3.51		$d1350$		**12959.18**	6521.85	5781.83	655.50	48.31	21.083	1.820	1.853	5.088
5-67			2.12×3.83		$d1500$		**15164.02**	7877.25	6544.77	742.00	58.35	24.154	2.084	2.058	5.651
5-68			2.28×4.15		$d1650$		**17007.69**	8843.85	7331.18	832.66	65.51	27.397	2.364	2.277	6.252
5-69			2.44×4.48		$d1800$		**19130.30**	9948.15	8247.74	934.41	73.69	31.059	2.681	2.507	6.883
5-70			2.66×4.91		$d2000$		**22118.23**	11526.30	9519.02	1072.91	85.38	36.404	3.142	2.816	7.733
5-71			2.88×5.35		$d2200$		**25430.32**	13279.95	10920.98	1229.39	98.37	42.361	3.655	3.149	8.650
5-72			3.09×5.77		$d2400$		**28936.46**	15121.35	12421.52	1393.59	112.01	48.685	4.257	3.485	9.574

料										机械		
碴石 0.5～2	粗砂	水	草袋 840×760	粉煤灰	零星材料费	水泥混凝土 C15(0.5～2cm)	水泥混凝土 C20(0.5～2cm)	水泥砂浆 M7.5	水泥砂浆 1:2	机动翻斗车 1t	混凝土搅拌机 500L	灰浆搅拌机 200L
t	t	m^3	条	t	元	m^3	m^3	m^3	m^3	台班	台班	台班
83.90	86.63	7.62	2.13	97.03						207.17	273.53	208.76
6.792	8.153	9.219	24.90	1.704	68.01	(1.938)	(3.723)	(5.248)	(0.075)	0.45	0.57	1.33
7.368	8.950	10.031	27.24	1.848	74.31	(2.060)	(4.080)	(5.761)	(0.082)	0.48	0.61	1.46
8.300	10.429	11.413	31.19	2.082	85.45	(2.275)	(4.641)	(6.714)	(0.095)	0.54	0.69	1.70
9.217	11.943	12.797	35.20	2.312	96.72	(2.468)	(5.212)	(7.688)	(0.109)	0.60	0.77	1.95
10.198	13.551	13.354	31.83	2.557	108.34	(2.662)	(5.834)	(8.723)	(0.124)	0.67	0.85	2.21
11.227	15.364	15.819	43.89	2.815	121.89	(2.866)	(6.487)	(9.891)	(0.140)	0.74	0.94	2.51
12.613	18.008	17.992	50.20	3.162	140.68	(3.131)	(7.375)	(11.593)	(0.164)	0.83	1.05	2.94
14.109	20.949	20.310	56.99	3.537	161.39	(3.407)	(8.344)	(13.486)	(0.191)	0.93	1.18	3.42
15.616	24.212	22.776	64.00	3.915	183.57	(3.672)	(9.333)	(15.498)	(0.320)	1.02	1.30	3.96

58.平口(企口)管施工排水、降水

工作内容：排水、降水配合施工。

编号	项目			单位	预算基价 总价	预算基价 机械费	机械 电动单级离心清水泵 100mm
					元	元	台班
							34.80
5-73	平口(企口)管排水	支撑槽 $d200 \sim d500$	槽深 1.5m	100m	**1044.00**	1044.00	30.00
5-74			槽深 2.5m		**1322.40**	1322.40	38.00
5-75			槽深 3.5m		**1635.60**	1635.60	47.00
5-76			槽深 4.5m		**1914.00**	1914.00	55.00
5-77		支撑槽 $d600 \sim d900$	槽深 1.5m		**1774.80**	1774.80	51.00
5-78			槽深 2.5m		**2227.20**	2227.20	64.00

工作内容：排水、降水配合施工。

编号	项目			单位	预算基价 总价	预算基价 机械费	机械 电动单级离心清水泵 100mm
					元	元	台班
							34.80
5-79	平口（企口）管排水	支撑槽 $d600 \sim d900$	槽深 3.5m	100m	**2818.80**	2818.80	81.00
5-80			槽深 4.5m		**3410.40**	3410.40	98.00
5-81		支撑槽 $d1000 \sim d1500$	槽深 2.5m		**2610.00**	2610.00	75.00
5-82			槽深 3.5m		**3445.20**	3445.20	99.00
5-83			槽深 4.5m		**4280.40**	4280.40	123.00
5-84			槽深 5.5m		**5115.60**	5115.60	147.00

工作内容：排水、降水配合施工。

编号	项目			单位	预算基价		机械
					总价	机械费	电动单级离心清水泵 100mm
					元	元	台班
							34.80
5-85	平口（企口）管排水	支撑槽 $d1600\sim d2000$	槽深 3.5m	100m	**3688.80**	3688.80	106.00
5-86			槽深 4.5m		**4872.00**	4872.00	140.00
5-87			槽深 5.5m		**6124.80**	6124.80	176.00
5-88			槽深 6.5m		**7377.60**	7377.60	212.00
5-89			槽深 7.5m		**8630.40**	8630.40	248.00
5-90			槽深 8.5m		**9848.40**	9848.40	283.00
5-91			槽深 9.5m		**11101.20**	11101.20	319.00

工作内容：排水、降水配合施工。

编号	项目			单位	预算基价 总价	预算基价 机械费	机械 电动单级离心清水泵 100mm
					元	元	台班
							34.80
5-92	平口（企口）管排水	支撑槽 $d2200\sim d2600$	槽深 4.5m	100m	**6194.40**	6194.40	178.00
5-93	平口（企口）管排水	支撑槽 $d2200\sim d2600$	槽深 5.5m	100m	**7934.40**	7934.40	228.00
5-94	平口（企口）管排水	支撑槽 $d2200\sim d2600$	槽深 6.5m	100m	**9674.40**	9674.40	278.00
5-95	平口（企口）管排水	支撑槽 $d2200\sim d2600$	槽深 7.5m	100m	**11414.40**	11414.40	328.00
5-96	平口（企口）管排水	支撑槽 $d2200\sim d2600$	槽深 8.5m	100m	**13119.60**	13119.60	377.00
5-97	平口（企口）管排水	支撑槽 $d2200\sim d2600$	槽深 9.5m	100m	**14790.00**	14790.00	425.00

工作内容：排水、降水配合施工。

编号	项目			单位	预算基价 总价	预算基价 机械费	机械 电动单级离心清水泵100mm
					元	元	台班
							34.80
5-98	平口（企口）管排水	支撑槽 d2800～d3000	槽深 4.5m	100m	**8038.80**	8038.80	231.00
5-99			槽深 5.5m		**10300.80**	10300.80	296.00
5-100			槽深 6.5m		**12562.80**	12562.80	361.00
5-101			槽深 7.5m		**14824.80**	14824.80	426.00
5-102			槽深 8.5m		**17052.00**	17052.00	490.00
5-103			槽深 9.5m		**19244.40**	19244.40	553.00

59.承插口管施工排水、降水

工作内容：排水、降水配合施工。

编号	项目			单位	预算基价		机械
					总价	机械费	电动单级离心清水泵 100mm
					元	元	台班
							34.80
5-104	承插口管排水	支撑槽 $d300 \sim d500$	槽深 1.5m	100m	**730.80**	730.80	21.00
5-105			槽深 2.5m		**1009.20**	1009.20	29.00
5-106			槽深 3.5m		**1322.40**	1322.40	38.00
5-107			槽深 4.5m		**1600.80**	1600.80	46.00
5-108		支撑槽 $d600 \sim d900$	槽深 1.5m		**835.20**	835.20	24.00
5-109			槽深 2.5m		**1183.20**	1183.20	34.00

工作内容：排水、降水配合施工。

编号	项目			单位	预算基价 总价	预算基价 机械费	机械 电动单级离心清水泵 100mm
					元	元	台班
							34.80
5-110	承插口管排水	支撑槽 $d600\sim d900$	槽深 3.5m	100m	**1809.60**	1809.60	52.00
5-111			槽深 4.5m		**2366.40**	2366.40	68.00
5-112		支撑槽 $d1000\sim d1500$	槽深 2.5m		**1357.20**	1357.20	39.00
5-113			槽深 3.5m		**2192.40**	2192.40	63.00
5-114			槽深 4.5m		**3027.60**	3027.60	87.00
5-115			槽深 5.5m		**3862.80**	3862.80	111.00
5-116			槽深 6.5m		**4698.00**	4698.00	135.00

工作内容：排水、降水配合施工。

编号	项目			单位	预算基价 总价	预算基价 机械费	机械 电动单级离心清水泵 100mm
					元	元	台班
							34.80
5-117	承插口管排水	支撑槽 $d1650 \sim d2000$	槽深 3.5m	100m	**2436.00**	2436.00	70.00
5-118			槽深 4.5m		**3619.20**	3619.20	104.00
5-119			槽深 5.5m		**4872.00**	4872.00	140.00
5-120			槽深 6.5m		**6124.80**	6124.80	176.00
5-121			槽深 7.5m		**7377.60**	7377.60	212.00
5-122			槽深 8.5m		**8595.60**	8595.60	247.00
5-123			槽深 9.5m		**9848.40**	9848.40	283.00

工作内容：排水、降水配合施工。

编号	项目			单位	预算基价 总价	预算基价 机械费	机械 电动单级离心清水泵 100mm
					元	元	台班
							34.80
5-124	承插口管排水	支撑槽 $d2200$～$d2600$	槽深 4.5m	100m	**5150.40**	5150.40	148.00
5-125			槽深 5.5m		**6890.40**	6890.40	198.00
5-126			槽深 6.5m		**8630.40**	8630.40	248.00
5-127			槽深 7.5m		**10370.40**	10370.40	298.00
5-128			槽深 8.5m		**12075.60**	12075.60	347.00
5-129			槽深 9.5m		**13746.00**	13746.00	395.00

工作内容：排水、降水配合施工。

编号	项目			单位	预算基价 总价	预算基价 机械费	机械 电动单级离心清水泵100mm
					元	元	台班
							34.80
5-130	承插口管排水	支撑槽 $d2800 \sim d3000$	槽深 4.5m	100m	**6994.80**	6994.80	201.00
5-131			槽深 5.5m		**9256.80**	9256.80	266.00
5-132			槽深 6.5m		**11518.80**	11518.80	331.00
5-133			槽深 7.5m		**13780.80**	13780.80	396.00
5-134			槽深 8.5m		**16008.00**	16008.00	460.00
5-135			槽深 9.5m		**18200.40**	18200.40	523.00

60.堵 旧 井

工作内容：堵旧井、旧管，完工后拆除。

编号	项目		单位	预算基价				人工	材料				机械
				总价	人工费	材料费	机械费	综合工	麻袋	麻绳	方木	零星材料费	电动单级离心清水泵 100mm
				元	元	元	元	工日	条	kg	m^3	元	台班
								135.00	9.23	9.28	3266.74		34.80
5-136	堵旧井	*d*600 以内	处	**552.87**	232.20	303.27	17.40	1.72	14.00	5.60	0.036	4.48	0.50
5-137	堵旧井	*d*700～*d*1000	处	**1396.70**	557.55	804.35	34.80	4.13	37.00	14.80	0.096	11.89	1.00
5-138	堵旧井	*d*1100～*d*1500	处	**2725.65**	1293.30	1380.15	52.20	9.58	64.01	25.48	0.163	20.40	1.50
5-139	堵旧井	*d*1500 以外	处	**3672.63**	1954.80	1648.23	69.60	14.48	76.00	30.40	0.196	24.36	2.00

61.接　旧　管

工作内容：拆旧井及砖墙、清理、接旧管、堵洞、抹平。

编号	项目		单位	预算基价			人工	材料			
				总价	人工费	材料费	综合工	水泥 32.5级	粗砂	防水油	零星材料费
				元	元	元	工日	t	t	kg	元
							135.00	357.47	86.63	4.30	
5-140	接旧管	d600 以内	处	**863.44**	810.00	53.44	6.00	0.046	0.140	5.60	0.79
5-141	接旧管	d700～d1000	处	**1132.27**	1053.00	79.27	7.80	0.068	0.204	8.40	1.17
5-142	接旧管	d1100～d1500	处	**1478.15**	1363.50	114.65	10.10	0.098	0.294	12.20	1.69
5-143	接旧管	d1500 以外	处	**1945.17**	1768.50	176.67	13.10	0.151	0.453	18.80	2.61

62.搭拆砌井脚手架

工作内容：脚手架搭设、拆除、材料场内运输。

编号	项目			单位	预算基价			人工	材料			
					总价	人工费	材料费	综合工	杉篙	板材	镀锌钢丝 2.8~4.0	扒钉
					元	元	元	工日	m^3	m^3	kg	kg
								135.00	984.48	2302.20	7.08	8.58
5-144	搭拆砌井脚手架	各型井高度	$h\leqslant4m$	座	**1182.65**	1108.35	74.30	8.21	0.018	0.018	1.63	0.42
5-145	搭拆砌井脚手架	各型井高度	$4m<h\leqslant6m$	座	**1572.93**	1478.25	94.68	10.95	0.020	0.025	1.82	0.53
5-146	搭拆砌井脚手架	各型井高度	$h>6m$	座	**2039.94**	1922.40	117.54	14.24	0.022	0.033	2.00	0.67

第五册　排水构筑物及机电设备安装工程

册　说　明

一、本册预算基价包括：土方工程，混凝土工程，混凝土模板和支撑及脚手架工程，钢筋及金属结构工程，砌筑及抹灰工程，折板、壁板制作及安装工程，滤料铺设工程，防水、沉降缝等工程，设备安装工程9章，共43节391条基价子目。

二、工程计价时应注意的问题：

1.土方：

(1)沉井工程系按深度12m以内、陆上排水沉井考虑的。水中沉井、陆上水冲法沉井以及离河岸边近的沉井，需要采取地基加固等特殊措施者，可执行相应基价项目。

(2)沉井下沉项目中已考虑了沉井下沉的纠偏因素，但不包括压重助沉措施，若发生可另行计算。

(3)回填土不包含土方的费用；如需买土回填时，另外计算买土费用。

(4)钢桩卡板不包括打钢桩，打钢桩套用相关项目。

(5)基坑维护钢腰梁、钢支撑的工程梁根据施工组织设计计算。

(6)余土外弃套用相关册相应基价项目。

2.现浇钢筋混凝土池类：

(1)池壁遇有附壁柱时，按相应柱基价项目执行，其中人工工日乘以系数1.05，其他不变。

(2)池壁挑檐是指在池壁上向外出檐作走道板用，池壁牛腿是指池壁上向内出檐以承托池盖用。

(3)无梁盖柱包括柱帽及柱座。

(4)井字梁、框架梁均执行连续梁项目。

(5)混凝土池壁、柱(梁)池盖是按在地面以上3.6m以内施工考虑的，如超过3.6m者按下列规定执行：

①采用卷扬机施工时，每10m^{3}混凝土增加卷扬机(带塔)和人工见下表：

人工和台班消耗量表

序号	项目名称	增加人工工日	增加卷扬机(带塔)台班
1	池壁、隔墙	8.7	0.59
2	柱、梁	6.1	0.39
3	池盖	6.1	0.39

②采用塔式起重机施工时，每10m^{3}混凝土增加塔式起重机台班按相应项目中搅拌机台班用量的50%计算。

(6)池盖基价项目中不包括进人孔，可按《天津市安装工程预算基价》相应项目执行。

(7)格形池池壁执行直形池壁相应项目(指厚度)人工工日乘以系数1.15,其他不变。

(8)悬空落泥斗按落泥斗相应项目人工工日乘以系数1.4,其他不变。

(9)井制作不包括外掺剂,若使用外掺剂,可按有关规定执行。

(10)混凝土浇筑没考虑泵送,若发生,可执行相关册中的混凝土泵送项目。

3.预制混凝土构件:

(1)预制混凝土滤板中已包括了所设置预埋件ABS塑料滤头的套管用工,不得另计。

(2)集水槽若需留孔时,按每10孔增加0.5工日计算。

(3)除混凝土滤板、铸铁滤板、支墩安装外,其他混凝土构件安装均执行异型构件安装项目。

4.混凝土模板和支撑及脚手架:

(1)混凝土、钢筋混凝土模板及支架是指混凝土施工过程中需要的各种钢模板、木模板、支架等的支、拆、运输费用及模板、支架的摊销(或租赁)费用。

(2)混凝土、钢筋混凝土模板以工具式钢模板为主,部分使用定型钢模板或木模板。模板项目中综合考虑了地面运输和模板地面的装卸费用,但不包括地胎膜,需设置者,可执行相关基价项目。

(3)构筑物模板安拆以槽(坑)深3m为准,超过3m时人工增加8%,其他不变。现浇混凝土梁、板、柱、墙模板的支撑高度是按3.6m考虑的,超过3.6m时,超过部分的工程量另按超高的项目执行。模板的预留孔洞按水平投影面积计算,小于0.3m^{2}的,圆形洞每10个增加0.72工日,方形洞每10个增加0.62工日。

(4)脚手架是指施工过程中需要的各种脚手架搭、拆、运输费用及脚手架的摊销(或租赁)费用。

5.砌筑及抹灰:砌筑高度超过1.2m,抹灰高度超过1.5m者,套用相应脚手架。

6.施工缝:

(1)各种材质填缝的断面取定见下表:

断面尺寸表

序号	项目名称	断面尺寸
1	建筑油膏、聚氯乙烯胶泥	3.0 cm× 2.0 cm
2	油浸木丝板	2.5 cm×15.0 cm
3	紫铜板止水带	展开宽 45.0 cm
4	氯丁橡胶止水带	展开宽 30.0 cm
5	其他	15.0 cm×3.0 cm

(2)如实际设计的施工缝断面与上表不同时,材料用量可以换算,其他不变。

7.井、池渗漏试验：

(1)井、池渗漏试验容量在500m^3以内是指井或小型池槽。

(2)井、池渗漏试验注水采用电动单级离心清水泵，基价项目中已包括了泵的安装与拆除用工，不得再另计。

(3)如构筑物池容量较大，需从一个池子向另一个池注水做渗漏试验采用潜水泵时，其台班单价可以换算，其他均不变。

8.设备安装：

(1)设备安装是按无外围护条件下施工考虑的，如在有外围护的施工条件下施工，人工工日及机械费均乘以系数1.15，其他不变。

(2)设备包括自安装现场指定堆放地点到安装地点的水平和垂直搬运。

(3)机具和材料包括施工单位现场仓库运至安装地点的水平和垂直搬运。

(4)垂直运输基准面在室内时，以室内地平面为基准面；在室外时，以室外安装现场地平面为基准面。

(5)拦污及提水设备：

①格栅组对的胎具制作另行计算。

②格栅制作是按现场加工考虑的。

(6)闸门及驱动装置：

①铸铁圆闸门包括升杆式和暗杆式，其安装深度按6m以内考虑。

②铸铁方闸门以带门框座为准，其安装深度按6m以内考虑。

③铸铁堰门安装深度按3m以内考虑。

④螺杆启闭机安装深度：手轮式为3m，手摇式为4.5m，电动为6m，气动为3m以内考虑。

(7)各类型泵、起重设备及柴油发电机安装：

①各种泵设备：

a.立式混流泵按重量套用该项目的相应项目。

b.直联式泵按泵体、电动机以及底座总重量计算。

c.深水泵包括深水泵、潜水泵、飞力泵。深水泵橡胶轴承与连接扬水管的螺栓按设备带有考虑。

d.真空泵安装包括地脚螺栓、真空管路、套扣、安装涨水镜、安截门、真空表。

e.真空泵采用SZ-1型水环式真空泵。

②水泵附件安装：

a.由于每台水泵机组的管路的长短距离不同，同时管路接口方法也不同，故按接口方法分两种：承插铸铁管油麻水泥接口、法兰铸铁管胶皮垫螺栓连接。

b.铸铁管材料按每米平均重量及材料量计算，材料单价按市场每千克价格计算。

③起重设备安装：

a.起重设备项目的起重量设置为2～15t。

b.起重设备包括：起重机静负荷、动负荷及超负荷是动转。

c.起重设备的安装包括脚手架的搭拆费用。若起重机主钩质量为5～15t时，应单列脚手架搭拆费用。

d.车挡制作与安装包括领料、下料、调直、组装、焊接、刷漆等。

e.起重机轨道安装已包括脚手架的搭拆费用及工字钢等材料费。

④柴油发电机安装：

a.包括地脚螺栓孔灌浆、设备底座与基础间灌浆。

b.设备重量按机组的总重量计算。

工程量计算规则

一、土方：

1.挖土方按设计图示尺寸以自然密实体积计算，挖土深度按自然地面测量标高至设计基坑底的高度计算。

2.挖土拆除刃脚砖胎，挖土刃脚卡片石的工程量按沉井下沉挖土量计算。

3.沉井垫木按刃脚中心线以100m为单位。

二、钢筋混凝土池：

1.沉井井壁及隔墙的厚度不同（如上薄下厚）时，可按平均厚度执行相应基价项目。

2.钢筋混凝土各类构件均按图示尺寸以混凝土实体积计算，不扣除0.3m^2以内的孔洞体积。

3.各类池盖中的进人孔、透气孔盖以及与盖相连接的构件，工程量合并在池盖中计算。

4.平底池的池底体积应包括池壁下的扩大部分，池底带有斜坡时，斜坡部分应按坡底计算；锥形底应算至壁基梁底面，无壁基梁者算至锥底坡的上口。

5.池壁按不同厚度计算体积，如上薄下厚的壁，以平均厚度计算。池壁高度应自池底板面算至池盖下面。

6.无梁盖柱的柱高应自池底上表面算至池盖的下表面，并包括柱座、柱帽的体积。

7.无梁盖应包括与池壁相连的扩大的体积；肋形盖应包括主、次梁及盖部分的体积；球形盖应自池壁顶面以上，包括边侧梁的体积在内。

8.沉淀池水槽是指池壁上的环行溢水槽及纵横U形水槽，但不包括与水槽相连的矩形梁，矩形梁可执行梁的相应项目。

三、预制混凝土构件：

1.预制钢筋混凝土滤板按图示尺寸区分厚度以10m^3计算，不扣除滤头套管所占体积。

2.除钢筋混凝土滤板外，其他预制混凝土构件均按图示尺寸以体积计算，不扣除0.3m^2以内孔洞所占体积。

四、混凝土模板和支撑及脚手架：

1.现浇模板的工程量按模板与混凝土的实际接触面积计算。

2.预制混凝土构件模板是按构件的实体积计算。

3.混凝土池槽脚手架：池外脚手架以面积计算，计算公式如下：

圆形：（外径＋1.8m）×3.14×高

方形：（周长＋3.6m）×高

池内脚手架按池底水平投影面积计算，不扣除柱子所占的面积，套用满堂脚手架基价。

4.脚手架工程量按墙面水平边线长度乘以墙面砌筑高度以面积计算。

5.柱形按图示结构外围周长另加3.6m乘以砌筑（浇筑）高度以面积计算。

五、钢筋及钢结构：

1.钢筋、预应力钢绞线等均按设计图纸重量计算。

2.现浇混凝土中的钢筋搭接如受施工现场条件限制，可按需搭接部分钢筋用量乘以系数1.02计算部分搭接数量。

六、砌筑及抹灰：

1.砌筑按体积计算。

2.抹灰以面积计算。

3.砌筑脚手架按设计宽度乘以设计高度计算。

4.抹灰脚手架按设计宽度乘以设计高度计算。

七、折板、壁板制作、安装：

1.折板安装区分材质均按图示尺寸以面积计算。

2.稳流板安装区分材质不分断面均按图示尺寸以“延长米”计算。

八、滤料铺设：各种滤料铺设均按设计要求的铺设平面乘以铺设厚度以体积计算，锰砂、铁矿石滤料以质量计算。

九、防水工程：

1.各种防水层按实铺面积计算，不扣除0.3m^2以内孔洞所占面积。

2.平面与立面交接处的防水层，其上卷高度超过500mm时，按立面防水层计算。

十、施工缝：各种材质的施工填缝及盖缝均不分断面按设计缝长以“延长米”计算。

十一、井、池渗漏试验：井、池的渗漏试验区分井、池的容量范围，以1000m^3水容量计算。

十二、设备安装：

1.格删除污机、滤网清污机均区分设备重量，以“台”为计量单位，设备重量均包括设备带有的电动机在内。

2.轴流泵、混流泵、污水泵、深水泵均区分设备重量，以“台”为计量单位，设备重量均包括设备带有的电动机在内。

3.真空泵、螺旋泵以“台”为计量单位。

4.闸门及驱动装置均区分直径或长乘以宽以“座”计算。

5.格栅制作、安装区分材质按格栅重量以“t”计算。

第一章　土 方 工 程

1.基坑挖土、回填土、运土

工作内容：1.挖土、运土、清底、处理零星障碍。2.人工挖土包括50m运输。3.回填土夯实。

编号	项目		单位	预算基价			人工	机械					
				总价	人工费	机械费	综合工	履带式推土机 50kW	履带式推土机 75kW	履带式推土机 135kW	履带式单斗挖掘机 $1m^3$	汽车式起重机 16t	电动夯实机 20～62N•m
				元	元	元	工日	台班	台班	台班	台班	台班	台班
							113.00	630.16	904.54	1192.57	1159.91	971.12	27.11
1-1	推土机推土	普通土	$100m^3$	**1106.01**	123.17	982.84	1.09	0.796	0.416	0.088			
1-2	推土机推土	半坚硬土	$100m^3$	**1615.06**	131.08	1483.98	1.16	1.327	0.579	0.104			
1-3	人机开挖基坑土方	深2m以内	$100m^3$	**964.22**	465.56	498.66	4.12	0.460			0.180		
1-4	人机开挖基坑土方	深4m以内	$100m^3$	**1201.22**	714.16	487.06	6.32	0.460			0.170		
1-5	人机开挖基坑土方	深6m以内	$100m^3$	**2316.89**	850.89	1466.00	7.53	0.460			0.160	1.020	
1-6	人机开挖基坑土方	深8m以内	$100m^3$	**2614.90**	1022.65	1592.25	9.05	0.460			0.160	1.150	
1-7	人机开挖基坑土方	深10m以内	$100m^3$	**3159.42**	1372.95	1786.47	12.15	0.460			0.160	1.350	
1-8	人工挖土方	普通土	$100m^3$	**4915.50**	4915.50		43.50						
1-9	回填土		$100m^3$	**2921.91**	2497.30	424.61	22.10	0.460					4.970

2.钢桩卡板拆除及支撑

工作内容：裁料，卡板，拆除卧草袋，维护的钢腰梁及钢支撑安装、拆除，材料场内运输。

编号	项目	单位	预算基价				人工		材料		
			总价	人工费	材料费	机械费	综合工	综合工	板材	热轧槽钢 $25^{\#}\sim36^{\#}$	钢支撑
			元	元	元	元	工日	工日	m^3	t	kg
							113.00	135.00	2302.20	3631.86	7.46
1-10	钢桩卡板、拆除	$100m^2$	**11214.59**	10017.45	1197.14		88.65		0.520		
1-11	基坑维护钢腰梁安拆	t	**2205.19**	1248.75	415.76	540.68		9.250		0.060	
1-12	基坑维护钢支撑安拆	t	**3178.35**	1838.70	672.78	666.87		13.620			61.000

续前

编号	项目	单位	材料				机械				
			电焊条 J506	氧气 6m³	乙炔气 5.5～6.5kg	铁件（含制作费）	电焊机 40kV·A	金属结构下料机械（综合）	汽车式起重机 16t	摇臂钻床钻孔 φ50	运费
			kg	m³	m³	kg	台班	台班	台班	台班	元
			7.59	2.88	16.13	9.49	114.64	366.82	971.12	21.45	
1-10	钢桩卡板、拆除	100m²									
1-11	基坑维护钢腰梁安拆	t	6.120	0.900	0.400	15.000	0.352	0.080	0.430		53.40
1-12	基坑维护钢支撑安拆	t	4.370	0.600	0.450	18.500	0.440	0.050	0.560	0.040	53.40

3.沉井下沉挖土

工作内容：搭拆平台及起吊设备安装、拆刃脚、砖胎、下沉挖土、吊土、装土、运砂、培砂、刃脚卡片石。

编号	项目		单位	预算基价				人工	材料				机械	
				总价	人工费	材料费	机械费	综合工	粗砂	碴石 2～4	片石	零星材料费	少先吊 1t	履带式单斗挖掘机 0.6m³
				元	元	元	元	工日	t	t	t	元	台班	台班
								113.00	86.63	85.12	89.21		197.91	825.77
1-13	刃脚卡片石		100m³	**382.46**	141.25	215.48	25.73	1.250	0.150	0.200	2.060	1.69	0.130	
1-14	拆刃脚砖胎		100m³	**283.63**	283.63			2.510						
1-15	人工挖土(井深8m以内,普通土)		10m³	**1538.45**	1239.61		298.84	10.970					1.510	
1-16	人工挖土(井深8m以内,坚硬土)		10m³	**2040.00**	1612.51		427.49	14.270					2.160	
1-17	人工挖淤泥、流沙	井深8m以内	10m³	**2727.46**	2119.88		607.58	18.760					3.070	
1-18	机械挖土	井深12m以内	10m³	**804.73**	424.88		379.85	3.760						0.460
1-19	机械挖淤泥、流沙	井深12m以内	10m³	**1140.17**	603.42		536.75	5.340						0.650

4.沉井垫木、垫层

工作内容： 1.垫木：人工挖槽弃土、铺砂、洒水、夯实、铺设和抽除垫木、回填砂。2.灌砂：人工装、运、卸砂，人工灌、捣砂。3.砂垫层：平整基坑、运砂、分层铺平、浇水、振实。4.混凝土垫层：配料、搅捣、养护、凿除混凝土垫层。

编号	项目	单位	预算基价				人工	材料					机械	
			总价	人工费	材料费	机械费	综合工	预拌混凝土 AC10	方木	粗砂	水	零星材料费	电动夯实机 20～62N·m	小型机具
			元	元	元	元	工日	m^3	m^3	t	m^3	元	台班	元
							135.00	430.17	3266.74	86.63	7.62		27.11	
1-20	垫木	100m	**15921.91**	4719.60	11202.31		34.96		0.966	91.279	18.260			
1-21	灌砂	$10m^3$	**2569.07**	1179.90	1389.17		8.74			15.620	4.725			
1-22	砂垫层	$10m^3$	**2713.62**	954.45	1737.48	21.69	7.07			19.663		34.07	0.800	
1-23	刃脚混凝土垫层	$10m^3$	**7182.76**	2637.90	4533.86	11.00	19.54	10.15			10.332	88.90		11.00

第二章　混凝土工程

5.现浇钢筋混凝土沉井制作

工作内容：浇捣、抹平、养护、场内材料运输。

编号	项目		单位	预算基价				人工	材料				机械
				总价	人工费	材料费	机械费	综合工	预拌混凝土 AC25	草袋 840×760	水	零星材料费	小型机具
				元	元	元	元	工日	m^3	条	m^3	元	元
								135.00	461.24	2.13	7.62		
2-1	沉井混凝土底板	厚度 50cm 以内	10m³	**5639.33**	703.35	4924.98	11.00	5.21	10.20	29.840	7.900	96.57	11.00
2-2	沉井混凝土底板	厚度 50cm 以外	10m³	**5538.53**	649.35	4878.18	11.00	4.81	10.20	14.920	6.050	95.65	11.00
2-3	井壁及隔墙	厚度 50cm 以内	10m³	**6376.63**	1491.75	4871.88	13.00	11.05	10.20		9.410	95.53	13.00
2-4	井壁及隔墙	厚度 50cm 以外	10m³	**6265.27**	1354.05	4898.22	13.00	10.03	10.20		12.800	96.04	13.00
2-5	混凝土刃脚		10m³	**6852.10**	1972.35	4861.75	18.00	14.61	10.20		8.106	95.33	18.00
2-6	混凝土顶板		10m³	**5753.75**	656.10	5084.65	13.00	4.86	10.20	40.695	25.410	99.70	13.00
2-7	地下混凝土结构梁		10m³	**6861.67**	1958.85	4889.82	13.00	14.51	10.20		11.718	95.88	13.00
2-8	地下混凝土结构柱		10m³	**7434.53**	2520.45	4901.08	13.00	18.67	10.20		13.167	96.10	13.00
2-9	地下混凝土结构平台		10m³	**6243.33**	1198.80	5031.53	13.00	8.88	10.20	40.695	18.575	98.66	13.00

6.现浇钢筋混凝土池底

工作内容：浇捣、抹平、养护、场内材料运输。

编号	项目		单位	预算基价				人工	材料			机械
				总价	人工费	材料费	机械费	综合工	预拌混凝土 AC25	草袋 840×760	水	小型机具
				元	元	元	元	工日	m^3	条	m^3	元
								135.00	461.24	2.13	7.62	
2-10	半地下混凝土平池底	厚度50cm以内	$10m^3$	**5842.32**	922.05	4909.27	11.00	6.83	10.200	49.525	13.010	11.00
2-11	半地下混凝土平池底	厚度50cm以外	$10m^3$	**5718.82**	865.35	4842.47	11.00	6.41	10.200	27.518	10.395	11.00
2-12	半地下混凝土锥坡池底	厚度50cm以内	$10m^3$	**5876.07**	955.80	4909.27	11.00	7.08	10.200	49.525	13.010	11.00
2-13	半地下混凝土锥坡池底	厚度50cm以外	$10m^3$	**5737.47**	892.35	4834.12	11.00	6.61	10.200	24.762	10.070	11.00
2-14	半地下混凝土圆池底	厚度50cm以内	$10m^3$	**6074.52**	1154.25	4909.27	11.00	8.55	10.200	49.525	13.010	11.00
2-15	半地下混凝土圆池底	厚度50cm以外	$10m^3$	**5953.36**	1089.45	4852.91	11.00	8.07	10.200	30.950	10.805	11.00
2-16	混凝土架空式平池底	厚度30cm以内	$10m^3$	**6074.52**	1154.25	4909.27	11.00	8.55	10.200	49.525	13.010	11.00
2-17	混凝土架空式平池底	厚度30cm以外	$10m^3$	**5954.71**	1090.80	4852.91	11.00	8.08	10.200	30.950	10.805	11.00
2-18	混凝土架空式方锥池底	厚度30cm以内	$10m^3$	**6113.67**	1193.40	4909.27	11.00	8.84	10.200	49.525	13.010	11.00
2-19	混凝土架空式方锥池底	厚度30cm以外	$10m^3$	**5845.36**	981.45	4852.91	11.00	7.27	10.200	30.950	10.805	11.00

7.现浇钢筋混凝土池壁(隔墙)

工作内容：浇捣、养护、场内材料运输。

编号	项目			单位	预算基价 总价	人工费	材料费	机械费	人工 综合工	材料 预拌混凝土AC25	草袋 840×760	水	机械 小型机具
					元	元	元	元	工日	m^3	条	m^3	元
									135.00	461.24	2.13	7.62	
2-20	混凝土池壁(隔墙)	直、矩形	厚度20cm以内	$10m^3$	**6863.97**	2053.35	4797.62	13.00	15.21	10.200		12.201	13.00
2-21	混凝土池壁(隔墙)	直、矩形	厚度30cm以内	$10m^3$	**6695.85**	1896.75	4786.10	13.00	14.05	10.200		10.689	13.00
2-22	混凝土池壁(隔墙)	直、矩形	厚度30cm以外	$10m^3$	**6403.94**	1614.60	4776.34	13.00	11.96	10.200		9.408	13.00
2-23	混凝土池壁(隔墙)	圆、弧形	厚度20cm以内	$10m^3$	**6966.96**	2157.30	4796.66	13.00	15.98	10.200		12.075	13.00
2-24	混凝土池壁(隔墙)	圆、弧形	厚度30cm以内	$10m^3$	**6770.38**	1976.40	4780.98	13.00	14.64	10.200		10.017	13.00
2-25	混凝土池壁(隔墙)	圆、弧形	厚度30cm以外	$10m^3$	**6449.97**	1664.55	4772.42	13.00	12.33	10.200		8.894	13.00
2-26	混凝土池壁挑檐			$10m^3$	**6078.66**	1175.85	4889.81	13.00	8.71	10.200	14.997	20.108	13.00
2-27	混凝土池壁牛腿			$10m^3$	**6179.70**	1318.95	4847.75	13.00	9.77	10.200	12.002	15.425	13.00
2-28	混凝土配水花墙		厚度20cm以内	$10m^3$	**8490.07**	3680.10	4796.97	13.00	27.26	10.200	3.338	11.183	13.00
2-29	混凝土配水花墙		厚度20cm以外	$10m^3$	**7960.38**	3165.75	4781.63	13.00	23.45	10.200	2.787	9.324	13.00

8.现浇钢筋混凝土柱、梁

工作内容：浇捣、养护、场内材料运输。

编号	项目	单位	预算基价				人工	材料			机械
			总价	人工费	材料费	机械费	综合工	预拌混凝土 AC20	草袋 840×760	水	小型机具
			元	元	元	元	工日	m^3	条	m^3	元
							135.00	450.56	2.13	7.62	
2-30	混凝土无梁盖柱	$10m^3$	**6651.72**	1929.15	4707.57	15.00	14.29	10.20		14.680	15.00
2-31	混凝土矩形柱		**6483.15**	1768.50	4699.65	15.00	13.10	10.20		13.640	15.00
2-32	混凝土圆形柱		**6815.35**	2089.80	4710.55	15.00	15.48	10.20		15.070	15.00
2-33	混凝土连续梁		**6497.11**	1769.85	4712.26	15.00	13.11	10.20	14.150	11.340	15.00
2-34	混凝土单梁		**6384.00**	1624.05	4744.95	15.00	12.03	10.20	14.150	15.630	15.00
2-35	混凝土悬臂梁		**6651.75**	1922.40	4714.35	15.00	14.24	10.20	15.579	11.214	15.00
2-36	混凝上异型环梁		**6565.22**	1846.80	4703.42	15.00	13.68	10.20	17.212	9.324	15.00

9.现浇钢筋混凝土池盖

工作内容：浇捣、抹平、养护、场内材料运输。

编号	项目	单位	预算基价				人工	材料			机械
			总价	人工费	材料费	机械费	综合工	预拌混凝土 AC20	草袋 840×760	水	小型机具
			元	元	元	元	工日	m^3	条	m^3	元
							135.00	450.56	2.13	7.62	
2-37	混凝土肋形盖	$10m^3$	**5924.43**	1034.10	4877.33	13.00	7.66	10.20	61.880	19.660	13.00
2-38	混凝土无梁盖	$10m^3$	**5795.03**	905.85	4876.18	13.00	6.71	10.20	61.880	19.510	13.00
2-39	混凝土锥形盖	$10m^3$	**5886.06**	984.15	4888.91	13.00	7.29	10.20	68.786	19.250	13.00
2-40	混凝土球形盖	$10m^3$	**5989.67**	1061.10	4915.57	13.00	7.86	10.20	75.650	20.830	13.00

10.现浇钢筋混凝土板

工作内容：浇捣、抹平、养护、场内材料运输。

编号	项目		单位	预算基价				人工	材料			机械
				总价	人工费	材料费	机械费	综合工	预拌混凝土 AC20	草袋 840×760	水	小型机具
				元	元	元	元	工日	m^3	条	m^3	元
								135.00	450.56	2.13	7.62	
2-41	混凝土平板、走道板	厚度 8cm 以内	$10m^3$	**6283.20**	1150.20	5120.00	13.00	8.52	10.20	154.752	25.547	13.00
2-42	混凝土平板、走道板	厚度 12cm 以内	$10m^3$	**5970.10**	993.60	4963.50	13.00	7.36	10.20	103.178	19.425	13.00
2-43	混凝土悬空板	厚度 10cm 以内	$10m^3$	**6224.29**	1185.30	5025.99	13.00	8.78	10.20	123.760	21.872	13.00
2-44	混凝土悬空板	厚度 15cm 以内	$10m^3$	**6015.47**	1101.60	4900.87	13.00	8.16	10.20	82.566	16.968	13.00
2-45	混凝土挡水板	厚度 7cm 以内	$10m^3$	**7236.47**	2528.55	4692.92	15.00	18.73	10.20	5.595	11.193	15.00
2-46	混凝土挡水板	厚度 7cm 以外	$10m^3$	**7064.17**	2361.15	4688.02	15.00	17.49	10.20	5.325	10.626	15.00

11.现浇钢筋混凝土池槽

工作内容：浇捣、养护、场内材料运输。

编号	项目		单位	预算基价				人工	材料			机械	
				总价	人工费	材料费	机械费	综合工	预拌混凝土 AC20	草袋 840×760	水	电动卷扬机 30kN	小型机具
				元	元	元	元	工日	m^3	条	m^3	台班	元
								135.00	450.56	2.13	7.62	262.14	
2-47	混凝土悬空V、U形集水槽	厚度8cm以内	$10m^3$	**8479.10**	3699.00	4765.10	15.00	27.40	10.20	7.440	20.150		15.00
2-48		厚度12cm以内		**7900.06**	3148.20	4736.86	15.00	23.32	10.20	6.200	16.790		15.00
2-49	混凝土悬空L形槽	厚度10cm以内		**7691.60**	2926.80	4749.80	15.00	21.68	10.20	14.030	16.300		15.00
2-50		厚度20cm以内		**7422.89**	2683.80	4724.09	15.00	19.88	10.20	11.690	13.580		15.00
2-51	混凝土池底暗渠	厚度10cm以内		**7193.45**	2457.00	4721.45	15.00	18.20	10.20	14.600	12.420		15.00
2-52		厚度20cm以内		**7009.17**	2293.65	4700.52	15.00	16.99	10.20	12.170	10.353		15.00
2-53	落泥斗、槽	混凝土		**5990.38**	766.80	4731.49	492.09	5.68	10.20	24.000	11.110	1.820	15.00
2-54	混凝土沉淀池水槽			**6819.91**	1961.55	4843.36	15.00	14.53	10.20	20.750	26.700		15.00
2-55	混凝土下药溶解槽			**7157.54**	2293.65	4848.89	15.00	16.99	10.20	14.580	29.150		15.00
2-56	混凝土澄清池反应筒壁			**6656.53**	1814.40	4827.13	15.00	13.44	10.20	19.460	24.930		15.00

12.现浇钢筋混凝土导流壁、筒

工作内容：浇捣、养护、场内材料运输。

编号	项目		单位	预算基价				人工	材料						机械	
				总价	人工费	材料费	机械费	综合工	预拌混凝土AC20	水泥32.5级	粗砂	草袋840×760	水	水泥砂浆1:2	灰浆搅拌机200L	小型机具
				元	元	元	元	工日	m^3	t	t	条	m^3	m^3	台班	元
								135.00	450.56	357.47	86.63	2.13	7.62		208.76	
2-57	混凝土导流墙	厚度20cm以内	$10m^3$	**6576.44**	1799.55	4757.63	19.26	13.33	10.200	0.158	0.383	1.830	8.971	(0.28)	0.030	13.00
2-58	混凝土导流墙	厚度20cm以外	$10m^3$	**6479.75**	1706.40	4754.09	19.26	12.64	10.200	0.158	0.383	1.747	8.530	(0.28)	0.030	13.00
2-59	混凝土导流筒	厚度20cm以内	$10m^3$	**6718.12**	1942.65	4756.21	19.26	14.39	10.200	0.158	0.383	2.257	8.666	(0.28)	0.030	13.00
2-60	混凝土导流筒	厚度20cm以外	$10m^3$	**6622.37**	1844.10	4759.01	19.26	13.66	10.200	0.158	0.383	2.142	9.065	(0.28)	0.030	13.00

13.现浇钢筋混凝土扶梯

工作内容：浇捣、养护、场内材料运输。

编号	项目		单位	预算基价				人工	材料				机械
				总价	人工费	材料费	机械费	综合工	预拌混凝土AC25	水	草袋840×760	零星材料费	小型机具
				元	元	元	元	工日	m^3	m^3	条	元	元
								135.00	461.24	7.62	2.13		
2-61	现浇混凝土扶梯	C30混凝土	$10m^2$	**2130.59**	920.70	1206.43	3.46	6.82	2.59	0.811	2.180	1.00	3.46

14.其他现浇钢筋混凝土构件

工作内容：浇捣、养护、场内材料运输。

编号	项目	单位	预算基价				人工	材料			机械
			总价	人工费	材料费	机械费	综合工	预拌混凝土 AC20	草袋 840×760	水	小型机具
			元	元	元	元	工日	m^3	条	m^3	元
							135.00	450.56	2.13	7.62	
2-62	混凝土中心支筒	$10m^3$	**6524.46**	1825.20	4684.26	15.00	13.52	10.200	2.714	10.862	15.00
2-63	混凝土支撑墩	$10m^3$	**7431.82**	2297.70	5119.12	15.00	17.02	10.200	152.422	26.082	15.00
2-64	混凝土稳流筒	$10m^3$	**7091.98**	2288.25	4788.73	15.00	16.95	10.200	38.064	14.690	15.00
2-65	混凝土异型构件	$10m^3$	**7642.92**	2481.30	5146.62	15.00	18.38	10.200	160.451	27.447	15.00

15.预制混凝土构件制作

工作内容：浇捣、养护、场内材料运输。

编号	项目		单位	预算基价				人工	材料					机械
				总价	人工费	材料费	机械费	综合工	预拌混凝土 AC25	插孔钢筋 $D5\sim10$	水	草袋 840×760	零星材料费	小型机具
				元	元	元	元	工日	m^3	kg	m^3	条	元	元
								135.00	461.24	3.77	7.62	2.13		
2-66	预制混凝土扶梯		10m³	**6838.93**	1864.35	4961.58	13.00	13.810	10.200		18.000	33.170	49.12	13.00
2-67	钢筋混凝土穿孔板制作	三角槽孔板	10m³	**8015.58**	2941.65	5060.93	13.00	21.790	10.200	3.233	38.581		50.11	13.00
2-68	钢筋混凝土穿孔板制作	平孔板	10m³	**7308.04**	2359.80	4935.24	13.00	17.480	10.200		23.849		48.86	13.00
2-69	预制钢筋混凝土	稳流板	10m³	**7089.34**	2141.10	4935.24	13.00	15.860	10.200		23.849		48.86	13.00
2-70	预制钢筋混凝土	井池内壁板	10m³	**7098.83**	2143.80	4942.03	13.00	15.880	10.200		24.731		48.93	13.00
2-71	混凝土构件制作	挡水板	10m³	**7151.20**	2173.50	4962.70	15.00	16.100	10.200		19.303	29.026	49.14	15.00

工作内容：浇捣、养护、场内材料运输。

编号	项目			单位	预算基价 总价	人工费	材料费	机械费	人工 综合工	材料 预拌混凝土AC25	草袋840×760	水	塑料集水短管 $\phi25\ L=80$	滤头套箍 $\phi30$	零星材料费	机械 小型机具
					元	元	元	元	工日	m³	条	m³	根	个	元	元
									135.00	461.24	2.13	7.62	1.06	1.42		
2-72	混凝土构件制作	导流隔板		10m³	**6591.62**	1633.50	4943.12	15.00	12.100	10.200	26.125	17.570			48.94	15.00
2-73	混凝土构件制作	配孔集水槽		10m³	**6854.45**	1200.15	5639.30	15.00	8.890	10.200	27.841	18.442	640.560		55.83	15.00
2-74	混凝土构件制作	辐射槽		10m³	**6973.04**	1300.05	5657.99	15.00	9.630	10.200	30.628	20.090	640.560		56.02	15.00
2-75	预制混凝土支墩	制作		10m³	**5307.55**	434.70	4859.85	13.00	3.220	10.200	6.573	12.215			48.12	13.00
2-76	预制混凝土异型构件	制作		10m³	**6524.80**	1547.10	4962.70	15.00	11.460	10.200	29.026	19.303			49.14	15.00
2-77	预制钢筋混凝土滤板	制作	12cm以内	10m³	**16477.81**	2317.95	14144.86	15.00	17.170	10.200	206.357	33.498		6060.121	140.05	15.00
2-78	预制钢筋混凝土滤板	制作	12cm以外	10m³	**13913.14**	2084.40	11813.74	15.00	15.440	10.200	154.762	27.372		4545.000	116.97	15.00

工作内容：安装就位、找正、找平、清理、场内材料运输。

编号	项目	单位	预算基价				人工	材	
			总价	人工费	材料费	机械费	综合工	混凝土滤板	预拌砂浆 RS20
			元	元	元	元	工日	m^2	m^3
							135.00		281.08
2-79	预制混凝土扶梯安装	$10m^3$	**2740.40**	1578.15	85.26	1076.99	11.690		0.030
2-80	钢筋混凝土板安装	$10m^3$	**3138.29**	2177.55	180.92	779.82	16.130		0.420
2-81	钢筋混凝土槽安装	$10m^3$	**3988.83**	2451.60	172.50	1364.73	18.160		0.420
2-82	预制混凝土支墩安装	$10m^3$	**3007.35**	2269.35	327.59	410.41	16.810		
2-83	预制混凝土异型构件安装	$10m^3$	**3906.62**	3019.95	329.52	557.15	22.370		
2-84	预制钢筋混凝土滤板安装	$100m^2$	**10631.73**	4413.15	5838.07	380.51	32.690	(101.000)	0.690

土构件安装

料									机械			
平垫铁	电焊条	不锈钢板 δ≤4	不锈钢螺栓 M10×150	水	垫木	麻绳	密封胶	零星材料费	汽车式起重机 8t	汽车式起重机 20t	载重汽车 4t	电焊机 40kV•A
kg	kg	kg	100个	m^3	m^3	kg	kg	元	台班	台班	台班	台班
7.42	7.59	17.45	126.66	7.62	1049.18	9.28	31.90		767.15	1043.80	417.41	114.64
	10.000			0.011				0.84		0.90		1.20
	7.900			0.147				1.79	0.560	0.21	0.020	1.07
	6.800			0.147				1.71		1.08	0.036	1.94
26.433	15.310				0.011	0.051		3.24				3.58
26.690	15.310				0.011	0.051		3.26				4.86
		31.800	2.040	0.104			149.600	57.80	0.496			

第三章　混凝土模板和支撑及脚手架工程

工作内容：模板制作、安装、拆除，清理杂物，刷隔离剂，清理堆放，场内外运输。

编号	项目			单位	预算基价 总价	人工费	材料费	机械费	人工 综合工	混凝土垫块
					元	元	元	元	工日	m^3
									135.00	
3-1	现浇基础及下部混凝土模板	垫层		10m^2	**411.29**	218.70	187.29	5.30	1.62	
3-2	现浇基础及下部混凝土模板	基础		10m^2	**656.13**	363.15	280.51	12.47	2.69	
3-3	现浇基础及下部混凝土模板	横梁（系梁）		10m^2	**1106.38**	488.70	406.57	211.11	3.62	
3-4	现浇上部混凝土模板	零星混凝土		10m^2	**1395.68**	988.20	401.60	5.88	7.32	
3-5	现浇上部混凝土模板	立柱、端柱、灯柱		10m^2	**1180.37**	787.05	357.03	36.29	5.83	
3-6	现浇上部混凝土模板	侧墙		10m^2	**508.99**	301.05	183.68	24.26	2.23	
3-7	现浇上部混凝土模板	顶板		10m^2	**652.31**	319.95	309.75	22.61	2.37	
3-8	现浇混凝土构筑物及池类模板	池底	平池底钢模	10m^2	**817.77**	575.10	222.86	19.81	4.26	(0.0137)

土模板工程

材										料
木 模 板	钢 模 板	组合钢模板	木 支 撑	钢 支 撑	铁　　件 （含制作费）	圆　　钉	隔 离 剂	模板嵌缝料	方　　木	零 星 卡 具
m^3	kg	kg	m^3	kg	kg	kg	kg	kg	m^3	kg
1982.88	9.80	10.97	2211.82	7.46	9.49	6.68	4.20	6.92	3266.74	7.57
0.0710					3.84	0.3600	1.0000	0.500		
		5.90		2.32		0.2400	1.0000	0.500	0.030	12.0500
0.1940						2.1300	1.0000	0.500		
0.1920						1.9800	1.0000	0.500		
0.1500					4.79	0.9700	1.0000	0.500		
	0.0010	7.18		2.87	0.68	0.1000	1.0000	0.500	0.005	5.2800
0.0180	5.6700	5.90		3.43		0.9100	1.0000		0.030	2.6100
0.0140	6.5700		0.0050	1.94		1.1920	1.0000			3.8900

续前

编号	项目		单位	材料			机械		
				尼龙帽	镀锌钢丝 2.8～4.0	草板纸 80#	木工圆锯机 500mm	载重汽车 5t	汽车式起重机 8t
				个	kg	张	台班	台班	台班
				2.21	7.08	5.30	26.53	443.55	767.15
3-1	现浇基础及下部混凝土模板	垫层	$10m^2$				0.0160	0.0110	
3-2		基础					0.0170	0.0150	0.007
3-3		横梁（系梁）					0.1500		0.270
3-4	现浇上部混凝土模板	零星混凝土					0.0210	0.0120	
3-5		立柱、端柱、灯柱					0.0114	0.0500	0.018
3-6		侧墙		3.470	0.6700		0.0050	0.0250	0.017
3-7		顶板			0.0200		0.0250	0.0270	0.013
3-8	现浇混凝土构筑物及池类模板	池底 平池底钢模			6.7340	3.0000	0.0030	0.0220	0.013

工作内容：模板制作、安装、拆除，清理杂物，刷隔离剂，清理堆放，场内外运输。

编号	项目				单位	预算基价				人工	材料								
						总价	人工费	材料费	机械费	综合工	混凝土垫块	木模板	钢模板	木支撑	钢支撑	圆钉	隔离剂	模板嵌缝料	零星卡具
						元	元	元	元	工日	m^3	m^3	kg	m^3	kg	kg	kg	kg	kg
										135.00		1982.88	9.80	2211.82	7.46	6.68	4.20	6.92	7.57
3-9	现浇混凝土构筑物及池类模板	池底	平池底木模		$10m^2$	**914.11**	641.25	254.94	17.92	4.75	(0.0137)	0.0756		0.0339		2.8340	1.0000	1.0000	
3-10			锥形池底木模			**1144.53**	538.65	572.94	32.94	3.99		0.2370		0.0373		1.4040	1.0000	1.0000	
3-11		池壁（隔墙）	矩形池壁	钢模		**675.30**	473.85	177.29	24.16	3.51		0.0004	7.1840		2.8680	0.0290	1.0000		5.2870
3-12				木模		**710.77**	391.50	294.06	25.21	2.90		0.0622		0.0587		1.3820	1.0000	1.0000	0.4320
3-13			圆形池壁	木模		**1001.22**	594.00	383.43	23.79	4.40		0.0812		0.0582		1.5740	1.0000	1.0000	8.5150
3-14			支模高度超过3.6m每增1m	钢支撑		**27.11**	24.30	1.60	1.21	0.18				0.0001	0.1850				
3-15				木支撑		**36.81**	24.30	12.01	0.50	0.18				0.0047		0.2420			
3-16		池盖	无梁池盖	木模		**1076.23**	562.95	477.87	35.41	4.17		0.0771		0.1286		4.2020	1.0000	1.0000	

续前

编号	项目				单位	材料									机械			
						镀锌钢丝 0.7～1.2	镀锌钢丝 2.8～4.0	铁件（含制作费）	草板纸 80#	尼龙帽	水泥 32.5级	粗砂	水	水泥砂浆 1∶2	载重汽车 5t	木工圆锯机 500mm	木工压刨床 600mm单面	汽车式起重机 8t
						kg	kg	kg	张	个	t	t	m^3	m^3	台班	台班	台班	台班
						7.34	7.08	9.49	5.30	2.21	357.47	86.63	7.62		443.55	26.53	32.70	767.15
3-9	现浇混凝土构筑物及池类模板	池底	平池底木模		$10m^2$										0.0330	0.0570	0.0540	
3-10			锥形池底木模												0.0670	0.0550	0.0540	
3-11		池壁（隔墙）	矩形池壁	钢模			0.0690	0.6780	3.0000	7.9000					0.0250	0.0010		0.017
3-12				木模			0.6100	1.3650							0.0480	0.0810	0.0540	
3-13			圆形池壁	木模			1.0740								0.0420	0.1280	0.0540	
3-14			支模高度超过3.6m每增1m	钢支撑											0.0010			0.001
3-15				木支撑											0.0010	0.0020		
3-16		池盖	无梁池盖	木模		0.0180	0.1590				0.0002	0.0004	0.0001	（0.0003）	0.0710	0.0810	0.0540	

工作内容：模板制作、安装、拆除，清理杂物，刷隔离剂，清理堆放，场内外运输。

编号	项目				单位	预算基价				人工	材料							
						总价	人工费	材料费	机械费	综合工	水泥 32.5级	粗砂	木模板	复合木模板面板	钢模板	木支撑	钢支撑	零星卡具
						元	元	元	元	工日	t	t	m³	m²	kg	m³	kg	kg
										135.00	357.47	86.63	1982.88	10.40	9.80	2211.82	7.46	7.57
3-17	现浇混凝土构筑物及池类模板	池盖	无梁池盖	复合木模	10m²	**898.73**	446.85	417.96	33.92	3.31	0.0002	0.0004	0.0600	0.2000		0.1123		1.7790
3-18	现浇混凝土构筑物及池类模板	池盖	肋形池盖	木模	10m²	**742.18**	492.75	231.55	17.88	3.65			0.0878	0.1194		0.0138		
3-19	现浇混凝土构筑物及池类模板	池盖	肋形池盖	复合木模	10m²	**647.53**	419.85	206.76	20.92	3.11			0.0878	1.3750				
3-20	现浇混凝土构筑物及池类模板	池盖	球形池盖	木模	10m²	**1585.22**	1078.65	474.87	31.70	7.99			0.2232					
3-21	现浇混凝土构筑物及池类模板	柱梁	无梁盖柱	钢模	10m²	**1155.47**	791.10	325.80	38.57	5.86			0.0328		6.8280	0.0303	6.2960	5.2800
3-22	现浇混凝土构筑物及池类模板	柱梁	无梁盖柱	木模	10m²	**1233.66**	842.40	356.81	34.45	6.24			0.0172			0.1006		
3-23	现浇混凝土构筑物及池类模板	柱梁	矩形柱	钢模	10m²	**791.16**	529.20	235.57	26.39	3.92			0.0064		7.8090	0.0182	4.5940	6.6740

续前

编号	项目				单位	材料									机械			
						镀锌钢丝 0.7~1.2	镀锌钢丝 2.8~4.0	圆钉	隔离剂	草板纸 80#	水	模板嵌缝料	铁件（含制作费）	水泥砂浆 1∶2	载重汽车 5t	木工圆锯机 500mm	木工压刨床 600mm单面	汽车式起重机 8t
						kg	kg	kg	kg	张	m³	kg	kg	m³	台班	台班	台班	台班
						7.34	7.08	6.68	4.20	5.30	7.62	6.92	9.49		443.55	26.53	32.70	767.15
3-17	现浇混凝土构筑物及池类模板	池盖	无梁池盖	复合木模	10m²	0.0180	0.1590	2.0340	1.0000	3.0000	0.0001			(0.0003)	0.0640	0.0060		0.007
3-18	现浇混凝土构筑物及池类模板	池盖	肋形池盖	木模	10m²			2.1810	1.0000			1.0000			0.0310	0.0890	0.0540	
3-19	现浇混凝土构筑物及池类模板	池盖	肋形池盖	复合木模	10m²			2.1200	1.0000						0.0380	0.0880	0.0530	
3-20	现浇混凝土构筑物及池类模板	池盖	球形池盖	木模	10m²			1.4880	1.0000				1.9130		0.0450	0.3760	0.0540	
3-21	现浇混凝土构筑物及池类模板	柱梁	无梁盖柱	钢模	10m²			2.9630	1.0000	3.0000					0.0490	0.1140		0.018
3-22	现浇混凝土构筑物及池类模板	柱梁	无梁盖柱	木模	10m²		5.3830	7.6290	1.0000			1.0000			0.0640	0.1620	0.0540	
3-23	现浇混凝土构筑物及池类模板	柱梁	矩形柱	钢模	10m²			0.1800	1.0000	3.0000					0.0280	0.0060		0.018

工作内容：模板制作、安装、拆除，清理杂物，刷隔离剂，清理堆放，场内外运输。

编号	项目				单位	预算基价				人工	材料								
						总价	人工费	材料费	机械费	综合工	木模板	复合木模板面板	钢模板	定型钢模板	木支撑	钢支撑	零星卡具	铁件（含制作费）	圆钉
						元	元	元	元	工日	m^3	m^2	kg	kg	m^3	kg	kg	kg	kg
										135.00	1982.88	10.40	9.80	11.15	2211.82	7.46	7.57	9.49	6.68
3-24	现浇混凝土构筑物及池类模板	柱、梁	矩形柱	复合木模	$10m^2$	**689.52**	449.55	218.95	21.02	3.33	0.0064	0.1840	1.0340		0.0519		6.0500	1.1420	0.4020
3-25	现浇混凝土构筑物及池类模板	柱、梁	圆、异型柱	木模	$10m^2$	**1333.40**	787.05	525.89	20.46	5.83	0.1618				0.0700				4.8490
3-26	现浇混凝土构筑物及池类模板	柱、梁	柱支模高度超过3.6m每增1m	钢支撑	$10m^2$	**48.13**	40.50	7.16	0.47	0.30					0.0021	0.3370			
3-27	现浇混凝土构筑物及池类模板	柱、梁	柱支模高度超过3.6m每增1m	木支撑	$10m^2$	**68.19**	40.50	26.35	1.34	0.30					0.0109				0.3350
3-28	现浇混凝土构筑物及池类模板	柱、梁	连续梁、单梁	钢模	$10m^2$	**900.18**	641.25	228.84	30.09	4.75	0.0017		7.7340		0.0029	6.9480	6.7290		0.0470
3-29	预制混凝土基础模板	管、渠道及其他	槽形板钢模		$10m^3$	**2731.23**	2131.65	492.50	107.08	15.79				33.54					
3-30	现浇混凝土构筑物及池类模板	池、槽及其他	澄清池反应筒壁复合木模		$10m^2$	**600.63**	392.85	191.81	15.97	2.91	0.0149	0.1880			0.0298		3.0570	0.6770	1.0580

续前

编号	项目				单位	隔离剂	草板纸 80$^{\#}$	镀锌钢丝 0.7~1.2	镀锌钢丝 2.8~4.0	模板嵌缝料	水泥 32.5级	粗砂	水	尼龙帽	水泥砂浆 1:2	载重汽车 5t	木工圆锯机 500mm	汽车式起重机 8t	门式起重机 10t
						材料										机械			
						kg	张	kg	kg	kg	t	t	m^3	个	m^3	台班	台班	台班	台班
						4.20	5.30	7.34	7.08	6.92	357.47	86.63	7.62	2.21		443.55	26.53	767.15	465.57
3-24	现浇混凝土构筑物及池类模板	柱、梁	矩形柱	复合木模	10m^2	1.0000	3.0000									0.0280	0.0060	0.011	
3-25			圆、异型柱	木模		1.0000			0.9490	1.0000						0.0350	0.1860		
3-26			柱支模高度超过3.6m每增1m	钢支撑												0.0010	0.0010		
3-27				木支撑												0.0010	0.0050	0.001	
3-28			连续梁、单梁	钢模		1.0000	3.0000	0.0180	1.6070		0.0007	0.0016	0.0004	3.7000	(0.0012)	0.0330	0.0040	0.020	
3-29	预制混凝土基础模板	管、渠道及其他	槽形板钢模		10m^3	25.0000		0.5200			0.0170	0.0410	0.0110		(0.0300)				0.230
3-30	现浇混凝土构筑物及池类模板	池、槽及其他	澄清池反应筒壁复合木模		10m^2	1.0000	3.0000		3.7590					5.0000		0.0220	0.0030	0.008	

工作内容： 模板制作、安装、拆除，清理杂物，刷隔离剂，清理堆放，场内外运输。

编号	项目				单位	预算基价				人工	材料								料
						总价	人工费	材料费	机械费	综合工	水泥 32.5级	粗砂	木模板	复合木模板面板	钢模板	木支撑	钢支撑	零星卡具	铁件（含制作费）
						元	元	元	元	工日	t	t	m³	m²	kg	m³	kg	kg	kg
										135.00	357.47	86.63	1982.88	10.40	9.80	2211.82	7.46	7.57	9.49
3-31	现浇混凝土构筑物及池类模板	柱梁	连续梁、单梁	复合木模	10m²	**885.14**	560.25	299.38	25.51	4.15	0.0007	0.0016	0.0017	0.2060	0.7230	0.0914		3.6550	0.4150
3-32	现浇混凝土构筑物及池类模板	柱梁	池壁基梁	木模	10m²	**1336.25**	915.30	388.49	32.46	6.78			0.0725			0.0996			
3-33	现浇混凝土构筑物及池类模板	柱梁	异型梁	木模	10m²	**1279.04**	699.30	562.91	16.83	5.18	0.0068	0.0164	0.1183			0.1087			
3-34	现浇混凝土构筑物及池类模板	柱梁	梁支模高度超过3.6m每增1m	钢支撑	10m²	**87.72**	74.25	8.95	4.52	0.55							1.2000		
3-35	现浇混凝土构筑物及池类模板	柱梁	梁支模高度超过3.6m每增1m	木支撑	10m²	**133.79**	91.80	40.00	1.99	0.68						0.0174			
3-36	现浇混凝土构筑物及池类模板	板	平板、走道板	钢模	10m²	**704.17**	467.10	206.41	30.66	3.46	0.0002	0.0004	0.0051		6.8280	0.0231	4.8010	2.7660	
3-37	现浇混凝土构筑物及池类模板	板	平板、走道板	复合木模	10m²	**728.54**	406.35	298.96	23.23	3.01	0.0002	0.0004	0.0051	0.2030		0.1050		2.7660	

续前

编号	项目				单位	材料：镀锌钢丝 0.7~1.2	镀锌钢丝 2.8~4.0	圆钉	隔离剂	草板纸 80#	尼龙帽	水	模板嵌缝料	水泥砂浆 1:2	机械：载重汽车 5t	木工圆锯机 500mm	木工压刨床 600mm单面	汽车式起重机 8t
						kg	kg	kg	kg	张	个	m^3	kg	m^3	台班	台班	台班	台班
						7.34	7.08	6.68	4.20	5.30	2.21	7.62	6.92		443.55	26.53	32.70	767.15
3-31	现浇混凝土构筑物及池类模板	柱梁	连续梁、单梁	复合木模	10m²	0.0180		3.6240	1.0000	3.0000	3.7000	0.0004		(0.0012)	0.0380	0.0370		0.010
3-32			池壁基梁	木模				1.9930	1.0000				1.0000		0.0570	0.2040	0.0540	
3-33			异型梁	木模		0.0180	3.3210	7.3740	1.0000			0.0042	1.0000	(0.0120)	0.0310	0.1160		
3-34			梁支模高度超过3.6m每增1m	钢支撑											0.0050			0.003
3-35				木支撑				0.2260							0.0040	0.0080		
3-36		板	平板、走道板	钢模		0.0180		0.1790	1.0000	3.0000		0.0001		(0.0003)	0.0340	0.0090		0.020
3-37				复合木模		0.0180		1.9790	1.0000	3.0000		0.0001		(0.0003)	0.0380	0.0090		0.008

工作内容：模板制作、安装、拆除，清理杂物，刷隔离剂，清理堆放，场内外运输。

编号	项目				单位	预算基价				人工	材料							
						总价	人工费	材料费	机械费	综合工	水泥 32.5级	粗砂	木模板	复合木模板面板	钢模板	木支撑	钢支撑	零星卡具
						元	元	元	元	工日	t	t	m^3	m^2	kg	m^3	kg	kg
										135.00	357.47	86.63	1982.88	10.40	9.80	2211.82	7.46	7.57
3-38	现浇混凝土构筑物及池类模板	板	悬空板	钢模	10m²	**765.27**	508.95	230.40	25.92	3.77	0.0002	0.0004	0.0182		5.6710	0.0303	3.4250	2.6090
3-39				复合木模		**732.22**	441.45	270.54	20.23	3.27			0.0182	0.1690		0.0811		2.6090
3-40			挡水板	木模		**1352.99**	878.85	456.03	18.11	6.51			0.1133			0.0838		0.2530
3-41			板支模高度超过3.6m每增1m	钢支撑		**96.06**	85.05	7.70	3.31	0.63							1.0320	
3-42				木支撑		**142.57**	85.05	55.04	2.48	0.63						0.0210		
3-43		池、槽及其他	配、出水槽木模			**997.10**	691.20	291.56	14.34	5.12			0.0841			0.0387		
3-44			沉淀池木模			**1234.91**	675.00	544.73	15.18	5.00			0.1099			0.1388		

续前

编号	项目				单位	材料								机械			
						镀锌钢丝	圆钉	隔离剂	草板纸80#	水	铁件（含制作费）	模板嵌缝料	水泥砂浆1:2	载重汽车5t	木工圆锯机500mm	木工压刨床600mm单面	汽车式起重机8t
						kg	kg	kg	张	m^3	kg	kg	m^3	台班	台班	台班	台班
							6.68	4.20	5.30	7.62	9.49	6.92		443.55	26.53	32.70	767.15
3-38	现浇混凝土构筑物及池类模板	板	悬空板	钢模	$10m^2$	0.0180×7.34	0.9100	1.0000	3.0000	0.0001			(0.0003)	0.0310	0.0250		0.015
3-39				复合木模		0.0180×7.34	1.9960	1.0000	3.0000					0.0320	0.0250		0.007
3-40			挡水板	木模		0.9950×7.08	2.7510	1.0000			0.7970	1.0000		0.0260	0.2480		
3-41			板支模高度超过3.6m每增1m	钢支撑										0.0040			0.002
3-42				木支撑			1.2860							0.0050	0.0100		
3-43		池、槽及其他	配、出水槽木模				4.2040	1.0000				1.0000		0.0200	0.2060		
3-44			沉淀池木模				1.3010	1.0000				1.0000		0.0230	0.1210	0.0540	

工作内容：模板制作、安装、拆除，清理杂物，刷隔离剂，清理堆放，场内外运输。

编号	项目				单位	预算基价				人工	材料							
						总价	人工费	材料费	机械费	综合工	木模板	复合木模板面板	钢模板	木支撑	钢支撑	零星卡具	铁件（含制作费）	圆钉
						元	元	元	元	工日	m^3	m^2	kg	m^3	kg	kg	kg	kg
										135.00	1982.88	10.40	9.80	2211.82	7.46	7.57	9.49	6.68
3-45	现浇混凝土构筑物及池类模板	池、槽及其他	澄清池反应筒壁钢模		$10m^2$	**662.30**	460.35	182.14	19.81	3.41	0.0149		6.5760		1.9380	3.8990	0.6770	0.9880
3-46	现浇混凝土构筑物及池类模板	池、槽及其他	导流墙（筒）木模		$10m^2$	**775.05**	371.25	395.38	8.42	2.75	0.1475			0.0243		0.1510	0.7970	1.7960
3-47	现浇混凝土构筑物及池类模板	池、槽及其他	小型池槽木模		$10m^3$	**10882.46**	6924.15	3751.86	206.45	51.29	1.3200			0.3400				45.1000
3-48	现浇混凝土构筑物及池类模板	管、渠道及其他	管、渠道平基	钢模	$10m^2$	**663.81**	367.20	275.79	20.82	2.72	0.0144		6.3550	0.0239		2.9680	2.4390	0.9720
3-49	现浇混凝土构筑物及池类模板	管、渠道及其他	管、渠道平基	复合木模	$10m^2$	**548.58**	314.55	215.81	18.22	2.33	0.0144	0.2060	0.0910	0.0601		2.2040		2.0940
3-50	现浇混凝土构筑物及池类模板	管、渠道及其他	顶（盖）板	钢模	$10m^2$	**721.11**	488.70	201.75	30.66	3.62	0.0051		6.8280	0.0231		2.7660		0.1790
3-51	现浇混凝土构筑物及池类模板	管、渠道及其他	顶（盖）板	复合木模	$10m^2$	**747.44**	425.25	298.96	23.23	3.15	0.0051	0.2030		0.1050		2.7660		1.9790
3-52	现浇混凝土构筑物及池类模板	管、渠道及其他	井底流槽	木模	$10m^2$	**617.57**	436.05	167.65	13.87	3.23	0.0705							3.5410
3-53	现浇混凝土构筑物及池类模板	管、渠道及其他	小型构件	木模	$10m^2$	**1130.42**	614.25	516.17		4.55	0.1733			0.0500				7.6090

续前

编号	项目				单位	材料											机械		
						隔离剂	草板纸 80#	尼龙帽	镀锌钢丝 0.7~1.2	镀锌钢丝 2.8~4.0	模板嵌缝料	水泥 32.5级	粗砂	扣件	水	水泥砂浆 1:2	载重汽车 5t	木工圆锯机 500mm	汽车式起重机 8t
						kg	张	个	kg	kg	kg	t	t	kg	m^3	m^3	台班	台班	台班
						4.20	5.30	2.21	7.34	7.08	6.92	357.47	86.63	6.49	7.62		443.55	26.53	767.15
3-45	现浇混凝土构筑物及池类模板	池、槽及其他	澄清池反应筒壁钢模		$10m^2$	1.0000	3.0000	5.0000									0.0220	0.0030	0.013
3-46			导流墙(筒)木模			1.0000				2.4490	1.0000						0.0170	0.0330	
3-47			小型池槽木模		$10m^3$	7.3000					7.3000						0.4200	0.7600	
3-48		管、渠道及其他	管、渠道平基	钢模	$10m^2$	1.0000	3.0000	12.9000	0.0180	2.6220		0.0007	0.0016	1.8940	0.0004	(0.0012)	0.0260	0.0030	0.012
3-49				复合木模		1.0000	3.0000		0.0180			0.0007	0.0016		0.0004	(0.0012)	0.0270	0.0040	0.008
3-50			顶(盖)板	钢模		1.0000	3.0000		0.0180			0.0002	0.0004	4.8010	0.0001	(0.0003)	0.0340	0.0090	0.020
3-51				复合木模		1.0000	3.0000		0.0180			0.0002	0.0004		0.0001	(0.0003)	0.0380	0.0090	0.008
3-52			井底流槽	木模		1.0000											0.0260	0.0882	
3-53			小型构件	木模		1.0000					1.0000								

18.预制混凝土模板工程

工作内容：模板制作、安装、拆除，清理杂物，刷隔离剂，清理堆放，场内外运输。

编号	项目			单位	预算基价 总价	预算基价 人工费	预算基价 材料费	预算基价 机械费	人工 综合工	材料 水泥 32.5级	材料 粗砂	材料 木模板	材料 定型钢模板
					元	元	元	元	工日	t	t	m^3	kg
									135.00	357.47	86.63	1982.88	11.15
3-54	预制混凝土基础模板	管、渠道及其他	地沟盖板木模	$10m^3$	**1092.33**	758.70	331.26	2.37	5.62	0.011	0.027	0.142	
3-55	预制混凝土基础模板	构筑物及池类	壁板平板钢模	$10m^3$	**945.99**	544.05	81.47	320.47	4.03	0.011	0.027		4.69
3-56	预制混凝土基础模板	构筑物及池类	壁板平板木模	$10m^3$	**886.57**	553.50	331.29	1.78	4.10	0.011	0.027	0.144	
3-57	预制混凝土基础模板	构筑物及池类	滤板穿孔板木模	$10m^3$	**25009.57**	15341.40	9605.98	62.19	113.64	0.034	0.082	4.452	
3-58	预制混凝土基础模板	构筑物及池类	稳流板木模	$10m^3$	**1916.60**	1194.75	718.30	3.55	8.85	0.017	0.041	0.320	
3-59	预制混凝土基础模板	构筑物及池类	壁(隔)板木模	$10m^3$	**1642.67**	866.70	773.01	2.96	6.42	0.028	0.068	0.345	

续前

编号	项目			单位	材料					机械		
					镀锌钢丝 0.7～1.2	圆钉	隔离剂	水	水泥砂浆 1:2	木工圆锯机 500mm	木工压刨床 600mm单面	汽车式起重机 16t
					kg	kg	kg	m^3	m^3	台班	台班	台班
					7.34	6.68	4.20	7.62		26.53	32.70	971.12
3-54	预制混凝土基础模板	管、渠道及其他	地沟盖板木模	$10m^3$	0.32	1.99	6.60	0.007	(0.020)	0.040	0.040	
3-55		构筑物及池类	壁板平板钢模		0.35		4.83	0.007	(0.020)			0.330
3-56			壁板平板木模		0.36	2.47	4.83	0.007	(0.020)	0.030	0.030	
3-57			滤板穿孔板木模		0.98	81.61	49.15	0.021	(0.060)	1.050	1.050	
3-58			稳流板木模		0.54	5.54	7.88	0.011	(0.030)	0.060	0.060	
3-59			壁(隔)板木模		0.89	5.48	7.08	0.018	(0.050)	0.050	0.050	

工作内容：模板制作、安装、拆除，清理杂物，刷隔离剂，清理堆放，场内外运输。

编号	项目			单位	预算基价				人工	材料						
					总价	人工费	材料费	机械费	综合工	水泥 32.5级	粗砂	木模板	复合木模板面板	钢模板	木支撑	镀锌钢丝 0.7～1.2
					元	元	元	元	工日	t	t	m^3	m^2	kg	m^3	kg
									135.00	357.47	86.63	1982.88	10.40	9.80	2211.82	7.34
3-60	预制混凝土基础模板	构筑物及池类	挡水板木模	$10m^3$	**1119.80**	793.80	324.82	1.18	5.88	0.011	0.027	0.142				0.41
3-61	预制混凝土基础模板	柱、梁及池槽	矩形柱钢模	$10m^3$	**3026.18**	2018.25	901.67	106.26	14.95	0.006	0.014	0.090		11.32	0.090	0.17
3-62	预制混凝土基础模板	柱、梁及池槽	矩形板复合木模	$10m^3$	**2732.68**	1823.85	802.57	106.26	13.51	0.006	0.014	0.090	0.440	0.74	0.090	0.17
3-63	预制混凝土基础模板	柱、梁及池槽	矩形梁钢模	$10m^3$	**9239.78**	4943.70	4079.05	217.03	36.62	0.011	0.027	0.070		31.57	1.310	0.25
3-64	预制混凝土基础模板	柱、梁及池槽	矩形梁木模	$10m^3$	**8501.66**	4455.00	3829.63	217.03	33.00	0.011	0.027	0.070	1.120	4.93	1.310	0.25
3-65	预制混凝土基础模板	柱、梁及池槽	异型梁木模	$10m^3$	**6341.41**	2670.30	3505.19	165.92	19.78	0.006	0.014	1.711				0.20

续前

编号	项目			单位	材料							机械			
					镀锌钢丝 2.8～4.0	圆钉	隔离剂	水	零星卡具	草板纸 80#	水泥砂浆 1:2	木工圆锯机 500mm	木工压刨床 600mm单面	载重汽车 5t	汽车式起重机 8t
					kg	kg	kg	m^3	kg	张	m^3	台班	台班	台班	台班
					7.08	6.68	4.20	7.62	7.57	5.30		26.53	32.70	443.55	767.15
3-60	预制混凝土基础模板	构筑物及池类	挡水板木模	$10m^3$		2.33	4.37	0.007			(0.020)	0.020	0.020		
3-61		柱、梁及池槽	矩形柱钢模		20.49	4.27	5.05	0.004	17.64	15.140	(0.010)	0.020		0.100	0.080
3-62			矩形板复合木模		20.49	4.27	5.05	0.004	17.64	15.140	(0.010)	0.020		0.100	0.080
3-63			矩形梁钢模		23.42	9.20	14.29	0.007	32.10	36.780	(0.020)	0.210		0.200	0.160
3-64			矩形梁木模		23.42	9.20	14.29	0.007	32.10	36.780	(0.020)	0.210		0.200	0.160
3-65			异型梁木模			9.85	9.96	0.004			(0.010)	0.330	0.330	0.330	

工作内容：模板制作、安装、拆除，清理杂物，刷隔离剂，清理堆放，场内外运输。

编号	项目			单位	预算基价 总价	人工费	材料费	机械费	人工 综合工	材料 水泥32.5级	粗砂	木模板	复合木模板面板
					元	元	元	元	工日	t	t	m^3	m^2
									135.00	357.47	86.63	1982.88	10.40
3-66	预制混凝土基础模板	柱、梁及池槽	集水槽、辐射槽木模	$10m^3$	**4383.43**	2332.80	2041.81	8.82	17.28	0.006	0.014	0.990	
3-67			小型池槽木模		**4980.31**	2524.50	2445.74	10.07	18.70	0.011	0.027	1.180	
3-68		管、渠道及其他	槽形板木模		**2942.29**	2303.10	629.36	9.83	17.06	0.017	0.041		0.240
3-69			小型构件木模		**9480.32**	5626.80	3820.94	32.58	41.68	0.034	0.082	1.799	

续前

编号	项目			单位	材料							机械	
					木支撑	镀锌钢丝 0.7～1.2	圆钉	隔离剂	水	草板纸 80#	水泥砂浆 1:2	木工圆锯机 500mm	木工压刨床 600mm单面
					m^3	kg	kg	kg	m^3	张	m^3	台班	台班
					2211.82	7.34	6.68	4.20	7.62	5.30		26.53	32.70
3-66	预制混凝土基础模板	柱、梁及池槽	集水槽、辐射槽木模	$10m^3$		0.24	4.04	11.10	0.004		(0.010)	0.160	0.140
3-67	预制混凝土基础模板	柱、梁及池槽	小型池槽木模	$10m^3$		0.26	8.34	10.00	0.007		(0.020)	0.170	0.170
3-68	预制混凝土基础模板	管、渠道及其他	槽形板木模	$10m^3$	0.150	0.18	6.97	25.00	0.011	25.000	(0.030)	0.166	0.166
3-69	预制混凝土基础模板	管、渠道及其他	小型构件木模	$10m^3$		1.01	20.72	21.07	0.021		(0.060)	0.550	0.550

19.脚手架工程

工作内容：场内外材料搬运、搭设、拆除脚手架、上下翻板和拆除后的材料堆放。

编号	项目		单位	预算基价			人工	材料						
				总价	人工费	材料费	综合工	脚手钢管	直角扣件	对接扣件	底座	木脚手板	安全网	回转扣件
				元	元	元	工日	t	个	个	个	m^3	m^2	个
							135.00	3928.67	6.42	6.58	6.71	1930.95	10.64	6.34
3-70	单排脚手架	4m 以内	$100m^2$	**1063.12**	830.25	232.87	6.15	0.021	2.190	0.290	0.240	0.054	2.680	
3-71	单排脚手架	8m 以内	$100m^2$	**1153.87**	859.95	293.92	6.37	0.036	4.369	0.290	0.250	0.054	1.380	0.300
3-72	双排脚手架	4m 以内	$100m^2$	**1395.63**	1131.30	264.33	8.38	0.027	3.200	0.290	0.450	0.054	2.680	
3-73	双排脚手架	8m 以内	$100m^2$	**1500.12**	1138.05	362.07	8.43	0.050	6.480	0.290	0.190	0.054	1.380	0.300
3-74	满堂脚手架	净高3.3～5.0m	$100m^2$	**1398.68**	1364.85	33.83	10.11	0.005	0.520	0.120	0.300	0.004		0.050
3-75	满堂脚手架	每增加 1.2m	$100m^2$	**474.95**	469.80	5.15	3.48	0.001	0.140	0.030				0.020

第四章　钢筋及金属结构工程

20.钢筋及

工作内容： 1.钢筋：钢筋调直、除锈、下料、弯曲、焊接、绑扎成型、运输入模。2.金属构件：下料、制作、安装、油漆等全部工序，材料场内运输。

编号	项目			单位	预算基价				人工	
					总价	人工费	材料费	机械费	综合工	钢板(中厚)
					元	元	元	元	工日	t
									135.00	3876.58
4-1	预埋铁件			t	**8151.57**	3307.50	4379.20	464.87	24.50	1.05
4-2	非预应力钢筋制作与安装	3号钢	*D*10 以内	t	**6101.11**	1737.45	4204.06	159.60	12.87	
4-3	非预应力钢筋制作与安装	3号钢	*D*10 以外	t	**5666.15**	1501.20	4064.40	100.55	11.12	
4-4	非预应力钢筋制作与安装	螺纹钢	*D*14 以内	t	**5906.99**	1737.45	4010.37	159.17	12.87	
4-5	非预应力钢筋制作与安装	螺纹钢	*D*14 以外	t	**5626.27**	1540.35	3980.64	105.28	11.41	
4-6	非预应力钢筋骨架制作与安装	3号钢	*D*10 以外	t	**6474.92**	2018.25	4166.82	289.85	14.95	
4-7	非预应力钢筋骨架制作与安装	螺纹钢	*D*14 以外	t	**6391.16**	2018.25	4083.06	289.85	14.95	

金属构件

材					料				机	械
钢筋	钢筋 D10以外	螺纹钢 锰D14～32	螺纹钢	电焊条	氧气 6m³	乙炔气 5.5～6.5kg	镀锌钢丝 0.7～1.2	零星材料费	电焊机 30kV·A	钢筋切断机 40mm
t	t	t	t	kg	m³	m³	kg	元	台班	台班
	3799.94	3719.82		7.59	2.88	16.13	7.34		87.97	42.81
				29.160	10.600	3.530			4.110	0.060
1.02×3970.73							7.000	102.54	1.340	0.230
1.02×3799.94				5.000			7.000	99.13	0.790	0.120
			1.020×3748.26	5.000			7.000	97.81	1.150	0.220
			1.020×3719.82	5.000			7.000	97.09	0.830	0.120
	1.02			23.000			2.000	101.63	2.890	0.130
		1.020		23.000			2.000	99.59	2.890	0.130

续前

编号	项目			单位	机						械
					气焊设备 3m³	摇臂钻床 63mm	钢筋调直机 14mm	钢筋弯曲机 40mm	钢筋冷拉机 900kN	对焊机 75kV•A	对焊机 150kV•A
					台班	台班	台班	台班	台班	台班	台班
					14.92	42.00	37.25	26.22	40.81	113.07	117.49
4-1	预埋铁件			t	1.77	1.77					
4-2	非预应力钢筋制作与安装	3号钢	D10以内	t			0.190	0.790	0.100		
4-3	非预应力钢筋制作与安装	3号钢	D10以外	t				0.300	0.100	0.030	0.090
4-4	非预应力钢筋制作与安装	螺纹钢	D14以内	t				0.750	0.210	0.180	
4-5	非预应力钢筋制作与安装	螺纹钢	D14以外	t				0.300	0.100	0.020	0.110
4-6	非预应力钢筋骨架制作与安装	3号钢	D10以外	t				0.150	0.270	0.040	0.090
4-7	非预应力钢筋骨架制作与安装	螺纹钢	D14以外	t				0.150	0.270	0.040	0.090

工作内容：下料、制作、安装、油漆等全部工序，材料100m运输。

编号	项目	单位	预算基价 总价	人工费	材料费	机械费	人工 综合工	材料 热轧扁钢 (6~8)×(10~12)	热轧等边角钢 (30~32)×(3~5)	镀锌钢管 DN19~20	镀锌钢管 DN25	钢材	钢筋 D10以外	不锈钢钢管 D89×2.5	不锈钢钢管 D32×1.5	铸铁套管 DN200×350
			元	元	元	元	工日	t	t	kg	kg	kg	t	kg	kg	件
							135.00	3691.84	3717.38	4.97	4.89	3.77	3799.94	37.22	30.46	44.08
4-8	钢板楼梯	t	**14161.86**	8626.50	4946.28	589.08	63.90	0.095	0.420		170.300	377.000				
4-9	金属栏杆 管结构	m	**244.79**	182.25	46.41	16.13	1.35			3.000	4.000					
4-10	金属栏杆 钢筋结构	m	**338.82**	261.90	60.40	16.52	1.94						0.013			
4-11	金属栏杆 型钢、钢管结构	m	**304.90**	233.55	54.83	16.52	1.73			1.500	2.000		0.007			
4-12	金属栏杆 不锈钢结构	m	**534.98**	195.75	301.19	38.04	1.45							1.06	3.60	
4-13	空气管预埋套管 *DN*200×350（铸件）	件	**251.65**	193.05	58.60		1.43									1.000
4-14	空气管预埋套管 *DN*300×600（角钢）	件	**560.51**	220.05	340.46		1.63									

续前

编号	项目	单位	材料											机械				
			电焊条	电焊条 J506	乙炔气 5.5~6.5kg	氧气 $6m^3$	调和漆	不锈钢电焊条	不锈钢法兰盘	铁件（含制作费）	沥青油 100#	钢套管 *D*300×600	零星材料费	电焊机 30kV·A	气焊设备 $3m^3$	钢筋切断机 40mm	钢筋弯曲机 40mm	电动切割机
			kg	kg	m^3	m^3	kg	kg	个	kg	t	件	元	台班	台班	台班	台班	台班
			7.59	7.59	16.13	2.88	14.11	66.08	41.72	9.49	3606.19	264.64		87.97	14.92	42.81	26.22	222.09
4-8	钢板楼梯	t	8.000		24.130	70.980	5.100						53.88	4.690	11.830			
4-9	金属栏杆 管结构	m	1.000		0.040	0.120	0.200						0.54	0.180	0.020			
4-10	金属栏杆 钢筋结构	m	1.000				0.200						0.59	0.180		0.010	0.010	
4-11	金属栏杆 型钢、钢管结构	m	1.000				0.200						0.58	0.180		0.010	0.010	
4-12	金属栏杆 不锈钢结构	m						0.16	3.20				8.00	0.180				0.10
4-13	空气管预埋套管 *DN*200×350（铸件）	件								0.770	0.002							
4-14	空气管预埋套管 *DN*300×600（角钢）	件		4.700	0.470	1.300	1.000			1.550		1.000						

工作内容：下料、制作、安装、油漆等全部工序，材料100m运输。

编号	项目	单位	预算基价				人工	材料							
			总价	人工费	材料费	机械费	综合工	焊接钢管 *DN*20	铸铁爬梯	铸铁水窝子	铁件（含制作费）	红丹防锈漆	钢筋 *D*10以外	电焊条 J506	调和漆
			元	元	元	元	工日	m	kg	座	kg	kg	t	kg	kg
							135.00	6.32	2.74	752.21	9.49	15.51	3799.94	7.59	14.11
4-15	钢套管	t	**6908.28**	2536.65	4260.58	111.05	18.79	651.000				9.430			
4-16	止水螺栓	t	**9948.19**	5852.25	4039.85	56.09	43.35						1.040	11.583	
4-17	U形爬梯	100个	**3431.31**	808.65	2622.66		5.99				273.000				2.260
4-18	铸铁爬梯	100个	**4999.00**	4725.00	274.00		35.00		100.000						
4-19	铁爬梯	m	**392.81**	287.55	95.12	10.14	2.13				0.480		0.011	1.000	0.040
4-20	铸铁水窝子	座	**1108.14**	202.50	752.21	153.43	1.50			1.000					
4-21	钢板压力井盖制作、安装	t	**11973.01**	7107.75	4565.30	299.96	52.65					6.120			8.220

续前

编号	项目	单位	材料							机械				
			热轧扁钢 (6~8)×(10~12)	电焊条	乙炔气 5.5~6.5kg	氧气 6m³	钢板 4.5~10	螺栓 M16	橡胶板 3mm厚	电动切割机	电动卷扬机 20kN	电焊机 30kV·A	金属结构下料机械（综合）	汽车式起重机 8t
			t	kg	m³	m³	kg	套	m²	台班	台班	台班	台班	台班
			3691.84	7.59	16.13	2.88	3.79	0.62	32.88	222.09	225.43	87.97	366.82	767.15
4-15	钢套管	t								0.50				
4-16	止水螺栓	t								0.08	0.170			
4-17	U形爬梯	100个												
4-18	铸铁爬梯	100个												
4-19	铁爬梯	m	0.011							0.01		0.090		
4-20	铸铁水窝子	座												0.200
4-21	钢板压力井盖制作、安装	t		14.690	4.850	11.240	1060.000	171.000	0.270			1.450	0.470	

第五章　砌筑及抹灰工程

21.砖 砌 体

工作内容：清理基底、调制砂浆、筛砂、挂线砌筑、清理墙面、材料运输、清理现场。

编号	项目		单位	预算基价				人工	材料									机械
				总价	人工费	材料费	机械费	综合工	水泥32.5级	粗砂	机砖	片石	水	零星材料费	水泥砂浆M5	水泥砂浆M7.5	水泥砂浆M10	灰浆搅拌机200L
				元	元	元	元	工日	t	t	千块	t	m^3	元	m^3	m^3	m^3	台班
								135.00	357.47	86.63	441.10	89.21	7.62					208.76
5-1	砖石平基	机砖	$10m^3$	**4975.91**	1871.10	2992.08	112.73	13.860	0.636	3.712	5.377		1.666	58.67		(2.420)		0.540
5-2	砖石平基	片石	$10m^3$	**4532.69**	1794.15	2586.15	152.39	13.290	0.965	5.630		19.018	0.808	50.71		(3.670)		0.730
5-3	墙身	砖砌	$10m^3$	**5083.95**	2125.17	2958.78		15.742	0.522	3.910	5.356		1.694	58.02	(2.45)			
5-4	拱盖	砖砌	$10m^3$	**5470.76**	2509.38	2961.38		18.588	0.515	3.862	5.377		1.687	58.07	(2.42)			
5-5	砖导流筒		$10m^3$	**6994.55**	3815.10	3066.72	112.73	28.260	0.981	4.813	5.181		1.805				(3.239)	0.540

工作内容：清理基底、调制砂浆、筛砂、挂线砌筑、清理墙面、材料运输、清理现场。

编号	项目		单位	预算基价				人工	材料							机械
				总价	人工费	材料费	机械费	综合工	加气混凝土块 600×240×180	水泥 32.5级	粗砂	机砖	水	水泥砂浆 M7.5	水泥砂浆 M10	灰浆搅拌机 200L
				元	元	元	元	工日	块	t	t	千块	m^3	m^3	m^3	台班
								135.00		357.47	86.63	441.10	7.62			208.76
5-6	砖导流墙	厚度 $\frac{1}{2}$ 砖	$10m^3$	**5925.55**	2867.40	2989.26	68.89	21.24		0.599	2.939	5.686	1.632		(1.978)	0.330
5-7	砖导流墙	厚度1砖	$10m^3$	**5725.13**	2704.05	2941.75	79.33	20.03		0.609	3.554	5.449	1.655	(2.317)		0.380
5-8	砖导流墙	厚度1砖以外	$10m^3$	**5591.27**	2574.45	2933.32	83.50	19.07		0.636	3.711	5.377	1.666	(2.419)		0.400
5-9	砖穿孔墙		$10m^3$	**4622.38**	2532.60	2048.03	41.75	18.76		0.310	1.809	4.017	1.129	(1.179)		0.200
5-10	混凝土块穿孔墙		$10m^3$	**1589.10**	1363.50	198.46	27.14	10.10	(460.005)	0.242	1.189		1.174		(0.800)	0.130

22.墙体抹灰、勾缝

工作内容：清理墙面、调制砂浆、抹灰、材料运输、清理现场。

编号	项目		单位	预算基价				人工	材料						机械	
				总价	人工费	材料费	机械费	综合工	水泥 32.5级	粗砂	防水粉	水	零星材料费	水泥砂浆 1:2	机动翻斗车 1t	灰浆搅拌机 200L
				元	元	元	元	工日	t	t	kg	m^3	元	m^3	台班	台班
								135.00	357.47	86.63	4.21	7.62			207.17	208.76
5-11	砖墙墙面	抹灰	$100m^2$	**3182.08**	2023.65	972.56	185.87	14.990	1.230	2.976	59.43	0.760	19.07	(2.174)	0.350	0.543
5-12	石墙墙面	抹灰	$100m^2$	**3434.53**	2276.10	972.56	185.87	16.860	1.230	2.976	59.43	0.760	19.07	(2.174)	0.350	0.543
5-13	砖墙勾缝		$100m^2$	**1042.20**	949.86	72.78	19.56	7.036	0.125	0.301		0.077	1.43	(0.220)	0.040	0.054
5-14	块石墙勾缝	平缝	$100m^2$	**1139.33**	923.27	171.52	44.54	6.839	0.294	0.712		0.182	3.36	(0.520)	0.084	0.130

第六章　折板、壁板制作及安装工程

23.折板、滤板安装

工作内容：找平、找正、安装、固定、场内材料运输。

编号	项目		单位	预算基价				人工	材料									机械
				总价	人工费	材料费	机械费	综合工	铸铁滤板	不锈钢板 δ≤4	不锈钢螺栓 M10×150	密封胶	水泥 32.5级	粗砂	水	零星材料费	水泥砂浆 1:2	汽车式起重机 8t
				元	元	元	元	工日	m^2	kg	100个	kg	t	t	m^3	元	m^3	台班
								135.00	867.26	17.45	126.66	31.90	357.47	86.63	7.62			767.15
6-1	铸铁滤板安装		$100m^2$	**98780.31**	4924.26	93234.66	621.39	36.476	100.000	31.800	2.040	149.600				923.12		0.810
6-2	玻璃钢折板		$100m^2$	**7451.21**	7445.25	5.96		55.150					0.010	0.025	0.006	0.17	(0.018)	
6-3	塑料折板	A型	$100m^2$	**6481.91**	6475.95	5.96		47.970					0.010	0.025	0.006	0.17	(0.018)	
6-4	塑料折板	B型	$100m^2$	**4587.86**	4581.90	5.96		33.940					0.010	0.025	0.006	0.17	(0.018)	

24.壁板制作、安装

工作内容：1.木制壁板制作、安装：木制壁板制作、刨光企口、接装及各种铁件安装等。2.塑料壁板制作、安装：画线、下料、拼装及各种铁件安装等。

编号	项目	单位	预算基价				人工	材料				
			总价	人工费	材料费	机械费	综合工	热轧扁钢 5×50	热轧等边角钢 5～5.6	板材	硬塑料板	带帽带垫螺栓 M10×100
			元	元	元	元	工日	t	kg	m^3	m^2	100个
							135.00	3639.62	3.76	2302.20	31.95	65.14
6-5	木制浓缩室壁板	$100m^2$	**18312.76**	8808.75	9476.13	27.88	65.25	0.339	0.326	3.467		2.815
6-6	木制稳流板	100m	**18616.08**	4386.15	14213.97	15.96	32.49			5.143		
6-7	塑料浓缩室壁板	$100m^2$	**16250.69**	11176.65	5041.26	32.78	82.79	0.356	0.342		102.000	
6-8	塑料稳流板	100m	**11129.03**	5263.65	5851.15	14.23	38.99				102.000	

续前

编号	项目	单位	材料							机械			
			螺栓 M10×60	木螺钉 25	圆钉	螺母	铁件（含制作费）	带帽带垫螺栓 M10×40	零星材料费	木工平刨床 300mm	木工裁口机 400mm	木工圆锯机 500mm	木工打眼机 MK212
			100个	100个	kg	个	kg	100个	元	台班	台班	台班	台班
			91.77	5.64	6.68	0.09	9.49	30.14		10.86	34.36	26.53	9.04
6-5	木制浓缩室壁板	100m²	0.326	2.815	3.101				9.47	1.270	0.410		
6-6	木制稳流板	100m			2.040	57.752	246.652		14.20	0.726	0.235		
6-7	塑料浓缩室壁板	100m²	2.958	2.958				3.264	98.85			0.820	1.220
6-8	塑料稳流板	100m			2.142	60.639	258.984		114.73			0.400	0.400

第七章　滤料铺设工程

25.滤 料

工作内容：筛、运、洗砂石，挂线，铺设砂石，整形找平等。

编号	项目	单位	预算基价 总价	人工费	材料费	机械费	人工 综合工	材 细砂	粗砂	石英砂
			元	元	元	元	工日	t	t	m^3
							135.00	87.33	86.63	547.79
7-1	细砂	$10m^3$	**3774.78**	2089.80	1409.73	275.25	15.48	15.904		
7-2	中砂	$10m^3$	**3628.49**	1939.95	1413.29	275.25	14.37		16.073	
7-3	石英砂	$10m^3$	**8246.38**	1795.50	6175.63	275.25	13.30			11.240
7-4	卵石	$10m^3$	**3080.56**	1518.75	1286.56	275.25	11.25			
7-5	碎石	$10m^3$	**3130.73**	1533.60	1321.88	275.25	11.36			
7-6	锰砂	10t	**17226.11**	1183.95	15766.91	275.25	8.77			
7-7	磁铁矿石	10t	**29602.76**	1302.75	28024.76	275.25	9.65			
7-8	尼龙网板制作、安装	$10m^2$	**7464.06**	3551.85	3886.95	25.26	26.31			

铺 设

料										机械		
卵石 杂色	碴石 2～4	锰砂	磁铁矿石	热轧薄钢板 3.5～5.5	带帽带垫螺栓 M10×150	铁件 （含制作费）	电焊条	尼龙网 30目	零星材料费	电动卷扬机 30kN	剪板机 16×2500	直流电焊机 30kW
m^3	t	m^3	m^3	kg	100个	kg	kg	m^2	元	台班	台班	台班
124.27	85.12	1553.39	2761.06	3.70	94.31	9.49	7.59	30.97		262.14	292.58	92.43
									20.83	1.050		
									20.89	1.050		
									18.47	1.050		
10.200									19.01	1.050		
	15.300								19.54	1.050		
		10.150								1.050		
			10.150							1.050		
				27.840	28.280	27.760	1.760	25.270	57.44		0.020	0.210

第八章　防水、沉降缝等工程

26.刚 性 防 水

工作内容：调制砂浆、抹灰找平、压光压实、场内材料运输。

编号	项目		单位	预算基价				人工	材料								机械
				总价	人工费	材料费	机械费	综合工	水泥 32.5级	粗砂	防水粉	防水油	水	零星材料费	水泥砂浆 1:2	素水泥浆 1:0.4	灰浆搅拌机 200L
				元	元	元	元	工日	t	t	kg	kg	m^3	元	m^3	m^3	台班
								135.00	357.47	86.63	4.21	4.30	7.62				208.76
8-1	防水砂浆	平池底	$100m^2$	**2683.99**	1314.90	1263.67	105.42	9.740	2.056	2.760	55.549		4.866	18.67	(2.016)	(0.609)	0.505
8-2	防水砂浆	锥池底	$100m^2$	**2928.53**	1490.40	1327.49	110.64	11.040	2.163	2.904	58.334		4.922	19.62	(2.121)	(0.641)	0.530
8-3	防水砂浆	直池壁	$100m^2$	**3510.37**	2077.65	1322.49	110.23	15.390	2.158	2.890	57.885		4.918	19.54	(2.111)	(0.641)	0.528
8-4	防水砂浆	圆池壁	$100m^2$	**3920.09**	2417.85	1386.38	115.86	17.910	2.264	3.034	60.772		4.973	20.49	(2.216)	(0.672)	0.555
8-5	防水砂浆	池沟槽	$100m^2$	**4899.39**	3713.85	1078.45	107.09	27.510	2.122	2.804	5.638		4.896	15.94	(2.048)	(0.641)	0.513
8-6	五层防水	平池底	$100m^2$	**3689.03**	2388.15	1216.33	84.55	17.690	1.830	2.214	34.568	39.729	4.726	17.98	(1.617)	(0.609)	0.405
8-7	五层防水	锥池底	$100m^2$	**4092.16**	2721.60	1281.21	89.35	20.160	1.932	2.344	36.292	41.718	4.778	18.93	(1.712)	(0.641)	0.428
8-8	五层防水	直池壁	$100m^2$	**4451.36**	3088.80	1274.25	88.31	22.880	1.920	2.315	36.128	41.524	4.971	18.83	(1.691)	(0.641)	0.423
8-9	五层防水	圆池壁	$100m^2$	**5101.27**	3669.30	1339.07	92.90	27.180	2.020	2.444	37.934	43.605	5.022	19.79	(1.785)	(0.672)	0.445

27.柔 性 防 水

工作内容：清扫及烘干基层、配料、熬油、清扫油毡。

编号	项目		单位	预算基价			人工	材料				
				总价	人工费	材料费	综合工	冷底子油	石油沥青30#	木柴	油毡	零星材料费
				元	元	元	工日	kg	kg	kg	m^2	元
							135.00	6.41	6.00	1.03	3.83	
8-10	涂沥青	平面一遍	100m²	**1837.19**	302.40	1534.79	2.24	48.000	187.005	80.003		22.68
8-11	涂沥青	平面每增一遍	100m²	**1055.09**	93.15	961.94	0.69		150.997	51.997		2.40
8-12	涂沥青	立面一遍	100m²	**2157.09**	368.55	1788.54	2.73	52.000	221.996	93.995		26.43
8-13	涂沥青	立面每增一遍	100m²	**1321.55**	129.60	1191.95	0.96		187.005	64.999		2.97
8-14	油毡防水层	平面二毡三油	100m²	**6165.36**	1054.35	5111.01	7.81	48.000	565.001	211.002	305.630	25.43
8-15	油毡防水层	平面增减一毡一油	100m²	**2112.84**	369.90	1742.94	2.74		183.995	63.998	148.486	4.35

工作内容：清扫及烘干基层、配料、熬油、清扫油毡。

编号	项目		单位	预算基价			人工	材料					
				总价	人工费	材料费	综合工	冷底子油	石油沥青30#	油毡	木柴	涂料	零星材料费
				元	元	元	工日	kg	kg	m^2	kg	kg	元
							135.00	6.41	6.00	3.83	1.03	10.76	
8-16	油毡防水层	立面二毡三油	$100m^2$	**7143.27**	1776.60	5366.67	13.16	48.000	604.995	305.630	225.005		26.70
8-17	油毡防水层	立面增减一毡一油	$100m^2$	**2426.65**	595.35	1831.30	4.41		197.997	148.486	68.002		4.57
8-18	苯乙烯涂料	平面二遍	$100m^2$	**841.73**	298.35	543.38	2.21					50.500	
8-19	苯乙烯涂料	立面二遍	$100m^2$	**857.87**	298.35	559.52	2.21					52.000	

28.沉降缝(施工缝)

工作内容：熬制沥青、玛琋脂，调配沥青麻丝，浸木丝板，拌和沥青砂浆，填塞，嵌缝，灌缝，清缝，隔纸，剪裁，焊接成型，涂胶，铺砂，熬灌胶泥，止水带制作，接头安装，材料场内运输等。

编号	项目		单位	预算基价			人工	材料					
				总价	人工费	材料费	综合工	聚氯乙烯胶泥	石油沥青10#	石油沥青30#	石油沥青玛琋脂	木柴	木丝板25×610×1830
				元	元	元	工日	kg	kg	kg	m^3	kg	m^2
							135.00	2.29	4.04	6.00	4867.25	1.03	46.24
8-20	油浸麻丝	平面	100m	**2538.27**	1015.20	1523.07	7.52	54.000		216.240		99.000	
8-21	油浸麻丝	立面	100m	**3033.72**	1510.65	1523.07	11.19	54.000		216.240		99.000	
8-22	油浸木丝板		100m	**2542.81**	792.45	1750.36	5.87			163.240		61.600	15.300
8-23	玛琋脂		100m	**3439.32**	899.10	2540.22	6.66				0.480	198.000	
8-24	建筑油膏		100m	**1223.40**	750.60	472.80	5.56					27.005	
8-25	沥青砂浆		100m	**1762.72**	888.30	874.42	6.58		115.20			198.000	
8-26	氯丁橡胶片止水带		100m	**2987.94**	483.30	2504.64	3.58						

续前

编号	项目		单位	材料									
				建筑油膏	粗砂	滑石粉	氯丁橡胶浆	橡胶板 2mm厚	水泥 42.5级	三异氰酸酯	乙酸乙酯	牛皮纸	沥青砂浆 1:2:7
				kg	t	kg	kg	m^2	kg	kg	kg	m^2	m^3
				5.07	86.63	0.59	21.90	21.33	0.41	10.38	17.26	0.69	
8-20	油浸麻丝	平面	100m										
8-21	油浸麻丝	立面	100m										
8-22	油浸木丝板		100m										
8-23	玛琋脂		100m										
8-24	建筑油膏		100m	87.768									
8-25	沥青砂浆		100m		0.87	219.84							(0.48)
8-26	氯丁橡胶片止水带		100m				60.580	31.820	9.272	9.090	23.000	5.910	

工作内容： 熬制沥青、玛琋脂，调配沥青麻丝，浸木丝板，拌和沥青砂浆，填塞，嵌缝，灌缝，清缝，隔纸，剪裁，焊接成型，涂胶，铺砂，熬灌胶泥，止水带制作，接头安装，材料场内运输等。

编号	项目		单位	预算基价 总价	人工费	材料费	机械费	人工 综合工	材料 紫铜皮 δ2	聚氯乙烯胶泥	橡胶止水带	塑料止水带	镀锌薄钢板	铜焊条	水泥 32.5级	粗砂	水
				元	元	元	元	工日	kg	kg	m	m	m^2	kg	t	t	m^3
								135.00	82.66	2.29	38.50	62.30	17.48	45.64	357.47	86.63	7.62
8-27	预埋式紫铜板止水片		100m	**71350.59**	3568.05	67681.65	100.89	26.43	810.900					14.300			
8-28	聚氯乙烯胶泥		100m	**1267.55**	1020.60	246.95		7.56		83.320					0.034	0.082	0.021
8-29	预埋式止水带	橡胶	100m	**5673.37**	1485.00	4188.37		11.00			105.000						
8-30	预埋式止水带	塑料	100m	**8172.37**	1485.00	6687.37		11.00				105.000					
8-31	薄钢板盖缝	平面	100m	**8000.03**	990.90	7009.13		7.34					62.540				
8-32	薄钢板盖缝	立面	100m	**2091.24**	873.45	1217.79		6.47					53.000				

续前

编号	项目		单位	材料													机械	
				牛皮纸	丙酮	环氧树脂6101	甲苯	乙二胺	方木	板材	圆钉	防腐油	焊锡	盐酸31%合成	木炭	水泥砂浆1:2	剪板机20×2500	直流电焊机30kW
				m^2	kg	kg	kg	kg	m^3	m^3	kg	kg	kg	kg	kg	m^3	台班	台班
				0.69	9.89	28.33	10.17	21.96	3266.74	2302.20	6.68	0.52	59.85	4.27	4.76		329.03	92.43
8-27	预埋式紫铜板止水片		100m														0.110	0.700
8-28	聚氯乙烯胶泥		100m	53.230												(0.06)		
8-29	预埋式止水带	橡胶	100m		3.040	3.040	2.400	0.240										
8-30	预埋式止水带	塑料	100m		3.040	3.040	2.400	0.240										
8-31	薄钢板盖缝	平面	100m						0.999	0.999	2.100	6.760	4.060	0.860	18.561			
8-32	薄钢板盖缝	立面	100m								0.700	5.310	3.440	0.740	15.728			

29.井、池渗漏试验

工作内容：准备工具、灌水、检查、排水、现场清理等。

编号	项目		单位	总价	人工费	材料费	机械费	综合工	镀锌钢丝 2.8～4.0	塑料软管 φ20	水	标尺(木)	零星材料费	电动单级离心清水泵 100mm	电动单级离心清水泵 150mm
				预算基价				人工	材料					机械	
				元	元	元	元	工日	kg	m	m^3	m^3	元	台班	台班
								135.00	7.08	1.06	7.62	707.96		34.80	57.91
8-33	井	容量 $500m^3$ 以内	$100m^3$	**1629.51**	805.95	814.51	9.05	5.97	0.497	2.000	105.000	0.001	8.06	0.260	
8-34	池	容量 $5000m^3$ 以内	$1000m^3$	**9791.04**	1463.40	8086.73	240.91	10.84	0.400	2.000	1050.000	0.001	80.07		4.160
8-35	池	容量 $10000m^3$ 以内	$1000m^3$	**10625.94**	2057.40	8086.73	481.81	15.24	0.400	2.000	1050.000	0.001	80.07		8.320
8-36	池	容量 $10000m^3$ 以外	$1000m^3$	**11165.01**	2354.40	8086.73	723.88	17.44	0.400	2.000	1050.000	0.001	80.07		12.500

第九章　设备安装工程

30.格栅制

工作内容：放样、下料、调直、打孔、机加工、组对、点焊、成品校正、除锈刷油。

编号	项目				单位	预算基价 总价	人工费	材料费	机械费	人工 综合工	材 碳钢	不锈钢	热轧扁钢 (6~8)×(10~12)
						元	元	元	元	工日	t	t	t
										135.00			3691.84
9-1	格栅	制作	碳钢	0.3t 以内	t	**11394.19**	9035.55	701.42	1657.22	66.930	(1.05)		
9-2	格栅	制作	碳钢	0.3t 以外	t	**9177.84**	7051.05	773.89	1352.90	52.230	(1.05)		
9-3	格栅	制作	不锈钢	0.3t 以内	t	**11946.22**	10116.90	194.14	1635.18	74.940		(1.05)	
9-4	格栅	制作	不锈钢	0.3t 以外	t	**9802.88**	8212.05	238.60	1352.23	60.830		(1.05)	
9-5	格栅	安装	碳钢		t	**4488.16**	2988.90	360.37	1138.89	22.140			0.073
9-6	格栅	安装	不锈钢		t	**4482.13**	2988.90	362.32	1130.91	22.140			0.070

						料							
板　材	方　木	镀锌钢丝 2.8～4.0	电焊条	调和漆	醇　酸 防锈漆	乙炔气 5.5～6.5kg	氧　气 $6m^3$	黄　油	煤　油	汽　油 90#	棉　纱	破　布	硝　酸 98%
m^3	m^3	kg	kg	kg	kg	m^3	m^3	kg	kg	kg	kg	kg	kg
2302.20	3266.74	7.08	7.59	14.11	13.20	16.13	2.88	3.14	7.49	7.16	16.11	5.07	5.56
0.004	0.006	0.5	7.420	9.200	21.1	1.200	3.60	0.5	4.2	8.4	4.0	2.0	
0.004	0.006	0.5	8.950	9.200	21.1	2.967	8.90	1.0	5.5	8.4	4.0	3.0	
0.004	0.006	0.5	7.400					0.2	3.5		3.0	2.0	2
0.004	0.006	0.5	9.200					0.5	4.6		4.0	3.0	2
0.004	0.006	0.5	1.810			0.077	0.23	1.0	2.0		1.0	1.0	
0.004	0.006	0.5	3.775					1.0	2.0		1.0	1.0	

续前

编号	项目				单位	材料		机械						
						氢氟酸 45%	零星材料费	汽车式起重机 8t	电动卷扬机 50kN	普通车床 400×2000	立式钻床 50mm	直流电焊机 20kW	直流电焊机 30kW	等离子切割机 400A
						kg	元	台班	台班	台班	台班	台班	台班	台班
						7.27		767.15	211.29	218.36	20.33	75.06	92.43	229.27
9-1	格栅	制作	碳钢	0.3t 以内	t		6.94	1.330	1.26	0.65	2.60		1.903	
9-2	格栅	制作	碳钢	0.3t 以外	t		7.66	1.140	1.26				2.295	
9-3	格栅	制作	不锈钢	0.3t 以内	t	1.00	1.92	1.330	1.26	0.65	2.60	1.897		0.05
9-4	格栅	制作	不锈钢	0.3t 以外	t	1.00	2.36	1.140	1.26			2.359		0.15
9-5	格栅	安装	碳钢		t		3.57	1.140	1.00		0.50		0.464	
9-6	格栅	安装	不锈钢		t		3.59	1.140	1.00		0.50	0.465		

31.格栅除污机安装

工作内容：开箱点件、基础画线、场内运输、设备吊装就位、一次灌浆、精平、组装、附件组装、清洗、检查、加油、无负荷试运转。

编号	项目		单位	预算基价				人工	材料						
				总价	人工费	材料费	机械费	综合工	水泥 42.5级	粗砂	碴石 0.2～8	板材	方木	镀锌钢丝 2.8～4.0	电焊条
				元	元	元	元	工日	kg	t	t	m^3	m^3	kg	kg
								135.00	0.41	86.63	85.20	2302.20	3266.74	7.08	7.59
9-7	固定式	宽度 1.8m 以内	台	**9624.88**	8318.70	583.60	722.58	61.62	131	0.315	0.345	0.023	0.038	3.0	2.47
9-8	固定式	宽度 2.4m 以内	台	**11356.71**	9875.25	650.74	830.72	73.15	163	0.390	0.420	0.027	0.038	3.5	2.60
9-9	固定式	宽度 4m 以内	台	**14983.99**	13238.10	894.65	851.24	98.06	261	0.615	0.675	0.039	0.038	4.0	3.40
9-10	移动式	质量 1t 以内	台	**6148.58**	5367.60	340.67	440.31	39.76				0.020	0.038	4.0	0.88
9-11	移动式	质量 2t 以内	台	**7836.27**	6763.50	370.99	701.78	50.10				0.025	0.038	4.0	1.03
9-12	移动式	质量 4t 以内	台	**10670.36**	9381.15	401.93	887.28	69.49				0.030	0.038	4.0	1.26

续前

编号	项目		单位	材料									机械		
				黄油	煤油	汽油 90#	机油（综合）	平垫铁 Q235钢	斜垫铁 Q235钢	棉纱	破布	零星材料费	汽车式起重机 8t	载重汽车 5t	直流电焊机 30kW
				kg	kg	kg	kg	块	块	kg	kg	元	台班	台班	台班
				3.14	7.49	7.16	7.21	7.31	11.95	16.11	5.07		767.15	443.55	92.43
9-7	固定式	宽度 1.8m 以内	台	4.5	4.05	1.13	1.58	5	10	1.06	2.62	5.78	0.75	0.20	0.633
9-8	固定式	宽度 2.4m 以内	台	5.9	5.05	1.15	2.08	5	10	1.56	3.22	6.44	0.88	0.22	0.628
9-9	固定式	宽度 4m 以内	台	7.9	7.05	1.65	4.08	7	14	2.56	4.22	8.86	0.86	0.25	0.872
9-10	移动式	质量 1t 以内	台	5.9	4.00	1.50	2.00			3.00	2.00	3.37	0.46	0.15	0.226
9-11	移动式	质量 2t 以内	台	7.9	5.00	1.50	2.50			3.00	2.00	3.67	0.75	0.23	0.264
9-12	移动式	质量 4t 以内	台	9.9	6.00	1.50	3.00			3.00	2.00	3.98	0.95	0.29	0.323

32.滤网清污机安装

工作内容： 开箱点件、基础画线、场内运输、设备吊装就位、一次灌浆、精平、组装、附件组装、清洗、检查、加油、无负荷试运转。

编号	项目		单位	预算基价				人工	材料								
				总价	人工费	材料费	机械费	综合工	水泥 42.5级	粗砂	碴石 0.2～8	板材	方木	热轧厚钢板 4.4～5.5	镀锌钢丝 2.8～4.0	电焊条	乙炔气 5.5～6.5kg
				元	元	元	元	工日	kg	t	t	m^3	m^3	kg	kg	kg	m^3
								135.00	0.41	86.63	85.20	2302.20	3266.74	3.70	7.08	7.59	16.13
9-13	滤网清污机	设备质量 4t 以内	台	**12042.13**	10677.15	497.75	867.23	79.09	88	0.225	0.240	0.020	0.038	1.2	3.0	2.1	0.1
9-14	滤网清污机	设备质量 6t 以内	台	**13364.74**	11720.70	542.93	1101.11	86.82	106	0.270	0.285	0.022	0.038	1.5	3.5	2.3	0.1
9-15	滤网清污机	设备质量 8t 以内	台	**19012.62**	16888.50	642.10	1482.02	125.10	131	0.315	0.285	0.024	0.038	1.8	3.5	2.4	0.1
9-16	滤网清污机	设备质量 10t 以内	台	**16950.48**	14358.60	690.63	1901.25	106.36	157	0.375	0.390	0.026	0.038	2.0	3.5	2.6	0.1
9-17	滤网清污机	设备质量 12t 以内	台	**18856.25**	16001.55	742.76	2111.94	118.53	174	0.420	0.435	0.028	0.038	2.2	4.0	2.8	0.1

续前

编号	项目		单位	材料										机械					
				氧气 6m^3	黄油	煤油	汽油 90#	机油（综合）	平垫铁 Q235钢	斜垫铁 Q235钢	棉纱	破布	零星材料费	载重汽车 5t	载重汽车 8t	电焊机 30kV·A	汽车式起重机 8t	汽车式起重机 12t	汽车式起重机 16t
				m^3	kg	kg	kg	kg	块	块	kg	kg	元	台班	台班	台班	台班	台班	台班
				2.88	3.14	7.49	7.16	7.21	7.31	11.95	16.11	5.07		443.55	521.59	87.97	767.15	864.36	971.12
9-13	滤网清污机	设备质量 4t 以内	台	0.3	3.5	3	1.0	1.5	4	8	1.0	2.0	4.93	0.24		0.538	0.93		
9-14	滤网清污机	设备质量 6t 以内	台	0.3	4.0	4	1.2	2.0	4	8	1.2	2.3	5.38	0.29		0.590	1.20		
9-15	滤网清污机	设备质量 8t 以内	台	0.3	4.0	5	1.4	2.5	6	12	1.3	2.5	6.36	0.36		0.615	0.38	1.130	
9-16	滤网清污机	设备质量 10t 以内	台	0.3	4.0	6	1.5	3.2	6	12	1.4	2.8	6.84		0.42	0.667	0.42		1.34
9-17	滤网清污机	设备质量 12t 以内	台	0.3	5.0	8	1.5	4.0	6	12	1.5	3.0	7.35		0.44	0.718	0.46		1.51

33.各类型泵安装

工作内容：开箱点件、基础画线、场内运输、设备吊装就位、一次灌浆、精平、组装、附件组装、清洗、检查、加油、无负荷试运转。

编号	项目			单位	预算基价				人工	材料						
					总价	人工费	材料费	机械费	综合工	轴流泵	镀锌钢丝 2.8～4.0	方木	枕木 250×200×2500	水泥 32.5级	粗砂	碴石 2～4
					元	元	元	元	工日	台	kg	m^3	根	kg	t	t
									135.00		7.08	3266.74	234.87	0.36	86.63	85.12
9-18	螺旋泵	泵体直径 (mm)	*D*600 以内	台	**5151.36**	3514.73	503.48	1133.15	26.035		3.000	0.030	0.200	18.000	0.030	0.030
9-19	螺旋泵	泵体直径 (mm)	*D*800 以内	台	**6919.66**	5155.79	536.49	1227.38	38.191		4.000	0.030	0.200	37.000	0.060	0.060
9-20	螺旋泵	泵体直径 (mm)	*D*1000 以内	台	**9308.19**	7322.40	589.20	1396.59	54.240		5.000	0.034	0.200	57.000	0.090	0.100
9-21	螺旋泵	泵体直径 (mm)	*D*1200 以内	台	**10712.98**	8559.95	634.56	1518.47	63.407		5.000	0.038	0.200	80.000	0.130	0.140
9-22	轴流泵安装	2t 以内		台	**11510.10**	11510.10			85.260	(1.00)						
9-23	轴流泵安装	4t 以内		台	**13473.00**	13473.00			99.800	(1.00)						
9-24	轴流泵安装	8t 以内		台	**16896.60**	16896.60			125.160	(1.00)						
9-25	轴流泵安装	12t 以内		台	**23140.35**	23140.35			171.410	(1.00)						
9-26	轴流泵安装	18t 以内		台	**28165.05**	28165.05			208.630	(1.00)						

续前

编号	项目			单位	材料：电焊条	材料：平垫铁 Q235钢	材料：斜垫铁 Q235钢	材料：黄油	材料：机油（综合）	材料：煤油	材料：汽油 90#	材料：棉纱	材料：破布	材料：零星材料费	机械：载重汽车 8t	机械：直流电焊机 30kW	机械：汽车式起重机 12t	机械：汽车式起重机 16t
					kg	块	块	kg	kg	kg	kg	kg	kg	元	台班	台班	台班	台班
					7.59	7.31	11.95	3.14	7.21	7.49	7.16	16.11	5.07		521.59	92.43	864.36	971.12
9-18	螺旋泵	泵体直径（mm）	*D*600 以内	台	1.820	8.000	16.000	3.020	1.140	3.340	1.000	0.200	0.800	4.98	0.300	0.467	1.080	
9-19	螺旋泵	泵体直径（mm）	*D*800 以内	台	1.910	8.000	16.000	3.230	1.380	4.310	1.000	0.340	1.000	5.31	0.160	0.490	0.170	0.980
9-20	螺旋泵	泵体直径（mm）	*D*1000 以内	台	1.970	8.000	16.000	3.480	1.620	5.070	1.000	0.660	1.990	5.83	0.190	0.505	0.200	1.110
9-21	螺旋泵	泵体直径（mm）	*D*1200 以内	台	2.430	8.000	16.000	3.720	1.860	5.930	1.000	0.800	2.390	6.28	0.200	0.623	0.210	1.210
9-22	轴流泵安装	2t 以内		台														
9-23	轴流泵安装	4t 以内		台														
9-24	轴流泵安装	8t 以内		台														
9-25	轴流泵安装	12t 以内		台														
9-26	轴流泵安装	18t 以内		台														

工作内容：开箱点件、基础画线、场内运输、设备吊装就位、一次灌浆、精平、组装、附件组装、清洗、检查、加油、无负荷试运转。

编号	项目		单位	预算基价		人工	材料	
				总价	人工费	综合工	HBC卧式混流泵	污水泵
				元	元	工日	台	台
						135.00		
9-27	混流泵HBC卧式安装	0.5t 以内	台	**4698.00**	4698.00	34.80	(1.00)	
9-28		1t 以内		**6790.50**	6790.50	50.30	(1.00)	
9-29		2t 以内		**9081.45**	9081.45	67.27	(1.00)	
9-30	污水泵安装	1t 以内		**3956.85**	3956.85	29.31		(1.00)
9-31		2t 以内		**6404.40**	6404.40	47.44		(1.00)
9-32		5t 以内		**12217.50**	12217.50	90.50		(1.00)

工作内容：开箱点件、基础画线、场内运输、设备吊装就位、一次灌浆、精平、组装、附件组装、清洗、检查、加油、无负荷试运转。

编号	项目		单位	预算基价		人工	材料		
				总价	人工费	综合工	深水泵	真空泵	泵出口放气管
				元	元	工日	台	台	套
						135.00			
9-33	深水泵安装	1t 以内	台	**5764.50**	5764.50	42.70	(1.00)		
9-34		2t 以内		**6642.00**	6642.00	49.20	(1.00)		
9-35		3.5t 以内		**9787.50**	9787.50	72.50	(1.00)		
9-36	真空泵安装			**2092.50**	2092.50	15.50		(1.00)	
9-37	泵出水口放气管安装	ϕ500		**418.50**	418.50	3.10			(1.00)
9-38		ϕ700		**472.50**	472.50	3.50			(1.00)
9-39		ϕ900		**506.25**	506.25	3.75			(1.00)
9-40		ϕ1200		**594.00**	594.00	4.40			(1.00)

34.铸铁圆闸门安装

工作内容：开箱点件、基础画线、场内运输、闸门安装、找平、校正、试漏、试运转。

编号	项目		单位	预算基价				人工	材料							
				总价	人工费	材料费	机械费	综合工	粗砂	碴石 0.2～8	板材	方木	热轧厚钢板 4.4～5.5	镀锌钢丝 2.8～4.0	电焊条	乙炔气 5.5～6.5kg
				元	元	元	元	工日	t	t	m^3	m^3	kg	kg	kg	m^3
								135.00	86.63	85.20	2302.20	3266.74	3.70	7.08	7.59	16.13
9-41	圆形铸铁闸门	直径 300 以内	座	**1529.54**	1177.20	272.57	79.77	8.72	0.030	0.030	0.005	0.010	14.92	2.00	0.130	0.283
9-42		直径 400 以内		**1674.30**	1306.80	287.73	79.77	9.68	0.045	0.045	0.006	0.010	14.92	2.00	0.130	0.283
9-43		直径 500 以内		**1750.95**	1368.90	301.08	80.97	10.14	0.060	0.060	0.007	0.010	14.92	2.00	0.180	0.283
9-44		直径 600 以内		**2008.36**	1476.90	373.14	158.32	10.94	0.075	0.075	0.007	0.010	14.92	2.00	0.240	0.283
9-45		直径 800 以内		**2253.16**	1684.80	390.26	178.10	12.48	0.090	0.105	0.008	0.010	14.92	2.00	0.240	0.283
9-46		直径 900 以内		**2463.98**	1834.65	405.20	224.13	13.59	0.105	0.120	0.009	0.010	14.92	2.00	0.240	0.283
9-47		直径 1000 以内		**2942.14**	2019.60	695.64	226.90	14.96	0.135	0.150	0.100	0.010	14.92	2.00	0.360	0.283

续前

编号	项目		单位	材料										机械		
				氧气 6m³	黄油	煤油	机油（综合）	膨胀水泥	平垫铁 Q235钢	斜垫铁 Q235钢	棉纱	破布	零星材料费	汽车式起重机 8t	直流电焊机 30kW	载重汽车 5t
				m³	kg	kg	kg	kg	块	块	kg	kg	元	台班	台班	台班
				2.88	3.14	7.49	7.21	1.00	7.31	11.95	16.11	5.07		767.15	92.43	443.55
9-41	圆形铸铁闸门	直径 300 以内	座	0.85	0.30	0.20	0.10	12.00	4.00	8.00	0.15	0.15	2.70	0.10	0.033	
9-42	圆形铸铁闸门	直径 400 以内	座	0.85	0.40	0.30	0.10	20.00	4.00	8.00	0.20	0.20	2.85	0.10	0.033	
9-43	圆形铸铁闸门	直径 500 以内	座	0.85	0.45	0.40	0.10	26.00	4.00	8.00	0.25	0.25	2.98	0.10	0.046	
9-44	圆形铸铁闸门	直径 600 以内	座	0.85	0.50	0.45	0.15	31.00	6.00	12.00	0.25	0.25	3.69	0.17	0.062	0.05
9-45	圆形铸铁闸门	直径 800 以内	座	0.85	0.60	0.60	0.20	40.00	6.00	12.00	0.25	0.25	3.86	0.19	0.062	0.06
9-46	圆形铸铁闸门	直径 900 以内	座	0.85	0.65	0.70	0.20	49.00	6.00	12.00	0.25	0.25	4.01	0.25	0.062	0.06
9-47	圆形铸铁闸门	直径 1000 以内	座	0.85	0.70	0.75	0.25	58.00	8.00	16.00	0.30	0.03	6.89	0.25	0.092	0.06

工作内容：开箱点件、基础画线、场内运输、闸门安装、找平、校正、试漏、试运转。

编号	项目		单位	总价	人工费	材料费	机械费	综合工	粗砂	碴石 0.2～8	板材	方木	热轧厚钢板 4.4～5.5	镀锌钢丝 2.8～4.0	电焊条	乙炔气 5.5～6.5kg
				预算基价				人工	材料							
				元	元	元	元	工日	t	t	m^3	m^3	kg	kg	kg	m^3
								135.00	86.63	85.20	2302.20	3266.74	3.70	7.08	7.59	16.13
9-48	圆形铸铁闸门	直径 1200 以内	座	**3029.83**	2201.85	515.49	312.49	16.31	0.180	0.195	0.011	0.010	14.92	2.00	0.360	0.283
9-49	圆形铸铁闸门	直径 1400 以内	座	**4444.83**	3435.75	693.26	315.82	25.45	0.315	0.345	0.013	0.010	23.72	2.00	0.501	0.327
9-50	圆形铸铁闸门	直径 1600 以内	座	**5478.23**	4445.55	716.86	315.82	32.93	0.315	0.345	0.015	0.012	23.72	2.00	0.501	0.327
9-51	圆形铸铁闸门	直径 1800 以内	座	**6465.92**	5219.10	772.89	473.93	38.66	0.390	0.422	0.017	0.012	23.72	2.00	1.030	0.327
9-52	圆形铸铁闸门	直径 2000 以内	座	**7672.61**	6232.95	991.66	448.00	46.17	0.615	0.765	0.019	0.012	23.72	2.00	1.030	0.327

续前

编号	项目		单位	材料										机械			
				氧气 6m³	黄油	煤油	机油（综合）	膨胀水泥	平垫铁 Q235钢	斜垫铁 Q235钢	棉纱	破布	零星材料费	载重汽车 5t	直流电焊机 30kW	汽车式起重机 8t	汽车式起重机 12t
				m³	kg	kg	kg	kg	块	块	kg	kg	元	台班	台班	台班	台班
				2.88	3.14	7.49	7.21	1.00	7.31	11.95	16.11	5.07		443.55	92.43	767.15	864.36
9-48	圆形铸铁闸门	直径 1200以内	座	0.85	0.80	0.90	0.30	75.00	8.00	16.00	0.30	0.03	5.10	0.08	0.092	0.35	
9-49	圆形铸铁闸门	直径 1400以内	座	0.98	0.90	1.05	0.35	123.00	10.00	20.00	0.30	0.03	6.86	0.08	0.128	0.35	
9-50	圆形铸铁闸门	直径 1600以内	座	0.98	1.00	1.20	0.40	131.00	10.00	20.00	0.35	0.35	7.10	0.08	0.128	0.35	
9-51	圆形铸铁闸门	直径 1800以内	座	0.98	1.10	1.35	0.45	163.00	10.00	20.00	0.35	0.35	7.65	0.10	0.264	0.10	0.38
9-52	圆形铸铁闸门	直径 2000以内	座	0.98	1.20	1.50	0.50	261.00	12.00	24.00	0.40	0.40	9.82	0.10	0.264	0.10	0.35

35.铸铁方闸门安装

工作内容：开箱点件、基础画线、场内运输、闸门安装、找平、校正、试漏、试运转。

编号	项目		单位	预算基价				人工	材料						
				总价	人工费	材料费	机械费	综合工	粗砂	碴石 0.2～8	板材	方木	镀锌钢丝 2.8～4.0	电焊条	黄油
				元	元	元	元	工日	t	t	m^3	m^3	kg	kg	kg
								135.00	86.63	85.20	2302.20	3266.74	7.08	7.59	3.14
9-53	方形铸铁闸门	300×300 以内	座	**1661.17**	1329.75	252.86	78.56	9.85	0.090	0.090	0.008	0.010	2.00	0.08	0.30
9-54	方形铸铁闸门	400×400 以内	座	**1894.60**	1536.30	278.68	79.62	11.38	0.120	0.120	0.010	0.010	2.00	0.13	0.40
9-55	方形铸铁闸门	500×500 以内	座	**2133.10**	1683.45	361.66	87.99	12.47	0.150	0.150	0.012	0.010	2.00	0.16	0.45
9-56	方形铸铁闸门	600×600 以内	座	**2243.76**	1777.95	376.94	88.87	13.17	0.180	0.180	0.012	0.010	2.00	0.20	0.50
9-57	方形铸铁闸门	800×800 以内	座	**3079.49**	2455.65	465.79	158.05	18.19	0.195	0.195	0.014	0.010	2.00	0.24	0.60
9-58	方形铸铁闸门	1000×1000 以内	座	**3234.21**	2455.65	617.46	161.10	18.19	0.330	0.375	0.021	0.025	2.00	0.08	0.30

编号	项目		单位	材料								机械			
				煤油	机油（综合）	膨胀水泥	平垫铁Q235钢	斜垫铁Q235钢	棉纱	破布	零星材料费	汽车式起重机8t	电焊机30kV·A	载重汽车5t	直流电焊机30kW
				kg	kg	kg	块	块	kg	kg	元	台班	台班	台班	台班
				7.49	7.21	1.00	7.31	11.95	16.11	5.07		767.15	87.97	443.55	92.43
9-53	方形铸铁闸门	300×300 以内	座	0.30	0.10	35.00	4.00	8.00	0.25	0.25	2.50	0.10	0.021		
9-54	方形铸铁闸门	400×400 以内	座	0.40	0.15	49.00	4.00	8.00	0.25	0.25	2.76	0.10	0.033		
9-55	方形铸铁闸门	500×500 以内	座	0.45	0.18	58.00	6.00	12.00	0.25	0.25	3.58	0.11	0.041		
9-56	方形铸铁闸门	600×600 以内	座	0.50	0.20	67.00	6.00	12.00	0.25	0.25	3.73	0.11	0.051		
9-57	方形铸铁闸门	800×800 以内	座	0.60	0.20	84.00	8.00	16.00	0.25	0.25	4.61	0.17	0.062	0.05	
9-58	方形铸铁闸门	1000×1000 以内	座	0.30	0.25	145.00	8.00	16.00	0.30	0.30	6.11	0.17		0.05	0.092

工作内容：开箱点件、基础画线、场内运输、闸门安装、找平、校正、试漏、试运转。

编号	项目		单位	预算基价				人工	材料						
				总价	人工费	材料费	机械费	综合工	粗砂	碴石 0.2～8	板材	方木	镀锌钢丝 2.8～4.0	电焊条	黄油
				元	元	元	元	工日	t	t	m^3	m^3	kg	kg	kg
								135.00	86.63	85.20	2302.20	3266.74	7.08	7.59	3.14
9-59	方形铸铁闸门	1200×1200 以内	座	**3813.59**	2911.95	740.54	161.10	21.57	0.495	0.555	0.028	0.025	2.00	0.36	1.30
9-60	方形铸铁闸门	1400×1400 以内	座	**4283.99**	3240.00	817.09	226.90	24.00	0.600	0.660	0.033	0.025	2.00	0.36	1.40
9-61	方形铸铁闸门	1600×1600 以内	座	**5051.17**	3780.00	1023.90	247.27	28.00	0.750	0.900	0.038	0.040	2.00	0.48	1.50
9-62	方形铸铁闸门	1800×1800 以内	座	**5803.57**	4341.60	1120.37	341.60	32.16	0.900	1.050	0.043	0.040	2.00	0.48	1.60
9-63	方形铸铁闸门	2000×2000 以内	座	**6312.73**	4768.20	1202.93	341.60	35.32	1.050	1.050	0.048	0.040	2.00	0.48	1.70

编号	项目		单位	材料								机械			
				煤油	机油（综合）	膨胀水泥	平垫铁 Q235钢	斜垫铁 Q235钢	棉纱	破布	零星材料费	载重汽车 5t	直流电焊机 30kW	汽车式起重机 8t	汽车式起重机 12t
				kg	kg	kg	块	块	kg	kg	元	台班	台班	台班	台班
				7.49	7.21	1.00	7.31	11.95	16.11	5.07		443.55	92.43	767.15	864.36
9-59	方形铸铁闸门	1200×1200 以内	座	0.90	0.30	211.00	8.00	16.00	0.30	0.30	7.33	0.05	0.092	0.17	
9-60	方形铸铁闸门	1400×1400 以内	座	1.10	0.35	254.00	8.00	16.00	0.35	0.35	8.09	0.06	0.092	0.25	
9-61	方形铸铁闸门	1600×1600 以内	座	1.20	0.40	299.00	10.00	20.00	0.40	0.40	10.14	0.06	0.123	0.07	0.18
9-62	方形铸铁闸门	1800×1800 以内	座	1.40	0.45	354.00	10.00	20.00	0.45	0.45	11.09	0.08	0.123	0.08	0.27
9-63	方形铸铁闸门	2000×2000 以内	座	1.60	0.50	408.00	10.00	20.00	0.50	0.50	11.91	0.08	0.123	0.08	0.27

36.钢制闸门安装

工作内容：开箱点件、基础画线、场内运输、闸门安装、找平、校正、试漏、试运转。

编号	项目			单位	预算基价				人工	材料						
					总价	人工费	材料费	机械费	综合工	水泥 42.5级	粗砂	碴石 0.2～8	板材	方木	镀锌钢丝 2.8～4.0	电焊条
					元	元	元	元	工日	kg	t	t	m^3	m^3	kg	kg
									135.00	0.41	86.63	85.20	2302.20	3266.74	7.08	7.59
9-64	钢制闸门	进水口	1000×800	座	**1385.27**	1081.35	198.74	105.18	8.01	8.00	0.015	0.030	0.008	0.005	1.50	1.20
9-65			1800×1600		**2078.10**	1656.45	231.16	190.49	12.27	14.60	0.030	0.045	0.010	0.008	2.00	1.60
9-66			2000×1200		**1945.09**	1514.70	239.90	190.49	11.22	16.40	0.038	0.053	0.010	0.010	2.00	1.60
9-67			2500×1800		**2765.85**	2315.25	255.30	195.30	17.15	19.80	0.045	0.060	0.012	0.012	2.00	1.80
9-68			2500×2000		**3394.44**	2872.80	260.54	261.10	21.28	23.60	0.060	0.075	0.012	0.012	2.00	1.80
9-69			2500×2200		**3809.17**	3292.65	255.42	261.10	24.39	28.40	0.075	0.090	0.010	0.012	2.00	1.00
9-70			3000×1200		**3537.79**	2911.95	360.02	265.82	21.57	36.60	0.090	0.105	0.010	0.016	3.00	2.00
9-71			3000×2000		**4471.19**	3808.35	397.02	265.82	28.21	42.40	0.105	0.120	0.020	0.018	3.00	2.00
9-72			3000×2500		**4852.81**	4189.05	397.94	265.82	31.03	44.60	0.105	0.120	0.020	0.018	3.00	2.00
9-73			3600×3000		**5563.10**	4773.60	411.85	377.65	35.36	50.80	0.120	0.135	0.020	0.020	3.00	2.00

续前

编号	项目			单位	材料								机械			
					黄油	煤油	机油（综合）	平垫铁 Q235钢	斜垫铁 Q235钢	棉纱	破布	零星材料费	直流电焊机 30kW	载重汽车 5t	汽车式起重机 8t	汽车式起重机 12t
					kg	kg	kg	块	块	kg	kg	元	台班	台班	台班	台班
					3.14	7.49	7.21	7.31	11.95	16.11	5.07		92.43	443.55	767.15	864.36
9-64	钢制闸门	进水口	1000×800	座	1.00	0.20	0.20	4.00	8.00	0.20	0.20	1.97	0.308		0.10	
9-65			1800×1600		1.00	0.60	0.30	4.00	8.00	0.30	0.30	2.29	0.410	0.05	0.17	
9-66			2000×1200		1.00	0.60	0.30	4.00	8.00	0.30	0.30	2.38	0.410	0.05	0.17	
9-67			2500×1800		1.00	0.60	0.30	4.00	8.00	0.30	0.30	2.53	0.462	0.05	0.17	
9-68			2500×2000		1.00	0.60	0.30	4.00	8.00	0.35	0.35	2.58	0.462	0.06	0.25	
9-69			2500×2200		1.00	0.60	0.30	4.00	8.00	0.40	0.40	2.53	0.462	0.06	0.25	
9-70			3000×1200		2.00	0.80	0.40	6.00	12.00	0.50	0.50	3.56	0.513	0.06	0.25	
9-71			3000×2000		2.00	0.80	0.40	6.00	12.00	0.60	0.60	3.93	0.513	0.06	0.25	
9-72			3000×2500		2.00	0.80	0.40	6.00	12.00	0.60	0.60	3.94	0.513	0.06	0.25	
9-73			3600×3000		2.00	0.80	0.40	6.00	12.00	0.70	0.70	4.08	0.513	0.08	0.08	0.27

37. 启闭机械安装

工作内容：开箱点件、基础画线、场内运输、安装就位、找平、校正、检查、加油、无负荷试运转。

编号	项目	单位	预算基价				人工	材料					
			总价	人工费	材料费	机械费	综合工	水泥 42.5级	粗砂	碴石 0.2～8	板材	热轧厚钢板 4.4～5.5	电焊条
			元	元	元	元	工日	kg	t	t	m^3	kg	kg
							135.00	0.41	86.63	85.20	2302.20	3.70	7.59
9-74	手摇式启闭机械	台	**1168.59**	950.40	79.01	139.18	7.04	5.00	0.015	0.015	0.004	8.22	0.39
9-75	手轮式启闭机械	台	**890.28**	756.00	31.32	102.96	5.60				0.004	0.80	0.17
9-76	手电两用启闭机械	台	**2092.81**	1790.10	133.57	169.14	13.26	9.00	0.030	0.030	0.004	14.69	0.70
9-77	汽动启闭机械	台	**2212.13**	1915.65	128.27	168.21	14.19	9.00	0.030	0.030	0.004	13.57	0.66

续前

编号	项目	单位	材料									机械		
			乙炔气 5.5～6.5kg	氧气 6m³	黄油	煤油	机油（综合）	棉纱	破布	热轧薄钢板 1.6～1.9	零星材料费	汽车式起重机 8t	载重汽车 5t	直流电焊机 30kW
			m³	m³	kg	kg	kg	kg	kg	kg	元	台班	台班	台班
			16.13	2.88	3.14	7.49	7.21	16.11	5.07	3.72		767.15	443.55	92.43
9-74	手摇式启闭机械	台	0.133	0.40	1.50	0.90	0.20	0.70	0.70		0.78	0.10	0.12	0.100
9-75	手轮式启闭机械	台			1.00	0.60	0.20	0.40	0.40		0.31	0.10	0.05	0.044
9-76	手电两用启闭机械	台	0.257	0.77	1.80	1.50	0.40	1.20	1.20	0.80	1.32	0.17	0.05	0.179
9-77	汽动启闭机械	台	0.250	0.75	1.60	1.50	0.40	1.20	1.20	0.80	1.27	0.17	0.05	0.169

38.起重设备安装

工作内容：测量、领料、下料、校直、端梁铆焊、现场组装、试运转、场内运输等。

编号	项目			单位	预算基价				人工	材料						机械
					总价	人工费	材料费	机械费	综合工	电动葫芦2t以内	电动单梁起重机	电动单梁悬挂起重机10t	电动双梁悬挂起重机10t	综合材料费	零星材料费	综合机械费
					元	元	元	元	工日	台	台	台	台	元	元	元
									135.00							
9-78	电动葫芦安装	2t以内		台	**747.35**	706.05	41.30		5.23	(1.00)				40.89	0.41	
9-79	电动单梁悬挂起重机安装	3t	跨度 12m	台	**4508.64**	3497.85	716.20	294.59	25.91		(1.00)			709.11	7.09	294.59
9-80	电动单梁悬挂起重机安装	3t	跨度 17m	台	**4830.03**	3773.25	724.29	332.49	27.95		(1.00)			717.12	7.17	332.49
9-81	电动单梁悬挂起重机安装	10t	跨度 31.5m	台	**5733.78**	4608.90	763.12	361.76	34.14			(1.00)		755.56	7.56	361.76
9-82	电动双梁悬挂起重机安装	10t	跨度 31.5m	台	**19315.72**	15496.65	2101.31	1717.76	114.79				(1.00)	2080.50	20.81	1717.76

工作内容：测量、领料、下料、校直、端梁铆焊、现场组装、试运转、场内运输等。

编号	项目			单位	预算基价				人工	材料			机械
					总价	人工费	材料费	机械费	综合工	电动双梁悬挂起重机 15/3t	综合材料费	零星材料费	综合机械费
					元	元	元	元	工日	台	元	元	元
									135.00				
9-83	电动双梁悬挂起重机安装	15t	跨度 31.5m	台	**20703.59**	16722.45	2142.55	1838.59	123.870	(1.00)	2121.34	21.21	1838.59
9-84	电动葫芦工字钢轨道安装			10m	**3342.47**	1266.30	1939.89	136.28	9.380		1920.68	19.21	136.28
9-85	单梁悬挂起重机工字钢轨道安装			10m	**4125.25**	1332.45	2613.76	179.04	9.870		2587.88	25.88	179.04
9-86	车挡制作、安装			t	**12056.58**	5544.45	6055.61	456.52	41.070		5995.65	59.96	456.52
9-87	起重机混凝土梁上轨道安装			10m	**6211.95**	2158.65	3897.10	156.20	15.990		3858.51	38.59	156.20

39.柴油发电机安装

工作内容：设备整体解体、安装。

编号	项目		单位	预算基价				人工	材料			机械
				总价	人工费	材料费	机械费	综合工	柴油发电机组	综合材料费	零星材料费	综合机械费
				元	元	元	元	工日	台	元	元	元
								135.00				
9-88	柴油发电机组安装	2t 以内	台	**2440.96**	2038.50	357.73	44.73	15.100	(1.00)	354.19	3.54	44.73
9-89	柴油发电机组安装	2.5t 以内	台	**2740.22**	2259.90	423.55	56.77	16.740	(1.00)	419.36	4.19	56.77
9-90	柴油发电机组安装	3.5t 以内	台	**3500.71**	2910.60	511.34	78.77	21.560	(1.00)	506.28	5.06	78.77
9-91	柴油发电机组安装	4.5t 以内	台	**4437.92**	3713.85	624.80	99.27	27.510	(1.00)	618.61	6.19	99.27
9-92	柴油发电机组安装	5.5t 以内	台	**5336.06**	4386.15	800.96	148.95	32.490	(1.00)	793.03	7.93	148.95
9-93	柴油发电机组安装	13t 以内	台	**12502.41**	10727.10	1457.54	317.77	79.460	(1.00)	1443.11	14.43	317.77
9-94	脚手架搭拆费		台	**1368.99**	1142.10	208.23	18.66	8.460		206.17	2.06	18.66

40.承插口铸铁管安装

工作内容： 直管、弯管、喇叭口、三通、大小头、活门等接口，除锈，找平，打油麻，石棉水泥接口，打泵试水，吊管件、支架，场内运输等。

编号	项目		单位	预算基价			人工	材料	
				总价	人工费	材料费	综合工	综合材料费	零星材料费
				元	元	元	工日	元	元
							135.00		
9-95	承插口铸铁管油麻水泥接口	ϕ200	口	**117.36**	40.50	76.86	0.30	76.10	0.76
9-96		ϕ300		**185.04**	59.40	125.64	0.44	124.40	1.24
9-97		ϕ400		**243.53**	75.60	167.93	0.56	166.27	1.66
9-98		ϕ600		**387.60**	101.25	286.35	0.75	283.51	2.84
9-99		ϕ900		**670.03**	168.75	501.28	1.25	496.32	4.96
9-100		ϕ1200		**1178.13**	337.50	840.63	2.50	832.31	8.32
9-101		ϕ1600		**1594.58**	506.25	1088.33	3.75	1077.55	10.78

41.铸铁管(法兰连接)安装

工作内容：直管、弯管、喇叭口、三通、大小头、活门等接口,除锈,找平,做胶皮垫,上螺栓,打口,打泵试水,吊管件、支架,场内运输等。

编号	项目		单位	预算基价			人工	材料	
				总价	人工费	材料费	综合工	综合材料费	零星材料费
				元	元	元	工日	元	元
							135.00		
9-102	铸铁管法兰连接	ϕ200	口	**76.67**	39.15	37.52	0.29	37.15	0.37
9-103		ϕ300		**116.37**	59.40	56.97	0.44	56.41	0.56
9-104		ϕ400		**152.90**	74.25	78.65	0.55	77.87	0.78
9-105		ϕ600		**226.10**	94.50	131.60	0.70	130.30	1.30
9-106		ϕ900		**324.91**	135.00	189.91	1.00	188.03	1.88
9-107		ϕ1200		**375.02**	168.75	206.27	1.25	204.23	2.04
9-108		ϕ1600		**627.89**	249.75	378.14	1.85	374.40	3.74
9-109	吊管卡、箍制作、安装	ϕ500～ϕ600	个	**395.93**	324.00	71.93	2.40	71.22	0.71
9-110		ϕ700～ϕ900		**516.81**	418.50	98.31	3.10	97.34	0.97
9-111		ϕ1200		**624.89**	506.25	118.64	3.75	117.47	1.17
9-112		ϕ1600		**719.62**	540.00	179.62	4.00	177.84	1.78

42.地脚螺栓孔灌浆

工作内容：清扫、冲洗地脚螺栓孔、筛选砂石、人工搅拌、捣固、找平、养护。

编号	项目			单位	预算基价			人工	材料				
					总价	人工费	材料费	综合工	水泥 42.5级	粗砂	碴石 0.2～8	草袋 840×760	零星材料费
					元	元	元	工日	kg	t	t	条	元
								135.00	0.41	86.63	85.20	2.13	
9-113	地脚螺栓孔灌浆	一台设备的灌浆	体积 0.03m³ 以内	m³	**1768.25**	1370.25	398.00	10.15	438.00	1.035	1.14	13.00	3.94
9-114			体积 0.05m³ 以内		**1578.45**	1182.60	395.85	8.76	438.00	1.035	1.14	12.00	3.92
9-115			体积 0.10m³ 以内		**1296.05**	904.50	391.55	6.70	438.00	1.035	1.14	10.00	3.88
9-116			体积 0.30m³ 以内		**1090.24**	710.10	380.14	5.26	438.00	1.035	1.14	4.70	3.76
9-117			体积 0.30m³ 以外		**849.42**	472.50	376.92	3.50	438.00	1.035	1.14	3.20	3.73

43. 设备底座与基础灌浆

工作内容： 清扫，冲洗设备底座基础，制作和安装、拆除模板，筛选砂石，人工搅拌，捣固，找平，养护。

编号	项目			单位	预算基价			人工	材料						
					总价	人工费	材料费	综合工	水泥 42.5级	粗砂	碴石 0.2～8	木模板	圆钉	草袋 840×760	零星材料费
					元	元	元	工日	kg	t	t	m^3	kg	条	元
								135.00	0.41	86.63	85.20	1982.88	6.68	2.13	
9-118	设备底座与基础灌浆	一台设备的灌浆	体积 $0.03m^3$ 以内	m^3	**2497.49**	1938.60	558.89	14.36	438.00	1.035	1.14	0.08	0.10	13.00	5.53
9-119			体积 $0.05m^3$ 以内		**2159.28**	1622.70	536.58	12.02	438.00	1.035	1.14	0.07	0.08	12.00	5.31
9-120			体积 $0.10m^3$ 以内		**1813.58**	1301.40	512.18	9.64	438.00	1.035	1.14	0.06	0.07	10.00	5.07
9-121			体积 $0.30m^3$ 以内		**1481.04**	1000.35	480.69	7.41	438.00	1.035	1.14	0.05	0.06	4.70	4.76
9-122			体积 $0.30m^3$ 以外		**1171.36**	693.90	477.46	5.14	438.00	1.035	1.14	0.05	0.06	3.20	4.73

附　　录

附录一　混凝土及砂浆配合比

说　明

一、本附录中各项配合比是预算基价子目中混凝土及砂浆配合比的基础数据。

二、各项配合比中均未包括制作、运输所需人工和机械。

三、各项配合比中已包括了各种材料在配制过程中的操作和场内运输损耗。

四、砂浆和混凝土的配合比或主料品种不同时,可按设计要求换算。

1.水泥混凝土

单位：m^3

编号			1	2	3	4	5	6	7
材料名称	单位	单价（元）	混凝土强度等级						
			C50	C40	C35	C30		C25	
			石子粒径						
			0.5~2cm			0.5~2cm	2~4cm	0.5~2cm	2~4cm
水泥 42.5级	t	398.99		0.346	0.313	0.299	0.291	0.283	0.274
水泥 52.5级	t	456.11	0.404						
粉煤灰	t	97.03	0.454	0.389	0.351	0.335	0.326	0.317	0.307
优质砂	t	92.45	0.565	0.597	0.664	0.670	0.646	0.675	0.652
碴石 0.5~2	t	83.90	1.201	1.268	1.234	1.244		1.254	
碴石 2~4	t	85.12					1.311		1.323
水	m^3	7.62	0.220	0.200	0.200	0.200	0.190	0.200	0.190
材料合价	元		382.99	338.90	325.38	319.64	320.50	312.81	313.45

单位：m^3

编号			8	9	10	11	12	13	14
材料名称	单位	单价（元）	混凝土强度等级						
			C20		C15		C10		C20
			石子粒径						
			0.5～2cm	2～4cm	0.5～2cm	2～4cm	0.5～2cm	2～4cm	细石
水泥 42.5级	t	398.99	0.268	0.260	0.268	0.257	0.243	0.230	0.321
粉煤灰	t	97.03	0.301	0.292	0.301	0.289	0.273	0.258	0.361
优质砂	t	92.45	0.739	0.656	0.729	0.704	0.798	0.773	0.719
碴石 0.5～2	t	83.90	1.205		1.190		1.149		1.125
碴石 2～4	t	85.12		1.332		1.251		1.210	
水	m^3	7.62	0.200	0.190	0.220	0.200	0.220	0.200	0.240
材料合价	元		307.08	307.55	305.05	303.68	295.30	292.78	325.79

2.砌体砂浆

单位：m^3

编号			15	16	17	18	19	20
材料名称	单位	单价（元）	水泥石灰砂浆			水泥砂浆		
			M2.5	M5	M7.5	M5	M7.5	M10
水泥 32.5级	t	357.47	0.131	0.187	0.253	0.213	0.263	0.303
生石灰	t	309.26	0.064	0.064	0.050			
石灰膏	m^3		(0.091)	(0.091)	(0.072)			
粗砂	t	86.63	1.528	1.460	1.413	1.596	1.534	1.486
水	m^3	7.62	0.600	0.400	0.400	0.220	0.220	0.220
材料合价	元		203.56	216.17	231.36	216.08	228.58	238.72

3.抹灰砂浆

单位：m^3

编号			21	22	23	24	25	26	27	28
材料名称	单位	单价(元)	水泥砂浆					纯水泥浆	水泥细砂浆	
			1∶3	1∶2.5	1∶2	1∶1.5	1∶1		1∶1.5	1∶2
水泥 32.5级	t	357.47	0.404	0.490	0.566	0.690	0.822	1.502	0.595	0.504
粗砂	t	86.63	1.466	1.480	1.369	1.276	0.994			
细砂	t	87.33							1.018	1.160
水	m^3	7.62	0.290	0.330	0.350	0.380	0.410	0.590	0.480	0.450
材料合价	元		273.63	305.89	323.59	360.09	383.07	541.42	305.25	284.90

单位：m^3

编号			29	30	31	32	33	34	35	36
材料名称	单位	单价（元）	水泥石灰砂浆			麻刀石灰浆	纸筋灰浆	石灰麻刀砂浆	石灰粗砂细砂砂浆	
			1∶1∶2	1∶1∶4	1∶1∶6			1∶3		1∶2.5
水泥 32.5级	t	357.47	0.368	0.271	0.208					
生石灰	t	309.26	0.225	0.158	0.122	0.685	0.671	0.267	0.267	0.298
石灰膏	m^3		(0.321)	(0.225)	(0.174)	(0.978)	(0.958)	(0.381)	(0.381)	(0.425)
粗砂	t	86.63	0.932	1.308	1.513			1.659	1.106	1.031
细砂	t	87.33							0.553	0.512
麻刀	kg	3.92				20.000		16.600		
纸筋	kg	3.70					38.000			
水	m^3	7.62	0.600	0.600	0.600	0.500	0.500	0.680	0.680	0.680
材料合价	元		286.44	263.62	247.73	294.05	351.92	296.55	231.86	231.37

单位：m³

编号			37	38	39	40	41	42	43
材料名称	单位	单价（元）	水泥白石子浆	水泥石屑浆	混合砂浆		聚醋酸乙烯抹灰砂浆	素水泥浆	水泥砂浆
			1:2		1:0.5:1	1:0.5:4	灰砂比 1:1.5 液水比 1:3 水灰比 1:0.55	水灰比 1:0.4	灰砂比 1:1.5 水灰比 1:0.4
水泥 32.5级	t	357.47	0.624	0.610	0.614	0.307	0.712	1.398	0.777
水	m³	7.62	0.250	0.250	0.470	0.250	0.329	0.626	0.348
白石子	t	192.70	1.669						
土石屑	t	82.75		1.482					
生石灰	t	309.26			0.179	0.089			
石灰膏	m³				(0.256)	(0.127)			
粗砂	t	86.63			0.741	1.471	1.085		1.183
聚醋酸乙烯乳液	kg	9.51					101.800		
材料合价	元		546.58	342.60	342.62	266.61	1319.14	504.51	382.89

附录二　材 料 价 格

说　　明

一、本附录材料价格为不含税价格，是确定预算基价子目中材料费的基期价格。

二、材料价格由材料采购价、运杂费、运输损耗费和采购及保管费组成。计算公式如下：

采购价为供货地点交货价格：

材料价格 =（采购价 + 运杂费）×（1+ 运输损耗率）×（1+ 采购及保管费费率）

采购价为施工现场交货价格：

材料价格 = 采购价 ×（1+ 采购及保管费费率）

三、运杂费指材料由供货地点运至工地仓库（或现场指定堆放地点）所发生的全部费用。运输损耗指材料在运输装卸过程中不可避免的损耗，材料损耗率如下表：

材料损耗率表

材 料 类 别	损 耗 率
页岩标砖、空心砖、砂、水泥、陶粒、耐火土、水泥地面砖、白瓷砖、卫生洁具、玻璃灯罩	1.0%
机制瓦、脊瓦、水泥瓦	3.0%
石棉瓦、石子、黄土、耐火砖、玻璃、色石子、大理石板、水磨石板、混凝土管、缸瓦管	0.5%
砌块、白灰	1.5%

注：表中未列的材料类别，不计损耗。

四、采购及保管费是指为组织采购、供应和保管材料、工程设备的过程中所需要的各项费用。采购及保管费费率按0.42% 计取。

五、附录中材料价格是编制期天津市建筑材料市场综合取定的施工现场交货价格，并考虑了采购及保管费。

六、采用简易计税方法计取增值税时，材料的含税价格按照税务部门有关规定计算，以“元”为单位的材料费按系数1.1086 调整。

材料价格表

序号	材料名称	规格	单位	单位质量(kg)	单价(元)	附注
1	水泥	32.5级	kg		0.36	
2	水泥	42.5级	kg		0.41	
3	水泥	32.5级	t		357.47	
4	水泥	42.5级	t		398.99	
5	水泥	52.5级	t		456.11	
6	白水泥		kg		0.64	
7	膨胀水泥		kg		1.00	
8	机砖		千块		441.10	
9	水泥花砖	25×25×5	m^2		40.53	
10	花岗岩砖	3cm厚	m^2		106.31	
11	预制砌块	6cm厚	m^2		33.10	
12	检查井砌块	360×140×170	块		7.35	
13	检查井砌块	360×300×170	块		13.23	
14	管口砌块(乙型井)		块		135.73	
15	管口砌块(丙型井)		块		203.59	
16	管口砌块(丁型井)		块		271.46	
17	生石灰		kg		0.30	
18	生石灰		t		309.26	
19	粉煤灰		t		97.03	
20	炉渣		t		135.37	
21	黏土		m^3		53.37	
22	路基黄土		m^3		77.65	
23	膨润土		kg		0.39	
24	细砂		t		87.33	
25	粗砂		t		86.63	
26	粗砂		kg		0.08	
27	优质砂		t		92.45	

续表

序号	材料名称	规格	单位	单位质量(kg)	单价(元)	附注
28	石油沥青砂		t		305.83	
29	片石	毛石	t		89.21	
30	块石		t		86.89	
31	土石屑		t		82.75	
32	细料石		t		135.08	
33	卵石	杂色	m^3		124.27	
34	白石子	大、中、小八厘	t		192.70	
35	碴石	0.2～1	t		84.06	石屑
36	碴石	0.2～8	t		85.20	
37	碴石	0.5～2	t		83.90	
38	碴石	2～4	t		85.12	
39	混凝土块		m		11.17	
40	混凝土侧石		m		27.01	
41	混凝土缘石		m		11.84	
42	分离型侧平石		m		57.77	
43	连接型侧平石		m		67.96	
44	石质侧石	15×38×80	m		135.92	
45	石质缘石	5×30×50	m		77.67	
46	石质块		m		96.60	
47	大理石板	天然	m^2		299.93	
48	水磨石板		m^2		73.48	
49	缸砖		千块		701.57	
50	陶瓷锦砖		m^2		39.71	
51	透水混凝土砖		m^2		43.69	
52	瓷砖	150×150	千块		598.58	
53	石膏		kg		1.30	
54	防水布		m^2		7.96	

续表

序号	材料名称	规格	单位	单位质量(kg)	单价(元)	附注
55	油毡		m^2		3.83	综合价
56	玻璃布油毡		m^2		3.57	
57	玻璃布		kg		30.08	
58	石油沥青	10#	kg		4.04	
59	石油沥青	10#	t		4037.40	
60	石油沥青	30#	kg		6.00	
61	石油沥青	60#～100#	t		3606.19	
62	乳化沥青	阳离子	t		3257.82	
63	乳化沥青	阳离子	kg		3.26	
64	橡胶止水带		m		38.50	
65	内防水橡胶止水带		m		38.50	
66	塑料止水带		m		62.30	
67	防水油		kg		4.30	
68	沥青油	100#	t		3606.19	
69	沥青防水油膏		kg		13.72	
70	冷底子油		kg		6.41	
71	石油沥青玛琋脂		kg		4.42	
72	石油沥青玛琋脂		m^3		4867.25	
73	防水粉		kg		4.21	
74	防腐油		kg		0.52	
75	石棉绒		kg		12.32	
76	石英砂		m^3		547.79	
77	石英砂	5#～20#	kg		0.28	
78	金刚石	三角形	块		8.31	
79	锰砂		m^3		1553.39	
80	水泥砂浆	1:2	m^3		350.77	
81	预拌砂浆	RS20	m^3		281.08	

续表

序号	材料名称	规格	单位	单位质量(kg)	单价(元)	附注
82	石灰浆		kg		0.46	
83	预拌混凝土	AC10	m^3		430.17	
84	预拌混凝土	AC15	m^3		439.88	
85	预拌混凝土	AC20	m^3		450.56	
86	预拌混凝土	AC25	m^3		461.24	
87	预拌混凝土	AC30	m^3		472.89	
88	预拌混凝土	AC35	m^3		487.45	
89	预拌混凝土	AC40	m^3		504.93	
90	预拌混凝土	AC45	m^3		533.08	
91	预拌混凝土	AC50	m^3		565.12	
92	预拌混凝土	BC55	m^3		600.07	
93	预拌混凝土	BC60	m^3		640.85	
94	预拌混凝土	BC20 P6	m^3		466.09	
95	预拌混凝土	BC25 P8	m^3		477.74	
96	预拌混凝土	BC30 P8	m^3		490.36	
97	预拌混凝土	BC35 P8	m^3		504.93	
98	预拌混凝土	BC40 P8	m^3		519.49	
99	预拌混凝土	道路抗折	m^3		429.80	
100	预拌混凝土(钢纤维)	AC30	m^3		752.75	
101	预拌透水混凝土		m^3		447.89	
102	细粒式沥青混凝土		t		402.80	
103	细粒式改性沥青混凝土		t		509.44	
104	中粒式沥青混凝土		t		367.99	
105	中粒式改性沥青混凝土		t		499.78	
106	粗粒式沥青混凝土		t		352.95	
107	水泥粉煤灰碎石混凝土	C10	m^3		361.94	
108	水泥粉煤灰碎石混凝土	C15	m^3		373.25	

续表

序号	材料名称	规格	单位	单位质量(kg)	单价(元)	附注
109	水泥粉煤灰碎石混凝土	C20	m^3		384.56	
110	板材		m^3		2302.20	
111	原木		m^3		1686.44	
112	道木		m^3		3457.47	
113	木支撑		m^3		2211.82	
114	杉篙		m^3		984.48	
115	方木		m^3		3266.74	
116	垫木		m^3		1049.18	
117	木丝板	25×610×1830	m^2		46.24	
118	聚四氟乙烯板		kg		31.22	
119	竹笆		片		19.85	
120	苇席		席		17.59	
121	木模板		m^3		1982.88	
122	复合模板(竹胶板)	1.2m×2.44m×13mm	m^2		48.16	
123	复合木模板面板		m^2		10.40	
124	木脚手板		m^3		1930.95	
125	枕木	250×200×2500	根		234.87	
126	铁件	(含制作费)	kg		9.49	
127	平垫铁	(综合)	kg		7.42	
128	平垫铁	Q235钢	块		7.31	
129	斜垫铁	Q235钢	块		11.95	
130	铸铁件		kg		5.88	
131	铸铁踏步	*D*25	kg		3.85	
132	铁扒杆		t		4320.67	
133	钢丝	ϕ2.0	个		3.84	
134	镀锌钢丝	0.7～1.2	kg		7.34	
135	镀锌钢丝	1.8～2.0	kg		7.09	

续表

序号	材料名称	规格	单位	单位质量(kg)	单价(元)	附注
136	镀锌钢丝	2.8～4.0	kg		7.08	
137	钢筋	D10以内	t		3970.73	
138	钢筋	D10以内	kg		3.97	
139	钢筋	D10以外	t		3799.94	
140	钢筋	D10以外	kg		3.80	
141	圆钢		kg		3.91	
142	圆钢		t		3906.62	
143	螺纹钢	锰D14以内	t		3748.26	
144	螺纹钢	锰D14～32	t		3719.82	
145	插孔钢筋	D5～10	kg		3.77	
146	预应力钢筋		t		3728.15	
147	预应力钢丝	D5	t		4266.30	
148	预应力钢绞线		t		5641.13	
149	钢丝绳		kg		6.67	
150	钢丝绳	D12	kg		6.66	
151	热轧等边角钢	5～5.6	kg		3.76	
152	热轧等边角钢	25×4	t		3715.62	
153	热轧等边角钢	(30～32)×(3～5)	t		3717.38	
154	热轧等边角钢	(63～70)×(4～10)	t		3669.17	
155	热轧扁钢	20×4	t		3676.67	
156	热轧扁钢	60×4	t		3639.62	
157	热轧扁钢	5×50	t		3639.62	
158	热轧扁钢	(6～8)×(10～12)	t		3691.84	
159	热轧工字钢	18#～24#	t		3634.57	
160	热轧工字钢	25#～36#	t		3616.33	
161	热轧工字钢	37#～40#	t		3593.46	
162	热轧槽钢	25#～36#	t		3631.86	

续表

序号	材料名称	规格	单位	单位质量(kg)	单价(元)	附注
163	热轧槽钢	$25^{\#}$～$36^{\#}$	kg		3.63	
164	型钢		kg		3.70	
165	型钢		t		3699.72	
166	钢板	4.5～10	kg		3.79	
167	钢板	10～12	kg		3.67	
168	钢板(中厚)	(综合)	kg		3.69	
169	钢板(中厚)	(综合)	t		3876.58	
170	弹簧钢板		kg		3.58	
171	桥梁钢板	Q345qD	t		4345.75	
172	镀锌薄钢板		m^2		17.48	
173	热轧薄钢板	1.6～1.9	kg		3.72	
174	热轧薄钢板	3.5～5.5	kg		3.70	
175	热轧厚钢板	4.4～5.5	t		3700.00	
176	热轧厚钢板	4.4～5.5	kg		3.70	
177	热轧厚钢板	8～10	t		3673.05	
178	热轧厚钢板	10～15	kg		3.65	
179	热轧一般无缝钢管		kg		4.57	
180	热轧一般无缝钢管	*D*83	t		4604.33	
181	热轧无缝钢管	*D*102×4.5	kg		6.38	
182	热轧无缝钢管	*D*203～245 δ7.1～12	kg		3.71	
183	焊接钢管		t		4230.02	
184	焊接钢管	300×8	t		5458.93	
185	焊接钢管	*DN*20	m	1.63	6.32	
186	焊接钢管	*DN*150	m		68.51	
187	镀锌钢管	*DN*19～20	kg		4.97	
188	镀锌钢管	*DN*25	kg		4.89	
189	钢管	*DN*130	m		50.42	

续表

序号	材料名称	规格	单位	单位质量(kg)	单价(元)	附注
190	钢管	$DN200$	m		84.59	
191	钢管	$DN300$	m		121.62	
192	钢管	$DN400$	m		173.53	
193	铸钢件	45#	kg		5.50	
194	钢支撑		kg		7.46	
195	钢撑板		t		4907.52	
196	钢套管	$D300\times600$	件		264.64	
197	钢纤维		t		4340.00	
198	钢拉杆		kg		4.00	
199	钢材	零星构件	kg		3.77	
200	替打钢材		t		3202.86	
201	钢丸		kg		4.34	
202	千斤顶支架		kg		7.19	
203	紫铜皮	$\delta2$	kg		82.66	
204	不锈钢板	$\delta\leq4$	kg		17.45	
205	不锈钢钢管	$D20$	kg		21.49	
206	不锈钢钢管	$D32\times1.5$	kg		30.46	
207	不锈钢钢管	$D89\times2.5$	kg		37.22	
208	扒钉		kg		8.58	
209	圆钉		kg		6.68	
210	U形钉		kg		4.13	
211	铅丝网	0.914×(1.6～9.5)	m		7.52	
212	电焊条	E4303 $D3.2$	kg		7.59	
213	电焊条	J506	kg		7.59	
214	电焊条	L-60 $\phi3.2$	kg		7.38	
215	铜焊条		kg		45.64	
216	低合金钢焊条	E43	kg		12.29	

续表

序号	材料名称	规格	单位	单位质量(kg)	单价(元)	附注
217	不锈钢电焊条		kg		66.08	
218	焊丝	*D*3.2	kg		6.92	
219	碳钢埋弧焊丝	H08Mn2E	kg		9.58	
220	碳钢二氧化碳焊丝	TWE-711	kg		10.14	
221	焊锡		kg		59.85	
222	埋弧焊剂		kg		4.93	
223	木螺钉	25	100个		5.64	
224	花篮螺钉		套		14.75	
225	沉头螺钉	M10×35	10个		2.20	
226	综合螺栓	M20×(35～100)	个		3.12	
227	螺栓	M16	套		0.62	
228	螺栓	M10×60	100个		91.77	
229	不锈钢螺栓	M10×150	100个		126.66	
230	六角螺栓	M12×50	套		0.70	
231	六角螺栓带螺母	M8×30	套		0.62	
232	六角螺栓带螺母	M10×75	套		0.70	
233	六角螺栓带螺母	M12×55	套		0.70	
234	六角螺栓带螺母	M12×65	套		0.70	
235	六角螺栓带螺母	M12×75	套		1.10	
236	六角螺栓带螺母	M12×120	套		1.10	
237	六角螺栓带螺母	M16×60	套		1.06	
238	带帽带垫螺栓	M10×40	100个		30.14	
239	带帽带垫螺栓	M10×100	100个		65.14	
240	带帽带垫螺栓	M10×150	100个		94.31	
241	膨胀螺栓	M8×60	套		0.55	
242	膨胀螺栓	M14	套		3.31	
243	带帽螺栓	(综合)	kg		7.96	

续表

序号	材料名称	规格	单位	单位质量(kg)	单价(元)	附注
244	高强螺栓		kg		15.92	
245	螺母		个		0.09	
246	螺母	M30	个		2.37	
247	弹簧垫片	(综合)	10个		4.42	
248	拉铆钉	M30	100个		14.05	
249	钢模板		kg		9.80	
250	组合钢模板		kg		10.97	
251	定型钢模板		kg		11.15	
252	脚手钢管		kg		3.92	
253	脚手钢管		t		3928.67	
254	直角扣件		个		6.42	
255	对接扣件		个		6.58	
256	回转扣件		个		6.34	
257	扣件		kg		6.49	
258	底座		个		6.71	
259	锚具	15～19	套		454.84	
260	锚具	XM15-7	套		154.81	
261	锚具	XM15-9	套		216.81	
262	锚具	XM15-12	套		318.58	
263	扁锚具	XM15-2	套		60.97	
264	扁锚具	XM15-3	套		82.30	
265	扁锚具	XM15-4	套		110.62	
266	扁锚具	XM15-5	套		128.32	
267	弗式锚具		套		77.61	
268	送桩帽		kg		5.18	
269	零星卡具		kg		7.57	
270	风镐尖		个		12.98	
271	钢锯条		根		0.34	

续表

序号	材料名称	规格	单位	单位质量(kg)	单价(元)	附注
272	普通钻头	ϕ4～6	kg		5.69	
273	冲击钻头	ϕ8	kg		4.49	
274	合金钢钻头	ϕ16	个		16.65	
275	调和漆		kg		14.11	综合价
276	无光调和漆		kg		16.79	
277	醇酸磁漆		kg		16.86	
278	丙烯酸聚氨酯磁漆		kg		12.33	
279	乳胶漆		kg		9.05	
280	沥青清漆		kg		6.89	
281	清油		kg		15.06	
282	稀料		kg		10.88	综合价
283	铁红环氧漆		kg		15.42	
284	厚膜环氧富锌漆		kg		28.43	
285	红丹防锈漆		kg		15.51	
286	醇酸防锈漆		kg		13.20	
287	环氧焦油漆		kg		17.70	
288	环氧富锌底漆		kg		30.97	
289	聚氨酯面漆		kg		45.13	
290	硝酸	98%	kg		5.56	
291	氢氟酸	45%	kg		7.27	
292	盐酸	31%合成	kg		4.27	
293	草酸		kg		10.93	
294	纯碱		kg		8.16	
295	石蜡		kg		5.01	
296	涂料	苯乙烯	kg		10.76	
297.	涂料	106型	kg		3.90	
298	防水涂料		kg		16.85	
299	色粉		kg		4.47	

续表

序号	材料名称	规格	单位	单位质量(kg)	单价(元)	附注
300	大白粉		kg		0.91	
301	乙酸乙酯		kg		17.26	
302	三异氰酸酯		kg		10.38	
303	聚酰胺	651	kg		30.61	
304	聚醋酸乙烯乳液		kg		9.51	
305	环氧树脂	6101	kg		28.33	
306	电力复合脂		kg		11.92	
307	羧甲基纤维素		kg		11.25	
308	乙二胺		kg		21.96	
309	二丁酯		kg		13.87	
310	氯苯		kg		8.12	
311	丙酮		kg		9.89	
312	甲苯	国产	kg		10.17	
313	酒精	工业用 99.5%	kg		7.42	
314	建筑油膏		kg		5.07	
315	肥皂		块		2.21	
316	肥皂水		kg		13.50	
317	凡士林		kg		15.93	
318	催干剂		kg		12.76	
319	防水剂		kg		8.82	
320	隔离剂		kg		4.20	
321	稀释剂		kg		8.93	
322	氧气	$6m^3$	m^3		2.88	
323	二氧化碳气体		m^3		1.21	
324	氩气		m^3		18.60	
325	乙炔气	5.5～6.5kg	m^3		16.13	
326	乳胶		kg		9.51	
327	密封胶		kg		31.90	

续表

序号	材料名称	规格	单位	单位质量(kg)	单价(元)	附注
328	108胶		kg		4.45	
329	聚氯乙烯胶泥		kg		2.29	
330	玻璃胶	310g	支		23.15	
331	硫黄胶泥		kg		2.20	
332	模板嵌缝料		kg		6.92	
333	塑料胶粘带	20mm×50m	卷		3.03	
334	煤		kg		0.53	
335	木炭		kg		4.76	
336	汽油	90#	kg		7.16	
337	煤油		kg		7.49	
338	机油	(综合)	kg		7.21	
339	煤焦油		kg		1.15	
340	溶剂油		kg		6.90	
341	黄油		kg		3.14	
342	草袋		m^2		3.34	1.566条/m^2
343	草袋	840×760	条		2.13	
344	草板纸	80#	张		5.30	
345	草纸		kg		2.16	
346	牛皮纸		m^2		0.69	
347	纸筋		kg		3.70	
348	大麻		kg		12.60	
349	麻刀		kg		3.92	
350	麻袋		条		9.23	
351	麻绳		kg		9.28	
352	油浸麻丝		kg		23.00	
353	白棕绳	ϕ40	kg		19.73	
354	砂布		张		0.93	
355	砂纸		张		0.87	

续表

序号	材料名称	规格	单位	单位质量(kg)	单价(元)	附注
356	破布		kg		5.07	
357	棉纱		kg		16.11	
358	土工布		m^2	0.60	6.84	
359	白布		m^2		10.34	
360	纤维布		m		1.30	
361	瓷瓶子	2#	个		1.92	
362	拉线瓷瓶	2#红白带眼	个		1.65	
363	铁担针式瓷瓶	3#	个		3.00	
364	橡胶板		m^2		113.27	
365	橡胶板	2mm厚	m^2		21.33	
366	橡胶板	3mm厚	m^2		32.88	
367	橡胶压条		kg		2.13	
368	橡胶条	200×10	m		102.48	
369	高压胶管		m		26.43	
370	尼龙帽		个		2.21	
371	尼龙网	30目	m^2		30.97	
372	低泡沫聚乙烯		m^3		601.77	
373	硬塑料板		m^2		31.95	
374	塑料薄膜		m^2		1.90	
375	塑料布		kg		10.93	
376	安全网		m^2		10.64	
377	水		m^3		7.62	
378	盐	工业	kg		0.91	
379	血料		kg		5.25	
380	羊毛		kg		45.00	
381	熟桐油		kg		14.96	
382	树棕		kg		19.28	
383	钨棒		kg		31.44	

续表

序号	材料名称	规格	单位	单位质量(kg)	单价(元)	附注
384	滑石粉		kg		0.59	
385	劈材		kg		1.15	
386	木柴		kg		1.03	
387	窗纱	18目1m宽(绿)	m		7.46	
388	砂轮片	D200	片		5.80	
389	尼龙砂轮片	D100	片		3.92	
390	尼龙砂轮片	D150	片		6.65	
391	滤管	ϕ30	m		44.18	
392	滤头套箍	ϕ30	个		1.42	
393	标尺(木)		m^3		707.96	
394	松三股		kg		5.96	
395	磁铁矿石		m^3		2761.06	
396	硬塑料管	150	m		87.20	
397	PVC塑料管	DN160	m		36.09	
398	塑料软管	ϕ20	m		1.06	
399	半硬塑料管	ϕ32	m		6.55	
400	PVC-U管	DN200	m		90.77	6m/根 S2 8kN/m^2
401	PVC-U管	DN315	m		108.32	6m/根 S2 8kN/m^2
402	PVC-U管	DN400	m		161.27	6m/根 S2 8kN/m^2
403	PVC-U管	DN500	m		272.00	6m/根 S2 8kN/m^2
404	HDPE管	DN200	m		98.20	6m/根 SN8 8kN/m^2
405	HDPE管	DN225	m		105.33	6m/根 SN8 8kN/m^2
406	HDPE管	DN300	m		246.42	6m/根 SN8 8kN/m^2
407	HDPE管	DN400	m		452.53	6m/根 SN8 8kN/m^2
408	HDPE管	DN500	m		708.88	6m/根 SN8 8kN/m^2
409	HDPE管	DN600	m		960.21	6m/根 SN8 8kN/m^2
410	HDPE管	DN700	m		1241.46	6m/根 SN8 8kN/m^2
411	钢带增强PE管	DN500	m		418.79	10m/根 环刚度≥10kN/m^2

续表

序号	材料名称	规格	单位	单位质量(kg)	单价(元)	附注
412	钢带增强PE管	*DN*600	m		492.68	10m/根或12m/根 环刚度≥10kN/m^2
413	钢带增强PE管	*DN*700	m		607.06	10m/根或12m/根 环刚度≥10kN/m^2
414	钢带增强PE管	*DN*800	m		697.64	10m/根或12m/根 环刚度≥10kN/m^2
415	钢带增强PE管	*DN*900	m		835.07	10m/根或12m/根 环刚度≥10kN/m^2
416	钢带增强PE管	*DN*1000	m		898.33	10m/根或12m/根 环刚度≥10kN/m^2
417	钢带增强PE管	*DN*1100	m		1007.35	10m/根或12m/根 环刚度≥10kN/m^2
418	钢带增强PE管	*DN*1200	m		1305.35	10m/根或12m/根 环刚度≥10kN/m^2
419	钢带增强PE管	*DN*1300	m		1501.42	10m/根或12m/根 环刚度≥10kN/m^2
420	钢带增强PE管	*DN*1400	m		1869.13	10m/根或12m/根 环刚度≥10kN/m^2
421	钢带增强PE管	*DN*1500	m		1967.33	10m/根或12m/根 环刚度≥10kN/m^2
422	钢带增强PE管	*DN*1600	m		2221.14	10m/根或12m/根 环刚度≥10kN/m^2
423	钢带增强PE管	*DN*1800	m		2637.12	10m/根或12m/根 环刚度≥10kN/m^2
424	钢带增强PE管	*DN*2000	m		2749.96	10m/根或12m/根 环刚度≥10kN/m^2
425	钢带增强PE管	*DN*2200	m		4793.62	10m/根 环刚度≥8kN/m^2
426	塑料弯头		个		51.12	
427	法兰截止阀	J41T-16 *DN*80	个		324.47	
428	丝扣截止阀门	J11T-16 *DN*50	个		35.90	
429	不锈钢法兰盘		个		41.72	
430	三色塑料袋	20mm×40m	m		0.13	
431	橡皮铝线	25mm^2	m		2.88	
432	橡皮铝线	35mm^2	m		4.13	
433	橡皮铝线	50mm^2	m		6.49	
434	橡皮铝线	70mm^2	m		9.15	
435	橡皮铝线	95mm^2	m		12.07	
436	蝶式绝缘子	ED-3	个		2.20	
437	电气绝缘胶带	18mm×10m×0.13mm	卷		3.77	
438	铜芯橡皮绝缘电线	BX-2.5mm^2	m		1.61	
439	广场灯架		套		600.00	

续表

序号	材料名称	规格	单位	单位质量(kg)	单价(元)	附注
440	成套马路弯灯架		套		2655.00	
441	镀锌油漆单臂悬挑灯架		套		2359.00	
442	镀锌油漆双臂悬挑灯架		套		2950.00	
443	成套灯具		套		88.00	
444	普通灯泡	200V 100W	个		3.00	
445	高压汞灯泡	GE	个		19.47	
446	高(低)压钠灯泡		个		266.00	
447	镀锌大灯泡抱箍连压板		副		15.12	
448	灯座箱		个		800.00	
449	高杆灯灯盘		套		44250.00	
450	顶套		个		49.46	
451	连接器		个		57.52	
452	电容器	400W	套		53.00	
453	触发器		套		10.70	
454	羊角熔断器	10A	个		4.95	
455	镇流器支架		块		35.00	
456	汞钠灯镇流器		套		20.00	
457	镀锌半挑	8×50×400	块		3.70	
458	镀锌拉线横担	L50×5×650	副		10.76	
459	镀锌横担抱箍		副		9.07	
460	镀锌悬吊铁件		kg		6.20	
461	风雨灯头连铅吊环		套		1.02	
462	导电嘴		套		2.80	
463	导电杆		只		4.50	
464	直角	3[#]	个		4.71	
465	升降传动装置		套		8850.00	
466	承插口水泥管	d300×4m	m		82.52	
467	承插口水泥管	d400×4m	m		119.42	

续表

序号	材料名称	规格	单位	单位质量(kg)	单价(元)	附注
468	承插口水泥管	$d500\times4$m	m		155.34	
469	承插口水泥管	$d600\times4$m	m		194.17	
470	承插口水泥管	$d700\times4$m	m		271.84	
471	承插口水泥管	$d800\times4$m	m		402.91	
472	承插口水泥管	$d900\times4$m	m		430.10	
473	承插口水泥管	$d1000\times4$m	m		529.71	
474	承插口水泥管	$d1100\times4$m	m		544.66	
475	承插口水泥管	$d1200\times4$m	m		757.28	
476	承插口水泥管	$d1350\times4$m	m		1067.96	
477	承插口水泥管	$d1500\times4$m	m		1242.72	
478	承插口水泥管	$d1650$	m		1514.56	
479	承插口水泥管	$d1800$	m		1747.57	
480	承插口水泥管	$d2000$	m		2337.86	
481	承插口水泥管	$d2200$	m		2959.22	
482	承插口水泥管	$d2400$	m		3514.56	
483	承插口水泥管	$d2600$	m		4344.66	
484	承插口水泥管	$d2800$	m		5213.01	
485	承插口水泥管	$d3000$	m		5956.31	
486	混凝土透水管	$d200$	m		31.42	
487	混凝土透水管	$d300$	m		35.49	
488	混凝土透水管	$d380$	m		44.43	
489	混凝土透水管	$d450$	m		45.40	
490	平口水泥管	$d200\times1$m	m		32.04	
491	平口水泥管	$d300\times1$m	m		39.81	
492	平口水泥管	$d400\times2$m	m		64.08	
493	平口水泥管	$d500\times2$m	m		85.73	
494	平口水泥管	$d600\times2$m	m		108.93	
495	平口水泥管	$d700\times2$m	m		139.90	

续表

序号	材料名称	规格	单位	单位质量(kg)	单价(元)	附注
496	平口水泥管	d800×2m	m		160.19	
497	平口水泥管	d900×2m	m		197.38	
498	平口水泥管	d1000×2m	m		330.10	
499	平口水泥管	d1100×2m	m		428.16	
500	平口水泥管	d1200×2m	m		615.53	
501	平口水泥管	d1300×2m	m		695.15	
502	平口水泥管	d1500×2m	m		1300.97	
503	平口水泥管	d1650×2m	m		1402.91	
504	平口水泥管	d1800×2m	m		1590.29	
505	平口水泥管	d1960×2m	m		2022.33	
506	混凝土顶管	d1000	m		985.44	
507	混凝土顶管	d1100	m		1158.74	
508	混凝土顶管	d1200	m		1310.68	
509	混凝土顶管	d1300	m		1553.40	
510	混凝土顶管	d1500	m		1990.29	
511	混凝土顶管	d1650	m		2165.05	
512	混凝土顶管	d1800	m		3058.25	
513	混凝土顶管	d1960	m		3203.88	
514	混凝土顶管	d2000	m		3495.15	
515	混凝土顶管	d2200	m		3802.30	
516	混凝土顶管	d2400	m		4098.55	
517	企口管	d2000	m		2493.20	
518	企口管	d2200	m		2611.65	
519	企口管	d2400	m		2754.37	
520	企口管	d2600	m		2990.29	
521	企口管	d2800	m		3844.66	
522	企口管	d3000	m		4912.62	
523	无砂管	d400	m		66.21	

续表

序号	材料名称	规格	单位	单位质量(kg)	单价(元)	附注
524	无砂管	*d*600	m		83.50	
525	收水井预制混凝土腰节	*h*=100	节		21.36	
526	收水井预制混凝土腰节	*h*=150	节		32.04	
527	收水井预制混凝土井室	300×500×600	套		160.19	
528	收水井预制混凝土井室	380×680×820	套		179.61	
529	混凝土预制主井筒	*D*500 *h*=100	个		25.24	
530	混凝土预制主井筒	*D*500 *h*=200	个		47.14	
531	混凝土预制井颈	*d*450 *h*=100	个		44.27	
532	混凝土预制井颈	*d*520 *h*=350	个		208.93	
533	混凝土预制井颈	*d*650 *h*=450	个		296.70	
534	混凝土预制井底筒	*d*500 *h*=500	个		119.42	
535	混凝土预制井底筒	*d*850 *h*=1000	个		429.13	
536	混凝土弧形槽井底基座	*D*500 *h*=60	个		74.76	
537	土工格栅		m^2		9.03	
538	铸铁管	A级 *DN*75	m	18.78	92.64	
539	铸铁管	A级 *DN*100	m	24.28	98.66	
540	铸铁管	A级 *DN*150	m	36.25	124.42	
541	铸铁管	A级 *DN*200	m	52.00	171.83	
542	铸铁管	A级 *DN*300	m	90.75	316.01	
543	铸铁管	A级 *DN*400	m	139.00	395.86	
544	排水铸铁管	*DN*100	m		51.62	
545	铸铁套管	*DN*200×350	件		44.08	
546	排水铸铁三通	*DN*200	m		85.71	
547	排水铸铁三通	*DN*200	个		111.32	
548	铸铁井盖	*D*450	套		169.03	
549	铸铁井盖	*D*520	套		371.86	
550	铸铁井盖	*D*650	套		495.28	
551	铸铁井箅子	300×500	套		125.59	

续表

序号	材料名称	规格	单位	单位质量(kg)	单价(元)	附注
552	铸铁井箅子	450×750	套		249.36	
553	铸铁闸门	*DN*700	个		9203.54	
554	铸铁闸门	*DN*800	个		10088.50	
555	铸铁闸门	*DN*900	个		11327.43	
556	铸铁闸门	*DN*1000	个		12831.86	
557	铸铁闸门	*DN*1100	个		14424.78	
558	铸铁闸门	*DN*1200	个		15752.21	
559	铸铁闸门	*DN*1300	个		17168.39	
560	铸铁闸门	*DN*1500	个		19115.04	
561	铸铁滤板		m^2		867.26	
562	铸铁爬梯		kg		2.74	
563	铸铁水窝子		座		752.21	
564	钢轨		kg		3.83	
565	钢轨鱼尾板	38kg	kg		3.45	
566	金属波纹管	ϕ50	m		5.14	
567	金属波纹管	ϕ75	m		6.98	
568	金属波纹管	ϕ84	m		8.15	
569	金属波纹管	ϕ95	m		10.19	
570	金属波纹管	ϕ105	m		13.58	
571	冷拉薄壁管	ϕ89 4mm厚	t		4247.79	
572	矩形空心型钢立柱	100×60×5	t		3274.34	
573	撑杠脚		个		85.49	
574	金属撑杠	635×60	根		293.10	
575	金属撑杠	890×60	根		793.81	
576	中继间	ϕ1650	套		48849.56	
577	中继间	ϕ1800	套		61061.95	
578	中继间	ϕ2000	套		73274.34	
579	中继间	ϕ2200	套		85486.73	

续表

序号	材料名称	规格	单位	单位质量(kg)	单价(元)	附注
580	中继间	ϕ2400	套		97699.12	
581	钢套箱		t		3713.18	
582	钢管桩		t		4827.13	
583	钢板桩		t		4084.49	
584	钢护筒		t		3965.67	
585	辊轴钢支座		t		2116.52	
586	横管	ϕ100	m		53.42	
587	花管	ϕ50	m		77.59	
588	井盘		m^3		884.31	
589	立管	ϕ50	m		24.36	
590	切线钢支座		t		2079.38	
591	导管		kg		61.06	
592	玻璃钢夹砂管	*DN*900	m		707.96	
593	玻璃钢夹砂管	*DN*1000	m		1592.92	
594	玻璃钢夹砂管	*DN*1200	m		1327.43	
595	玻璃钢夹砂管	*DN*1400	m		1752.21	
596	玻璃钢夹砂管	*DN*1500	m		1769.91	
597	玻璃钢夹砂管	*DN*1600	m		2079.65	
598	玻璃钢夹砂管	*DN*1800	m		2610.62	
599	玻璃钢夹砂管	*DN*2000	m		3185.84	
600	玻璃钢夹砂管	*DN*2200	m		3628.32	
601	玻璃钢夹砂管	*DN*2400	m		4247.79	
602	板式橡胶支座		$1000cm^3$		47.79	
603	四氟板式橡胶支座		$1000cm^3$		87.94	
604	钢盆式橡胶支座	支座反力3000kN以内	个		4085.84	
605	钢盆式橡胶支座	支座反力4000kN以内	个		5606.19	
606	钢盆式橡胶支座	支座反力5000kN以内	个		7787.61	
607	钢盆式橡胶支座	支座反力7000kN以内	个		6982.30	

续表

序号	材料名称	规格	单位	单位质量(kg)	单价(元)	附注
608	钢盆式橡胶支座	支座反力10000kN以内	个		12026.55	
609	钢盆式橡胶支座	支座反力15000kN以内	个		19884.96	
610	钢盆式橡胶支座	支座反力20000kN	个		29429.20	
611	PC耐力板	实心	m^2		299.12	
612	海蓝色V板	0.5mm×1.8m×2m	m^2		20.77	
613	海蓝色V板	0.5mm×2.4m×2m	m^2		20.77	
614	氯丁橡胶圈	*DN*300	个		9.29	
615	氯丁橡胶圈	*DN*400	个		14.35	
616	氯丁橡胶圈	*DN*500	个		17.47	
617	氯丁橡胶圈	*DN*600	个		19.52	
618	氯丁橡胶圈	*DN*700	个		27.73	
619	氯丁橡胶圈	*DN*800	个		30.82	
620	氯丁橡胶圈	*DN*900	个		40.07	
621	氯丁橡胶圈	*DN*1000	个		43.14	
622	氯丁橡胶圈	*DN*1100	个		44.60	
623	氯丁橡胶圈	*DN*1200	个		51.36	
624	氯丁橡胶圈	*DN*1350	个		52.04	
625	氯丁橡胶圈	*DN*1500	个		59.58	
626	氯丁橡胶圈	*DN*1650	个		69.85	
627	氯丁橡胶圈	*DN*1800	个		78.07	
628	氯丁橡胶圈	*DN*2000	个		78.98	
629	氯丁橡胶圈	*DN*2200	个		80.84	
630	氯丁橡胶圈	*DN*2400	个		86.42	
631	承插口管胶圈	*d*2400	个		92.92	
632	承插口管胶圈	*d*2600	个		100.88	
633	承插口管胶圈	*d*2800	个		108.85	
634	承插口管胶圈	*d*3000	个		119.47	
635	塑料集水短管	$\phi 25\ L=80$	根		1.06	

续表

序号	材料名称	规格	单位	单位质量(kg)	单价(元)	附注
636	增强聚丙烯管(FRPP)	*DN*300	m		103.07	
637	增强聚丙烯管(FRPP)	*DN*400	m		165.99	
638	增强聚丙烯管(FRPP)	*DN*500	m		272.22	
639	增强聚丙烯管(FRPP)	*DN*600	m		379.06	
640	增强聚丙烯管(FRPP)	*DN*700	m		498.90	
641	增强聚丙烯管(FRPP)	*DN*800	m		629.14	
642	增强聚丙烯管(FRPP)	*DN*900	m		784.07	
643	增强聚丙烯管(FRPP)	*DN*1000	m		824.08	
644	高密度聚乙烯缠绕双壁中空肋管(HDPE)	*DN*300	m		111.50	
645	高密度聚乙烯缠绕双壁中空肋管(HDPE)	*DN*400	m		173.45	
646	高密度聚乙烯缠绕双壁中空肋管(HDPE)	*DN*500	m		254.58	
647	高密度聚乙烯缠绕双壁中空肋管(HDPE)	*DN*600	m		318.58	
648	高密度聚乙烯缠绕双壁中空肋管(HDPE)	*DN*700	m		516.26	
649	高密度聚乙烯缠绕双壁中空肋管(HDPE)	*DN*800	m		698.76	
650	高密度聚乙烯缠绕双壁中空肋管(HDPE)	*DN*900	m		828.85	
651	高密度聚乙烯缠绕双壁中空肋管(HDPE)	*DN*1000	m		1006.46	
652	高密度聚乙烯缠绕双壁中空肋管(HDPE)	*DN*1200	m		1598.50	
653	橡胶囊	梁高＜60cm	m		1.06	
654	氯丁橡胶浆		kg		21.90	
655	伸缩缝	TS-8	m		442.48	
656	伸缩缝	TS-16	m		1327.43	
657	伸缩缝	TS-24	m		2300.88	
658	伸缩缝	TS-32	m		3097.35	
659	改性沥青伸缩缝		$1000cm^3$		17.52	
660	玻璃纤维格栅	HGA80kN-8kN	m^2		5.93	
661	衬垫		个		15.49	
662	摆式支座		t		110.62	
663	液压控制系统		套		1415.93	

附录三　施工机械台班价格

说　明

一、本附录机械不含税价格是确定预算基价中机械费的基期价格，也可作为确定施工机械台班租赁价格的参考。

二、台班单价按每台班8小时工作制计算。

三、台班单价由折旧费、检修费、维护费、安拆费及场外运费、人工费、燃料动力费和其他费组成。

四、安拆费及场外运费根据施工机械不同分为计入台班单价、单独计算和不计算三种类型。

1.工地间移动较为频繁的小型机械及部分中型机械，其安拆费及场外运费计入台班单价。

2.移动有一定难度的特、大型（包括少数中型）机械，其安拆费及场外运费单独计算。单独计算的安拆费及场外运费除应计算安拆费、场外运费外，还应计算辅助设施（包括基础、底座、固定锚桩、行走轨道枕木等）的折旧、搭设和拆除等费用。

3.不需安装、拆卸且自身能开行的机械和固定在车间不需安装、拆卸及运输的机械，其安拆费及场外运费不计算。

五、顶管设备台班费中未包括人工费。

六、采用简易计税方法计取增值税时，机械台班价格应为含税价格，以“元”为单位的机械台班费按系数1.0902调整。

施工机械台班价格表

序号	机械名称	规格型号	台班不含税单价（元）	台班含税单价（元）	附注
1	履带式推土机	50kW	630.16	664.75	
2	履带式推土机	60kW	687.76	729.33	
3	履带式推土机	75kW	904.54	967.60	
4	履带式推土机	90kW	977.91	1056.46	
5	履带式推土机	135kW	1192.57	1296.13	
6	履带式单斗挖掘机	0.6m^3液压	825.77	889.13	
7	履带式单斗挖掘机	1m^3液压	1159.91	1263.69	
8	抓铲挖掘机	0.5m^3	837.59	913.14	
9	铣刨机		622.35	678.49	
10	铣刨机	LX1200	1021.55	1120.26	
11	轮胎式装载机	1m^3	569.56	619.35	
12	轮胎式装载机	2m^3	754.36	822.02	
13	轮胎式装载机	3m^3	1115.21	1216.17	
14	电动夯实机	20～62N•m	27.11	29.55	
15	振动平板夯	20kN	34.71	37.67	
16	振动锤	600kN	118.76	129.47	
17	振动锤	700kN	1358.24	1480.75	
18	振动破碎机	（综合）	1583.43	1726.26	
19	光轮压路机(内燃)	8t	411.25	437.14	
20	光轮压路机(内燃)	12t	527.82	566.99	
21	光轮压路机(内燃)	15t	623.12	673.40	
22	光轮压路机(内燃)	18t	880.82	963.69	
23	振动压路机	12t	795.63	872.46	
24	振动压路机	15t	1045.67	1153.52	
25	振动压路机	18t	1195.72	1322.65	
26	轮胎压路机	16t	690.16	753.79	

续表

序号	机械名称	规格型号	台班不含税单价（元）	台班含税单价（元）	附注
27	轮胎压路机	26t	914.91	1006.41	
28	沥青混凝土摊铺机	8t	1270.71	1342.62	
29	沥青混凝土摊铺机	12t	1519.19	1621.26	
30	水泥混凝土摊铺机	滑模式	3037.13	3311.08	
31	水泥混凝土摊铺机	轨道式	1396.26	1522.20	
32	稳定土摊铺机	7.5m	1446.22	1576.67	
33	稳定土摊铺机	9.5m	2139.38	2332.35	
34	稳定土摊铺机	12.5m	2820.50	3074.91	
35	稳定土拌和机	230kW	1201.20	1305.49	
36	平地机	90kW	801.29	857.39	
37	平地机	120kW	1003.07	1084.09	
38	平地机	150kW	1188.23	1291.47	
39	圆盘耙		27.27	29.73	
40	履带式拖拉机	60kW	668.89	709.50	
41	汽车式沥青喷洒机	4000L	827.71	877.27	
42	三五铧犁		25.77	28.09	
43	柴油打桩机	0.6t轨道式	405.67	418.36	
44	柴油打桩机	1.8t轨道式	777.65	838.67	
45	柴油打桩机	2.5t轨道式	1036.40	1129.33	
46	柴油打桩机	2.5t履带式	888.97	964.26	
47	柴油打桩机	4t轨道式	1486.81	1635.08	
48	柴油打桩机	5t履带式	1851.16	2049.59	
49	重锤打桩机	0.6t	410.22	435.75	
50	振动沉拔桩机	300kN	944.61	1005.97	
51	振动沉拔桩机	400kN	1108.34	1190.74	
52	静力压桩机（液压）	1600kN	1894.59	2067.23	

续表

序号	机械名称	规格型号	台班不含税单价（元）	台班含税单价（元）	附注
53	转盘钻孔机	1000mm	699.76	736.03	
54	转盘钻孔机	1500mm	723.10	762.55	
55	转盘钻孔机	2000mm	779.66	826.40	
56	螺旋钻机	600mm	698.71	735.04	
57	电动灌浆机		25.28	27.71	
58	履带式电动起重机	5t	246.66	258.81	
59	履带式起重机	15t	759.77	816.54	
60	履带式起重机	25t	824.31	889.30	
61	履带式起重机	30t	934.85	1013.32	
62	履带式起重机	40t	1302.22	1424.59	
63	汽车式起重机	8t	767.15	816.68	
64	汽车式起重机	10t	838.68	896.27	
65	汽车式起重机	12t	864.36	924.77	
66	汽车式起重机	16t	971.12	1043.79	
67	汽车式起重机	20t	1043.80	1124.97	
68	汽车式起重机	25t	1098.98	1186.51	
69	汽车式起重机	32t	1274.79	1382.21	
70	汽车式起重机	40t	1547.56	1686.00	
71	汽车式起重机	50t	2492.74	2738.37	
72	汽车式起重机	75t	3175.79	3518.53	
73	汽车式起重机	80t	3726.95	4136.51	
74	汽车式起重机	100t	4689.49	5215.40	
75	汽车式起重机	125t	8124.45	9067.50	
76	门式起重机	5t	377.21	387.11	
77	门式起重机	10t	465.57	485.34	
78	门式起重机	20t	644.36	689.65	

续表

序号	机械名称	规格型号	台班不含税单价（元）	台班含税单价（元）	附注
79	门式起重机	30t	743.10	800.79	
80	门式架桥机		768.89	843.38	
81	少先吊	1t	197.91	200.21	
82	立式油压千斤顶	100t	10.21	10.52	
83	立式油压千斤顶	200t	11.50	11.90	
84	立式油压千斤顶	300t	16.48	17.28	
85	载重汽车	4t	417.41	447.36	
86	载重汽车	5t	443.55	476.28	
87	载重汽车	6t	461.82	496.16	
88	载重汽车	8t	521.59	561.99	
89	载重汽车	15t	809.06	886.72	
90	机动翻斗车	1t	207.17	214.39	
91	自卸汽车	4t	491.57	528.55	
92	自卸汽车	5t	515.50	554.87	
93	自卸汽车	8t	637.11	688.46	
94	自卸汽车	15t	989.38	1068.33	
95	平板拖车组	20t	1101.26	1181.63	
96	平板拖车组	30t	1263.97	1362.78	
97	平板拖车组	40t	1468.34	1590.10	
98	汽车拖斗	5t	70.31	76.65	
99	长材运输车	8t	667.41	719.53	
100	轨道平车	5t	34.17	35.36	
101	轨道平车	12t	85.91	92.39	
102	洒水车	4000L	477.85	515.39	
103	洒水车	6000L	512.08	553.37	
104	电动卷扬机	5kN 单筒快速	183.39	185.07	

续表

序号	机械名称	规格型号	台班不含税单价（元）	台班含税单价（元）	附注
105	电动卷扬机	10kN 单筒快速	197.27	200.85	
106	电动卷扬机	20kN 单筒快速	225.43	232.75	
107	电动卷扬机	30kN 单筒快速	243.50	252.49	
108	电动卷扬机	30kN 单筒慢速	205.84	210.09	
109	电动卷扬机	50kN 单筒慢速	211.29	216.04	
110	电动卷扬机	30kN 双筒快速	262.14	273.78	
111	电动卷扬机	50kN 双筒快速	292.19	307.48	
112	电动卷扬机	100kN 双筒慢速	327.17	342.31	
113	平台作业升降车	9m	293.94	324.34	
114	平台作业升降车	16m	379.44	419.23	
115	平台作业升降车	20m	490.05	543.41	
116	汽车式高空作业车	21m	873.25	948.82	
117	滚筒式混凝土搅拌机	400L	248.56	254.67	
118	双锥反转出料混凝土搅拌机	350L	248.56	254.67	
119	混凝土搅拌机	400L	248.56	254.67	
120	混凝土搅拌机	500L	273.53	282.55	
121	混凝土搅拌站	$45m^3/h$	2379.94	2466.79	
122	灰浆搅拌机	200L	208.76	210.10	
123	灰浆搅拌机	400L	215.11	217.22	
124	集料拌和机		192.17	209.50	
125	泥浆拌和机	100～150L	208.76	210.10	
126	挤压式灰浆输送泵	$3m^3/h$	222.95	227.59	
127	混凝土切缝机		31.10	34.61	
128	水泥混凝土真空吸水机		104.43	113.85	
129	混凝土刻纹机		233.67	254.75	
130	钢筋调直机	14mm	37.25	40.36	

序号	机械名称	规格型号	台班不含税单价（元）	台班含税单价（元）	附注
131	钢筋弯曲机	40mm	26.22	28.29	
132	钢筋镦头机	5mm	50.35	55.51	
133	钢筋冷拉机	900kN	40.81	45.61	
134	钢筋切断机	40mm	42.81	47.01	
135	预应力钢筋拉伸机	3000kN	104.94	117.25	
136	预应力钢筋拉伸机	1000kN	47.35	52.92	
137	预应力钢筋拉伸机	1500kN	63.71	71.07	
138	预应力钢筋拉伸机	2500kN	78.09	86.93	
139	预应力钢筋拉伸机	4000kN	143.85	160.13	
140	木工圆锯机	500mm	26.53	29.21	
141	木工压刨床	600mm单面	32.70	36.69	
142	木工平刨床	300mm	10.86	12.08	
143	木工平刨床	500mm	23.51	26.12	
144	龙门刨床	1000×3000	403.35	425.76	
145	木工裁口机	400mm多面	34.36	38.72	
146	木工打眼机	MK212	9.04	10.00	
147	普通车床	400×2000	218.36	223.68	
148	普通车床	630×2000	242.35	250.09	
149	弓锯床	250mm	24.53	26.55	
150	立式钻床	50mm	20.33	22.80	
151	摇臂钻床	63mm	42.00	47.04	
152	摇臂钻床钻孔	ϕ50	21.45	24.02	
153	型钢切断机	500mm	283.72	294.67	
154	型钢剪断机	500mm	283.72	294.67	
155	剪板机	16×2500	292.58	304.94	
156	剪板机	20×2500	329.03	345.63	

续表

序号	机械名称	规格型号	台班不含税单价（元）	台班含税单价（元）	附注
157	卷板机	20×2500	273.51	283.68	
158	刨边机	9000mm	516.01	553.95	
159	刨边机	12000mm	566.55	610.59	
160	等离子切割机	400A	229.27	254.98	
161	半自动切割机	100	88.45	98.59	
162	多辊板料校平机	16×2500	1184.23	1303.99	
163	型钢矫正机		257.01	265.34	
164	半自动电焊机		88.45	98.59	
165	摩擦压力机	3000kN	407.82	431.67	
166	除锈喷砂机	$3m^3$/min	34.55	38.31	
167	内燃单级离心清水泵	100mm	66.88	74.16	
168	电动多级离心清水泵	100mm/扬程120m以下	159.61	179.29	
169	电动单级离心清水泵	50mm	28.19	30.82	
170	电动单级离心清水泵	100mm	34.80	38.22	
171	电动单级离心清水泵	150mm	57.91	64.43	
172	电动单级离心清水泵	200mm	88.54	99.01	
173	高压油泵	50MPa	110.93	124.99	
174	高压油泵	80MPa	173.98	196.51	
175	泥浆泵	100mm	204.13	230.13	
176	潜水泵	100mm	29.10	32.11	
177	射流井点泵	9.50m	61.90	68.44	
178	电焊机	30kV·A	87.97	98.06	
179	电焊机	32kV·A	87.97	98.06	
180	电焊机	40kV·A	114.64	128.37	
181	直流电焊机	20kW	75.06	83.12	
182	直流电焊机	30kW	92.43	102.77	

续表

序号	机械名称	规格型号	台班不含税单价（元）	台班含税单价（元）	附注
183	直流电焊机	32kW	92.43	102.77	
184	交流电焊机	30kV•A	87.97	98.06	
185	交流电焊机	40kV•A	114.64	128.37	
186	交流弧焊机	21kV•A	60.37	66.66	
187	交流弧焊机	32kV•A	87.97	98.06	
188	对焊机	75kV•A	113.07	126.32	
189	对焊机	150kV•A	117.49	131.22	
190	风割机		118.15	128.81	
191	内切割机		82.92	91.33	
192	电动切割机		222.09	242.12	
193	数控多向切割机	4000	509.01	554.92	
194	单向多头切割机	4000	285.33	311.07	
195	气焊设备	$3m^3$	14.92	16.27	
196	自动埋弧焊机	1500A	261.86	294.15	
197	二氧化碳气体保护焊机	250A	64.76	69.55	
198	电焊条烘干箱	80cm×80cm×100cm	51.03	56.51	
199	电焊条烘干箱	45cm×35cm×45cm	17.33	18.59	
200	发电机	24kW	361.41	403.97	
201	内燃空气压缩机	$3m^3$/min	227.44	252.20	
202	内燃空气压缩机	$9m^3$/min	450.35	500.78	
203	内燃空气压缩机	$12m^3$/min	557.89	621.17	
204	电动空气压缩机	$0.6m^3$/min	38.51	41.30	
205	电动空气压缩机	$1.0m^3$/min	52.31	56.92	
206	电动空气压缩机	$6m^3$/min	217.48	242.86	
207	电动空气压缩机	$10m^3$/min	375.37	421.34	
208	井点钻机	汽车式	444.30	484.38	
209	磁力钻机	*D*500	2348.95	2560.83	

续表

序号	机　械　名　称	规　格　型　号	台班不含税单价（元）	台班含税单价（元）	附　注
210	冲击钻机	22型(电动)	164.85	179.72	
211	冲击钻机	30型(电动)	374.31	408.07	
212	工程钻机	D500	377.84	411.92	
213	工程钻机	D800	472.23	514.83	
214	刀盘式土压平衡顶管掘进机	1650mm	481.48	539.64	
215	刀盘式土压平衡顶管掘进机	1800mm	615.26	689.58	
216	刀盘式土压平衡顶管掘进机	2000mm	687.52	770.62	
217	刀盘式土压平衡顶管掘进机	2200mm	742.81	832.55	
218	刀盘式土压平衡顶管掘进机	2400mm	1337.85	1505.60	
219	潜水设备		88.94	94.66	
220	鼓风机	18m^3/min	41.24	44.90	
221	木驳船	30t	76.32	83.20	
222	木驳船	50t	127.19	138.66	
223	木驳船	80t	203.50	221.86	
224	铁驳船	100t	254.37	277.31	
225	铁驳船	120t	305.24	332.77	
226	轴流通风机	7.5kW	42.17	46.69	
227	内燃拖轮	≤45kW	427.97	466.57	
228	稳定土厂拌设备	250t/h	1334.21	1454.56	
229	金属结构下料机械	(综合)	366.82	387.71	
230	沥青加热釜		567.03	618.18	
231	电焊条恒温箱		55.04	60.00	
232	抛丸清理机	Q6930Q5	3625.75	3952.79	
233	储气包	4m^3	49.90	54.40	
234	铁浮箱浮吊	300t	2829.65	3084.88	
235	真有效值数据存储型万用表		10.19	11.13	
236	混凝土泵送费		20.99	22.88	

附录四　混凝土、钢筋混凝土（构件）模板含量参考表

一、桥涵护岸工程现浇混凝土模板含量

每 $10m^3$ 混凝土

构筑物名称		模板面积（m^2）	构筑物名称		模板面积（m^2）	构筑物名称		模板面积（m^2）
基础		7.62	台帽		37.99	板梁	实心板梁	15.18
承台	有底模	25.13	墩盖梁		30.31		空心板梁	55.07
	无底模	12.07	台盖梁		32.96	板拱		38.41
支撑梁		100.00	拱座		17.76	挡墙		16.08
横梁		68.33	拱肋		53.11	方涵		29.80
轻型桥台		42.00	拱上构件		123.66	接头	梁与梁	67.40
实体式桥台		14.99	箱形梁	0号块件	48.79		柱与柱	100.00
拱桥	墩身	9.98		悬浇箱梁	51.08		肋与肋	163.88
	台身	7.55		支架上浇箱梁	53.87		拱上构件	133.33
柱式墩台		42.95	板	矩形连续板	32.09	防撞护栏		48.10
墩帽		24.52		矩形空心板	108.11	地梁、侧石、缘石		68.33

二、桥涵护岸工程预制混凝土模板含量

每 $10m^3$ 混凝土

构筑物名称		模板面积（m^2）	构筑物名称		模板面积（m^2）	构筑物名称	模板面积（m^2）
方桩		62.87	实心板梁		21.87	拱上构件	273.28
板桩		50.58	空心板梁	10m以内	37.97	桁架及拱片	169.32
立柱	矩形	36.19		25m以内	64.17	桁架拱联系梁	162.50
	异型	44.99	I形梁		115.97	缘石、人行道板	27.40
板	矩形	24.03	槽形梁		79.23	栏杆、端柱	368.30
	空心	110.23	箱形块件		63.15	板拱	38.41
	微弯	92.63	箱形梁		66.41		
T形梁		120.11	拱肋		150.34		

三、排水构筑物混凝土模板

每 10m³ 混凝土

构筑物名称	模板面积（m²）	构筑物名称	模板面积（m²）	构筑物名称	模板面积（m²）
井底流槽　现浇混凝土	34.60	池壁(隔墙)直、矩形　δ30cm 以内	91.90	悬空 V、U 形集水槽　δ8cm 以内	143.00
非定型渠(管)道混凝土平基	35.40	池壁(隔墙)直、矩形　δ30cm 以外	72.20	悬空 V、U 形集水槽　δ12cm 以内	119.20
方沟壁　现浇混凝土	80.00	池壁(隔墙)圆弧形　δ20cm 以内	113.40	悬空 L 形集水槽　δ10cm 以内	110.60
方沟顶、墙帽　现浇混凝土	107.00	池壁(隔墙)圆弧形　δ30cm 以内	81.60	悬空 L 形集水槽　δ20cm 以内	105.20
沉井　混凝土　垫层	13.40	池壁(隔墙)圆弧形　δ30cm 以外	64.10	池底暗渠　δ10cm 以内	95.20
沉井 混凝土 井壁及隔墙 δ50cm 以内	60.00	池壁（隔墙）挑檐	113.90	池底暗渠　δ20cm 以内	79.30
沉井 混凝土 井壁及隔墙 δ50cm 以外	40.00	池壁（隔墙）牛腿	161.00	混凝土落泥斗、槽	85.70
沉井　混凝土　底板　δ50cm 以内	10.50	池壁(隔墙)配水花墙　δ20cm 以内	101.00	沉淀池水槽	211.00
沉井　混凝土　底板　δ50cm 以外	38.00	池壁(隔墙)配水花墙　δ20cm 以外	92.10	下药溶解槽	48.80
沉井　混凝土　顶板	50.00	无梁盖柱	110.00	澄清池反应筒壁	187.00
沉井　混凝土　刃脚	42.00	矩（方）形柱	93.00	混凝土导流墙　δ20cm 以内	111.00
沉井　混凝土　地下结构　梁	86.80	圆形柱	117.10	混凝土导流墙　δ20cm 以外	100.00
沉井　混凝土　地下结构　柱	94.70	连续梁、单梁	86.80	混凝土导流筒　δ20cm 以内	129.90
沉井　混凝土　地下结构　平台	80.40	悬臂梁	43.00	混凝土导流筒　δ20cm 以外	118.00
半地下室　平池底　δ50cm 以内	1.40	异型环梁	86.80	设备独立基础　体积 2m³ 以内	24.70
半地下室　平池底　δ50cm 以外	1.78	肋形池盖	71.10	设备独立基础　体积 5m³ 以内	32.09
半地下室　锥坡池底　δ50cm 以内	9.30	无梁地盖	82.00	设备独立基础　体积 5m³ 以外	12.00
半地下室　锥坡池底　δ50cm 以外	11.10	锥形盖	72.30	设备杯形基础　体积 2m³ 以内	19.40
半地下室　圆池底　δ50cm 以内	3.05	球形盖	122.30	设备杯形基础　体积 2m³ 以外	17.50
半地下室　圆池底　δ50cm 以外	3.70	平板、走道板　δ8cm 以内	74.40	中心支筒	230.00
架空式　平池底　δ30cm 以内	55.10	平板、走道板　δ12cm 以内	62.00	支撑墩	110.20
架空式　平池底　δ30cm 以外	34.50	悬空板　δ10cm 以内	48.40	稳流筒	222.00
架空式　方锥池底　δ30cm 以内	10.10	悬空板　δ15cm 以内	40.50	异型构件	250.00
架空式　方锥池底　δ30cm 以外	9.30	挡水板　δ7cm 以内	80.40		
池壁(隔墙)直、矩形　δ20cm 以内	115.40	挡水板　δ7cm 以外	61.80		

附录五　企业管理费、规费、利润和税金

一、企业管理费：

企业管理费是指施工企业组织施工生产和经营管理所需的费用，包括：

1.管理人员工资：是指按工资总额构成规定，支付给管理人员和后勤人员的各项费用。

2.办公费：是指企业管理办公用的文具、纸张、账表、印刷、邮电、书报、办公软件、现场监控、会议、水电、烧水和集体取暖降温（包括现场临时宿舍取暖降温）、建筑工人实名制管理等费用。

3.差旅交通费：是指职工因公出差、调动工作的差旅费、住勤补助费，市内交通费和误餐补助费，职工探亲路费，劳动力招募费，职工退休、退职一次性路费，工伤人员就医路费，工地转移费以及管理部门使用的交通工具的油料、燃料及牌照费。

4.固定资产使用费：是指管理和试验部门及附属生产单位使用的属于固定资产的房屋、设备、仪器等的折旧、大修、维修或租赁费。

5.工具用具使用费：是指企业施工生产和管理使用的不属于固定资产的工具、器具、家具、交通工具和检验、试验、测绘、消防用具等的购置、维修和摊销费。

6.劳动保险和职工福利费：是指由企业支付的职工退职金、按规定支付给离休干部的经费，集体福利费、夏季防暑降温、冬季取暖补贴、上下班交通补贴等。

7.劳动保护费：是企业按规定发放的劳动保护用品的支出，如工作服、手套、防暑降温饮料以及在有碍身体健康的环境中施工的保健费用等。

8.检验试验费：是指施工企业按照有关标准规定，对建筑以及材料、构件和建筑安装物进行一般鉴定、检查所发生的费用，包括自设试验室进行试验所耗用的材料等费用，不包括新结构、新材料的试验费，对构件做破坏性试验及其他特殊要求检验试验的费用和建设单位委托检测机构进行检测的费用，对此类检测发生的费用，由建设单位在工程建设其他费用中列支。但对施工企业提供的具有合格证明的材料进行检测不合格的，该检测费用由施工企业支付。

9.工会经费：是指企业按《工会法》规定的全部职工工资总额比例计提的工会经费。

10.职工教育经费：是指按职工工资总额的规定比例计提，企业为职工进行专业技术和职业技能培训，专业技术人员继续教育、职工职业技能鉴定、职业资格认定、安全教育培训以及根据需要对职工进行各类文化教育所发生的费用。

11.财产保险费：是指施工管理用财产、车辆等的保险费用。

12.财务费：是指企业为施工生产筹集资金或提供预付款担保、履约担保、职工工资支付担保等所发生的各种费用。

13.税金：是指企业按规定缴纳的城市维护建设税、教育附加、地方教育附加、房产税、车船使用税、土地使用税、印花税等。

14.其他：包括技术转让费、技术开发费、工程定位复测费、投标费、业务招待费、绿化费、广告费、公证费、法律顾问费、审计费、咨询费、保险费等。

企业管理费按分部分项工程费及可计量措施项目费中的人工费、机械费合计乘以相应费率计算,其中人工费、机械费为基期价格。企业管理费费率、企业管理费各项费用组成划分比例见下列两表。

企业管理费费率表

序号	项目名称	计算基数	费率	
			一般计税	简易计税
1	道路工程	基期人工费＋基期机械费 （分部分项工程项目＋可计量的措施项目）	11.03%	11.25%
2	桥涵工程		11.42%	11.66%
3	排水管道工程		11.28%	11.51%
4	排水构筑物及机电设备安装工程		11.43%	11.67%

企业管理费各项费用组成划分比例表

序号	项目	比例	序号	项目	比例
1	管理人员工资	24.74%	9	工会经费	9.88%
2	办公费	10.78%	10	职工教育经费	10.88%
3	差旅交通费	2.95%	11	财产保险费	0.38%
4	固定资产使用费	4.26%	12	财务费	8.85%
5	工具用具使用费	0.88%	13	税金	8.52%
6	劳动保险和职工福利费	10.10%	14	其他	4.34%
7	劳动保护费	2.16%			
8	检验试验费	1.28%		合计	100.00%

二、规费:

规费是指按国家法律、法规规定,由政府和有关部门规定必须缴纳或计取的费用,包括:

1.社会保险费:

(1)养老保险费:是指企业按照规定标准为职工缴纳的基本养老保险费。

(2)失业保险费:是指企业按照规定标准为职工缴纳的失业保险费。

(3)医疗保险费:是指企业按照规定标准为职工缴纳的基本医疗保险费。

(4)工伤保险费:是指企业按照规定标准为职工缴纳的工伤保险费。

(5)生育保险费：是指企业按照规定标准为职工缴纳的生育保险费。

2.住房公积金：是指企业按照规定标准为职工缴纳的住房公积金。

$$规费 = 人工费合计 \times 37.64\%$$

规费各项费用组成比例见下表。

规费各项费用组成划分比例表

序号	项目		比例
1	社会保险费	养老保险	40.92%
		失业保险	1.28%
		医疗保险	25.58%
		工伤保险	2.81%
		生育保险	1.28%
2	住房公积金		28.13%
	合计		100.00%

三、利润：

利润是指施工企业完成所承包工程获得的盈利。

$$利润 =(分部分项工程费合计 + 措施项目费合计 + 企业管理费 + 规费)\times 利润率$$

利润中包含的施工装备费按附表比例计提,投标报价时不参与报价竞争。

市政工程利润根据工程类别计算(工程类别划分标准、利润率见下列两表)。

利润及施工装备费按分部分项工程费、施工措施费、管理费及规费合计乘以相应费率计算。利润率见下表。

市政工程利润率表

项目名称	计算基数	费率					
		一般计税			简易计税		
		一类	二类	三类	一类	二类	三类
利润	分部分项工程费＋措施项目费＋管理费＋规费	8.4%	7.4%	6.3%	8.0%	7.0%	6.0%
其中：施工装备费		3.6%	3.2%	2.7%	3.4%	3.0%	2.6%

市政工程类别划分标准

工程项目		划分标准	类别
道路工程	高等级水泥、沥青混凝土道路及各种广场	城市快速路、主干路、机场跑道、厂矿道路、面积 ≥5000m² 的广场、停车场	一类
	一般水泥、沥青混凝土道路及各种广场	城市次干路、厂矿道路、面积 ≤5000m² 的广场、停车场	二类
	街巷道路	除高等级及一般水泥、沥青混凝土道路外的道路及街巷道路	三类
桥涵工程	箱涵顶进	城市道路穿越铁路等立交箱涵顶进	一类
	桥梁	主跨 ≥30m 的桥，城市立交桥	一类
		主跨 <30m 且主跨 ≥10m 的主桥	二类
		主跨 <10m 的主桥	三类
排水管道工程	顶管		一类
	排水管直径 ≥1500mm 开槽埋管	直径 ≥1500mm 开槽埋管，占全部埋管的 30% 以外者，不足 30% 的套用二类	一类
	排水管直径 <1500mm 开槽埋管，深度 ≥4m	深度 ≥4m 占全部埋管的 30% 以外者，不足 30% 的套用三类	二类
	排水管直径 <1500mm 开槽埋管，深度 <4m	埋管深度 <4m	三类
排水构筑物及机电设备安装工程		沉井内径 ≥15m，深度 ≥10m，满足上述条件之一者	一类
		沉井内径 <15m，深度 <10m	二类

四、税金：

税金是指国家税法规定的应计入建筑工程造价内的增值税销项税额。税金按税前总价乘以相应的税率或征收率计算。税率或征收率见下表。

税率或征收率表

项目名称	计算基数	税率或征收率	
		一般计税	简易计税
增值税销项税额	税前工程造价	9.00%	3.00%

附录六　工程价格计算程序

一、市政工程施工图预算计算程序：

市政工程施工图预算,应按下表计算各项费用。

施工图预算计算程序表

序　号	费　用　项　目　名　称	计　算　方　法
1	分部分项工程费合计	Σ(工程量×编制期预算基价)
2	其中：人工费	Σ(工程量×编制期预算基价中人工费)
3	措施项目费合计	Σ措施项目计价
4	其中：人工费	Σ措施项目计价中人工费
5	小　计	(1)+(3)
6	其中：人工费小计	(2)+(4)
7	企业管理费	(基期人工费+基期机械费)×管理费费率
8	规　费	(6)×37.64%
9	利　润	[(5)+(7)+(8)]×相应利润率
10	其中：施工装备费	[(5)+(7)+(8)]×相应施工装备费费率
11	税　金	[(5)+(7)+(8)+(9)]×税率或征收率
12	含税造价	(5)+(7)+(8)+(9)+(11)

注：基期人工费=Σ(工程量×基期预算基价中人工费)。

基期机械费=Σ(工程量×基期预算基价中机械费)。

二、建筑安装工程费用项目组成（见下图）：

- 建筑安装工程费
  - 人工费
    - 1.计时工资或计件工资
    - 2.奖金
    - 3.津贴、补贴
    - 4.加班加点工资
    - 5.特殊情况下支付的工资
    - 6.生产工具用具使用费
  - 材料费
    - 1.材料原价
    - 2.运杂费
    - 3.运输损耗费
    - 4.采购及保管费
  - 施工机具使用费
    - 1.施工机械使用费
      - ①折旧费
      - ②检修费
      - ③维护费
      - ④安拆费及场外运费
      - ⑤人工费
      - ⑥燃料动力费
      - ⑦税费
    - 2.仪器仪表使用费
  - 企业管理费
    - 1.管理人员工资
    - 2.办公费
    - 3.差旅交通费
    - 4.固定资产使用费
    - 5.工具用具使用费
    - 6.劳动保险和职工福利费
    - 7.劳动保护费
    - 8.检验试验费
    - 9.工会经费
    - 10.职工教育经费
    - 11.财产保险费
    - 12.财务费
    - 13.税金
    - 14.其他
  - 利润
  - 规费
    - 1.社会保险费
      - ①养老保险费
      - ②失业保险费
      - ③医疗保险费
      - ④工伤保险费
      - ⑤生育保险费
    - 2.住房公积金
  - 税金（增值税销项税额）

建筑安装工程费用项目组成图